Teubner-Reihe Wirtschaftsinformatik

Bernd Britzelmaier, Stephan Geberl, Siegfried Weinmann (Hrsg.)

Informationsmanagement –
Herausforderungen und Perspektiven

Teubner-Reihe Wirtschaftsinformatik

Herausgegeben von
Prof. Dr. Dieter Ehrenberg, Leipzig
Prof. Dr. Dietrich Seibt, Köln
Prof. Dr. Wolffried Stucky, Karlsruhe

Die „Teubner-Reihe Wirtschaftsinformatik" widmet sich den Kernbereichen und den aktuellen Gebieten der Wirtschaftsinformatik.

In der Reihe werden einerseits Lehrbücher für Studierende der Wirtschaftsinformatik und der Betriebswirtschaftslehre mit dem Schwerpunktfach Wirtschaftsinformatik in Grund- und Hauptstudium veröffentlicht. Andererseits werden Forschungs- und Konferenzberichte, herausragende Dissertationen und Habilitationen sowie Erfahrungsberichte und Handlungsempfehlungen für die Unternehmens- und Verwaltungspraxis publiziert.

**Bernd Britzelmaier, Stephan Geberl,
Siegfried Weinmann (Hrsg.)**

Informationsmanagement – Herausforderungen und Perspektiven

3. Liechtensteinisches Wirtschaftsinformatik-Symposium an der FH Liechtenstein

B. G. Teubner Stuttgart · Leipzig · Wiesbaden

Die Deutsche Bibliothek – CIP-Einheitsaufnahme
Ein Titeldatensatz für diese Publikation ist bei
Der Deutschen Bibliothek erhältlich.

Prof. Dr. Bernd Britzelmaier
Geboren 1962 in Günzburg. Studienabschlüsse in Betriebswirtschaft und Informationswissenschaft. Promotion an der Fakultät für Mathematik und Informatik der Universität Konstanz. Fünfjährige Industrietätigkeit bei der AL-KO Consulting-Engineering GmbH in den Bereichen Controlling, Organisation und EDV. Vier Jahre Organisation von praxisorientierten Weiterbildungsprogrammen für chinesische Manager sowie Beratung von deutschen Firmen im China-Geschäft an der Universität Konstanz. Seit 1996 an der Fachhochschule Liechtenstein, dort Professor für Wirtschaftsinformatik und seit 1997 Leiter des Fachbereichs Wirtschaftswissenschaften.

Stephan Geberl
Geboren 1966 in Dornbirn, Österreich Studium der Betriebswirtschaft an der Universität Innsbruck mit den Schwerpunkten Wirtschaftsinformatik und Marketing. Abschluss des Studiums als Mag. rer soc. oec. Seit 1997 Wissenschaftlicher Mitarbeiter und Dozent an der Fachhochschule Liechtenstein.

Prof. Siegfried Weinmann
Geboren 1956 in Stuttgart. Studienabschlüsse in Mathematik und Informatik. Doktorand an der Fakultat für Bauingenieurwissenschaften der ETH Zürich. Mehrjährige Erfahrung als freiberuflicher Softwareentwickler im Bereich der Logistik für Großunternehmen wie RWE AG, Deutsche Bank AG, Dresdner Bank AG, EDEKA Baden-Württemberg, Fraunhofer Institut, Linde AG, Robert Bosch GmbH Seit 1998 an der Fachhochschule Liechtenstein als Professor für Wirtschaftsinformatik, Leiter des Kompetenzbereichs Systementwicklung und stellvertretender Leiter des Fachbereichs Wirtschaftswissenschaften

1. Auflage Mai 2001

www.teubner.de

Umschlaggestaltung: Ulrike Weigel, www.CorporateDesignGroup.de
ISBN-13: 978-3-519-00326-7   e-ISBN-13: 978-3-322-84798-0
DOI: 10.1007/978-3-322-84798-0

Vorwort

Beflügelt durch den Erfolg des 2. Liechtensteinischen Wirtschaftsinformatik-Symposiums war es uns eine Freude, die Vorbereitungen für die Fortsetzung dieser Veranstaltung zu treffen. An der Zielsetzung, eine Plattform zum fachlichen Austausch von Vertretern aus Praxis und Theorie zu schaffen, hat sich dabei nichts geändert.

Informationsmanagement ist ein dynamisches Gebiet der Wirtschaftsinformatik, das sich im Zuge der Entwicklung der Informationstechnologie und des wirtschaftlichen Umfelds der Unternehmen sowohl in bestehenden Bereichen verändert wie auch in neuen Richtungen stetig ausbreitet. Der Tagungsband stellt wichtige Entwicklungen und ihre Umsetzung in der Praxis dar.

Die hohe Resonanz auf unser „call for papers" zeigt den Stellenwert der Wirtschaftsinformatik bei den Unternehmen und Organisationen der Region und die akademische Akzeptanz der Fachhochschule Liechtenstein. Wir bitten um Verständnis, dass aufgrund der hohen Rücklaufquote nicht alle eingereichten Beiträge angenommen werden konnten. In diesem Zusammenhang bedanken wir uns bei den Mitgliedern des wissenschaftlichen Beirates für die Unterstützung bei der Auswahl der Beiträge. Am Rande sei darauf hingewiesen, dass die akzeptierten Beiträge die Meinung der Autorinnen und Autoren widerspiegeln, die nicht unbedingt der Meinung der Herausgeber entsprechen muss.

An dieser Stelle danken möchten wir Herrn Prof. Dr. Dieter Ehrenberg als Mitherausgeber der Teubner-Reihe Wirtschaftsinformatik für die Aufnahme des Tagungsbandes und seine Zusage, sich als Referent aktiv an unserer Veranstaltung zu beteiligen. Dank gebührt auch Herrn Jürgen Weiss vom Teubner-Verlag für seine konstruktive Unterstützung.

Unser besonderer Dank gilt allen Autorinnen und Autoren, die durch Ihre Beiträge ein attraktives Vortragsangebot sowie ein Forum für die Diskussion zwischen Theorie und Praxis geschaffen haben.

Vaduz, im März 2001

Bernd Britzelmaier, Stephan Geberl, Siegfried Weinmann
Fachhochschule Liechtenstein

Mitglieder des Wissenschaftlichen Beirates

Prof. Dr. Bernd Britzelmaier
Fachhochschule Liechtenstein, Vaduz

Prof. Dr. Dieter Ehrenberg
Universität Leipzig

Prof. Dr. Georg Rainer Hofmann
Fachhochschule Aschaffenburg

Prof. Dr. Klaus Kruczynski
Hochschule für Technik, Wirtschaft und Kultur Leipzig

Prof. Dr. Erich Ortner
Technische Universität Darmstadt

Dipl.-Inf. Dietrich Schäffler
Hilti AG, Schaan

Dr. Manfred Schlapp
Fachhochschule Liechtenstein, Vaduz

Dir. Georg Wohlwend
Verwaltungs- und Privat-Bank AG, Vaduz

Inhalt

Sisyphos und Tantalos -
Lob der menschlichen Mühsal

Manfred Schlapp
Liechtensteinisches Gymnasium

1 Sisyphos und Tantalos

Reich an uraltem Menschheitswissen sind die Mythen, die von scheinbar längst vergangenen Zeiten künden. Dichtung in des Wortes buchstäblicher Bedeutung ist der Mythos: Gedichtet und somit verdichtet worden sind die Erfahrungen, zumal die Leiderfahrungen, die die Menschheit im Laufe der Jahrtausende gemacht hat. Solche Erfahrungen haben in den mythologischen Figuren Gestalt und Ausdruck gefunden. Zeitlos und von bleibender Aktualität ist die Kunde, die der Mythos transportiert.

Der Erfahrungsschatz, den die Mythen verwahren, ist eine Quelle, aus der Philosophen seit urdenklichen Zeiten schöpfen. Wer sich mit Mythen beschäftigt, erfährt viel über die menschliche Seele und somit über sich selbst. Es ist kein Zufall, dass die Psychoanalyse seit ihren Anfängen bei der Mythologie Anleihen gemacht und aus dem Fundus der Mythen geschöpft hat.

Den Dichtern und Denkern besonders angetan haben es Sisyphos und Tantalos. Diese zwei Hadesbüsser faszinierten und inspirierten die nachdenklichen Menschen aller Epochen. In diesen Figuren erkannte man sein eigenes Da- und Sosein wieder und sah in ihnen wie in einem Spiegel das eigene Schicksal. Seit Anbeginn der Philosophie erscheinen Tantalos und Sisyphos als Urbilder für den tieferen Sinn menschlicher Mühsal.

Tantalos, den einen Büsser, quält unstillbarer Durst. Zwar steht er in einem kristallklaren Gewässer, und saftige Äpfel hängen über seinem Kopf. Sowie er aber nach ihnen greift oder sich bückt, um Wasser zu schöpfen, schnellen die Äste nach oben und das Gewässer weicht zurück. Ein wahrer Alptraum! Immer und immer wieder hascht Tantalos nach dem durstlöschenden Nass - getrieben von immer neuer Hoffnung. Doch seine Hoffnung erfüllt sich nicht. Unerlöst von seinem Durst bleibt Tantalos.

Noch mehr als Tantalos faszinierte die Dichter und Denker der andere Hadesbüsser: Sisyphos! Wer kennt ihn nicht, den Mann mit dem Stein! Im Schweisse seines Angesichtes stemmt Sisyphos einen Felsbrocken einen Abhang hinauf, wohl wissend, dass der Stein den Abhang zurückrollen wird, sowie er ihn auf die Hügelkuppe hinaufgestossen hat. Immer und immer wieder rollt Sisyphos seine steinerne Last bergwärts. Seine Anstrengung ist umsonst, sooft er sie auch unternimmt. Aller vergeblicher Mühe zum Trotz resigniert er aber nicht! Er setzt sich nicht auf den Stein, um auszuruhen. Er stemmt sich vielmehr erneut gegen ihn, sobald er im Talgrund angekommen ist.

Der heroische Trotz des Sisyphos begeisterte vor allem die Existenzphilosophen. In seinem "Mythos des Sisyphos" setzte der französische Existenzphilosoph Albert Camus dem Mann mit dem Stein ein bleibendes Denkmal. Auf den ersten Blick mag die Botschaft verwundern, die in den Sockel dieses Denkmals eingemeiselt ist: Sisyphos ist ein glücklicher Mensch, obwohl er sich offensichtlich sinnlos abmüht! Nicht einmal die Aussichtslosigkeit lässt ihn verzagen! Welch ein Triumph über irdische Drangsal!

Der Sinn seines Tuns äussert sich in seiner unbeugsamen Geisteshaltung. Austauschbar ist zwar das Objekt seiner Mühsal, nicht aber seine Gesinnung. An einem solchen Heros Mass zu nehmen bedeutet, für die Zukunft gerüstet zu sein und mag diese den Menschen noch so schwierig, bedrohlich oder gar aussichtslos erscheinen.

2 Wenn Menschen Botschaften senden...

Die Zukunft hat viele bedrohliche Gesichter. Eines dieser Gesichter ist - in den Worten des Philosophen Martin Heidegger - "die Rennbahn der Information". Immer schneller rasen immer mehr Informationen auf den Daten-Highways. Dem Nachdenklichen stellt sich die Frage: Cui bono?

Die Verachtung der Langsamkeit ist ein Zeit-Problem, das bereits Friedrich Nietzsche kritisch reflektiert hat: "Man denkt mit der Uhr in der Hand, man lebt wie einer, der fortwährend etwas versäumen könnte!" Und: "Das lange Nachsinnen macht beinahe Gewissensbisse. Man hat keine Zeit und keine Kraft mehr für allen Esprit der Unterhaltung und überhaupt für alles Beschauliche." Also sprach Nietzsche.

Der Zeit-Genosse, den der profetische Denker Nietzsche vor über 100 Jahren vorausgedacht und als einen "Floh" porträtiert hat, der ziellos und in nervöser Unruhe hin und her hüpft, begegnet uns auf der satirischen Ebene in Qualtingers "Wilden mit seiner Maschin" wieder. Wie lässt Helmut Qualtinger den Wiener Easy Rider so trefflich sagen, der sich mit seiner neuen 750er zur Jungfernfahrt rüstet? "Ich weiss zwar nicht, wohin ich fahren will, dafür bin ich aber schneller dort!"

Geschwindigkeit per se ist ebenso wenig ein Wert wie auch Informationen per se kein Wert sind. Den Wert der Geschwindigkeit definiert der Satz "Time is money", ein Satz, den man vergeblich im "Wörterbuch des Unmenschen" sucht, wiewohl er an Menschenverachtung kaum zu überbieten ist. Und den Wert von Informationen bestimmt ihr Aussagewert, ihre semantische Ladung also, die erst in den Köpfen der Empfänger ihren jeweiligen Stellenwert gewinnt. Welcher Aberwitz in solchen Stellenwerten zum Ausdruck kommen kann, lehrt die Geschichte, zumal die Zeitgeschichte, in der sich dank neuer Technologien der Massentransport von Informationen ereignet hat.

Lassen wir die Bühne der Geschichte im Dunklen und werfen wir einen Blick auf den alltäglichen Umgang mit Informationen, wann immer und wo immer Menschen Botschaften senden. Der Wahrnehmungspsychologe Ivo Kohler pflegte dieses Problem mit einem anschaulichen Vergleich auf den Punkt zu bringen: "Der Empfänger ist der Botschaft gegenüber ebenso aktiv wie das Verdauungssystem gegenüber dem Speisebrei." Solche Aktivitäten produzieren subjektiven Sinn, das heisst: der objektive Nonsense wird in **den** Sinn uminterpretiert, der dem Sinn-Produzenten angemessen erscheint. Nichts ist dem Menschen so tief eingeboren wie der Drang, Sinn im herrschenden Unsinn zu suchen und zu finden, genauer: zu erfinden.

Als sinnvoll erscheint einem Empfänger von Informationen all das, was er zu dem, was er schon weiss oder zu wissen glaubt, in Beziehung setzen kann. Dieses In-Beziehung-Setzen ist eine aktive Eigenleistung des Empfängers. Die Denkanstrengung kann nahe bei Null liegen, wenn eine Information mit der Erwartung übereinstimmt. Sie grenzt an Geistesakrobatik, wenn eine Botschaft solange umgedeutet werden muss, bis sie in den Wissens- und Erfahrungskontext des Empfängers passt. Was Wunder, dass die Botschaften, die wir senden oder empfangen, voll von Miss-, ja Mistverständnissen sind bzw. merkwürdige Verständnisse produzieren!

Mit Vergnügen erinnere ich mich an ein simples, aber einprägsames Experiment: Ein Satz, auf Tonband gesprochen, ertönt bei doppelter Bandgeschwindigkeit um eine Oktave höher und ist somit nur mehr schwer zu verstehen. Solche Tongemälde aktivieren die Fantasie der Zuhörer. Der Produktion von Pseudo-Sinn ist Tür und Tor geöffnet. Den Satz "Der Hund wird älter" nahmen die Probanden wahr als "Der Hunderter wird anders", "Der Hubert fliegt nach Elba" oder "Der hundertvierte Opa"! Lachen wir nicht über andere, sondern belächeln wir uns selbst!

Dick ist das Buch der Kommunikationswissenschafter, in dem kuriose Verständnisse nachzulesen sind. Berichtet sei von einer Frau, die in das Wartezimmer eines Lungenfacharztes gerät und wähnt, sie sei beim Gynäkologen, dessen Praxis dummerweise auf dem gleichen Stockwerk liegt. Welch kühne Thesen mag die Frau aufgestellt und wieder verworfen haben, um das Phänomen erklären zu können, was all die Männer im Wartezimmer eines Gynäkologen zu suchen haben? Und hat die Untersuchung beim Lungenfacharzt gar dazu geführt, dass ihre Annahme, beim Gynäkologen zu sein, bestätigt wurde? Was hat in diesem Fall der Arzt mit der Patientin angestellt? Bezähmen wir unsere Neugierde und verlassen wir diese Szene!

Tief im Hirn eines jeden Menschen sitzt Altvater Aristoteles, von dem der unausrottbare Glaubenssatz stammt, dass alles, was ist und was wir wahrnehmen, einen Sinn, einen Grund und einen Zweck habe. Dieser Glaubenssatz verleitet uns dazu, die verwegensten Vorstellungen in die Geschehnisse um uns herum zu projizieren. Diese Projektionen sind besetzt mit unseren Vorurteilen und eingefärbt von unseren Ängsten, von unseren Hoffnungen, Sehnsüchten und geheimen Wünschen.

Um ein Bild von Arthur Koestler aufzugreifen: Einem Pandaimonion gleicht die "Maschine Welt", einer Geisterbahn voll Dämonen, mit denen wir diese Maschine besetzen, um in sie jenen kläglichen Sinn zu legen, den wir von ihr erwarten. Was wir Geistesgeschichte nennen, entpuppt sich vor dem Tribunal der Vernunft als Geistergeschichte. Und last, but not least: Wer kennt all die Gespenster, mit denen etwa die "Maschine Wirtschaft" besetzt ist?

In der Tat: Abenteuerlich ist das Spiel, das die Informationen, die unsere Sinne rezipieren, in unseren Hirnen aufführen. Diese Groteske vermochte noch kein Dramatiker in ihrer ganzen tragikomischen Spannweite auf die Bühne zu bringen. Tagtäglich beginnt dieses Spiel von neuem. Ewig währt der Neuanfang auf dem steinigen Pfad von Sense und Nonsense. Doch verzage nicht, Sisyphos! Resigniere nicht, Mann mit dem Stein! Dein heroischer Trotz zahlt sich aus: Dein unbeugsamer Sinn schärft die Sinne und damit die Urteilskraft. Solange diese Kraft nicht abstumpft, muss einem vor der Zukunft nicht bange sein!

3 Buridans Esel lässt grüssen...

Nicht nur die sichtbaren Müllberge wachsen. Täglich auch nimmt der virtuelle Müll zu: Es wächst ein gigantischer Daten-Haufen heran, in dem es immer schwieriger wird, die sprichwörtliche Stecknadel zu finden. Der Müll, aus dem dieser Misthaufen besteht, nährt die Informationslawinen, die über uns hinwegdonnern. Immer grösser wird der See an Sense und Nonsense, auf dem wir nach dem ersehnten Ufer Ausschau halten, oder besser: in dem wir wie weiland Tantalos zu verdursten drohen.

Das Problem, das zur Diskussion steht, ist nicht der Mangel an Informationen, sondern deren erdrückende Fülle. Angesichts dieser Informationsflut fällt es schwer, die Datenmengen zu sichten, zu verknüpfen und zu gewichten. Und so lautet das Gebot der Stunde: Wer kennt die Untiefen des Nonsense? Wer weiss um die Tiefen des Sense? Gefragt sind kundige Steuermänner, die sich auf das Einmaleins der virtuellen Nautik verstehen. Aufgeboten sind Spurensucher, die uns den Weg zu weisen vermögen. Solches Know-how anzubieten, zählt wohl zu den Hauptaufgaben des künftigen Informationsmanagements.

Rund zwei Milliarden Pages umfasst das WWW, und Tag für Tag kommt eine gute Million neuer Pages hinzu. Immer undurchdringbarer wird das Dickicht solcher Daten-Angebote. Pfade durch diesen Informationsdschungel zu schlagen, ist das Ziel einer Branche, die die Pfandfinder von einst abzulösen begonnen hat. Die Wachablöse erfolgte im Mai 1993, als ein amerikanischer Student namens Matthew Gray seinen "Wanderer", die erste automatische Suchsoftware, auf die Reise durch das weltumspannende Netz schickte.

Als die ersten Spurensucher ihre Dienste einer informationsgierigen Klientel anboten, konnten sie noch nicht ahnen, dass sie den Startschuss für einen Marathonlauf gegeben hatten, dessen Teilnehmerzahl unkalkulierbar und dessen Ziel permanent verschoben wird. Rund um diesen Wettlauf hat sich Big Business etabliert. Schon längst weisen Such-Suchmaschinen den Nachkommen des "Wanderers" den Weg. Allein die "Searchengineguide.com" listet über 3500 Suchmaschinen auf. Und immer neue Suchmaschinen drängen auf den Markt, die darauf spezialisiert sind, selbst abgelegene Winkel des Daten-Dschungels aufzuspüren.

Aller technischen List zum Trotz bleibt der Krug des dürstenden Tantalos häufig genug leer. Stets rudert nämlich die Technik der Suchautomaten den anschwellenden Informationsfluten hinterher. Zwar verschwinden pro Monat gut zwei Dutzend veralteter Suchmaschinen, und es kommen rund 100 neue zum Zug. Gleichwohl erfassen selbst Up-to-date-Suchautomaten nur ein knappes Viertel des real existierenden Daten-Angebotes. Webexperten des NEC Research Institute verglichen Suchmaschinen mit einem "Telefonbuch, das veraltet ist, populäre Einträge bevorzugt und dessen Seiten zum grössten Teil herausgerissen sind."

Solche Zustände lassen findige Köpfe nicht ruhen. Einen hoffnungsvollen Lichtschimmer erspäht ein SPIEGEL-Autor in Hamburg-Altona, wo Schmitz-Esser und sein Team an SERUBA, der ersten viersprachigen Suchmaschine, zu basteln begonnen haben. An diese seine Maschine stellt ihr Konstrukteur hehre Ansprüche: "Wir bauen eine Brücke zwischen dem Geschriebenen und dem Gemeinten, eine Art digitalen Dokumentar, den man alles fragen kann!" SERUBA soll das gesamte Menscheitswissen in Form eines Daten-Atlas erfassen. Seinen virtuellen Kompass, sprich: Suchautomaten bezeichnet Schmitz-Esser als eine Lernmaschine, die sogar zur Selbstversenkung animiere: "Mit unserer Lernmaschine suchen die User nicht nur im Netz, sondern auch in ihrem Inneren!"

Wer suchet, der findet, lautet ein altes Trostwort. Solchen Trost verheisst heutzutage eine Industrie, die sich dem Informationsmanagement verschrieben hat. Hoch sind die Erwartungen, die an ein solches Management herangetragen werden. Um für die Herausforderungen der Zukunft gewappnet zu sein, muss es vom heroischen Trotz eines Sisyphos beseelt sein. Tantalos, der Dürstende, erwartet viel von seinem rastlosen Kollegen.

Um den Durst bzw. den Hunger des Tantalos mit einigem Erfolg zu stillen, tut es not, neue Wege zu beschreiten, will heissen: die Suchmaschinen mit spezifischen Fähigkeiten des menschlichen Hirns auszustatten. Es gilt, sich vermehrt um die Meta-Ebenen von Vernetzungen zu kümmern und jene scheinbar stochastischen Strukturen der Synapsen und Neuriten zu imitieren, die laterale und assoziative Denkprozesse ermöglichen und somit Kreativität erzeugen.

Künftige Informationsmanager haben noch viel zu tun. Versagen diese Manager, sind sie nicht willens oder in der Lage, ihre Hausaufgaben zu erfüllen, dann wird Tantalos wie eh und je vergebens nach den saftigen Äpfeln schielen. Dann ähnelt er dem Langohr in der Geschichte von "Buridans Esel". Dieser Esel steht zwischen zwei üppigen Heuhaufen. Das Futter, das in Sichtweite aufgehäuft ist, würde seinen Hunger für immer stillen. Er kann sich aber nicht entscheiden, wo er zu fressen anfangen soll. Und so verhungert er zu schlechter Letzt - inmitten einer Fülle, die er nicht zu nutzen vermochte.

Quid fabula docet? Die Frage beantwortet sich von selbst. Deshalb sei ein Nachsatz erlaubt: Als ich für den Essay "Virtuelle Geldnoten und reelle Geldnöte" Informationen zum Thema "Silbermünzen aus Tirol" suchte, bemühte ich zwei Quellen: das Internet und die Bibliothek des Tiroler Landesmuseums. Was mir das Internet bot, war reiner Müll. Im Tiroler Landesmuseum hingegen wurde ich nicht nur fündig, sondern zudem liebevoll betreut. In diesem Museum sitzen fünf liebenswürdige, in Ehren ergraute Suchmaschinen. Seit Jahr und Tag betreiben diese Maschinen Mülltrennung. Was immer in und über Tirol publiziert wird, landet auf ihren Arbeitstischen. Diese literarische Ernte verzetteln sie, wobei sie mit kundigem Blick Spreu von Weizen trennen. Auf meine Anfrage hin schenkten sie mir ein Lächeln und boten mir einen Kaffee an. Dann fingerten die Damen in ihrem Zettelkatalog. Eine verschwand im Archiv und brachte mir die entsprechenden Schriften samt Seitenangaben und Erläuterungen.

Langer Rede kurzer Sinn: Das Buch ist tot! Es lebe das Buch! Und seine liebenswerten Betreuerinnen!

Informationsmanagement - Modell, Herausforderungen und Perspektiven

Bernd Britzelmaier, Siegfried Weinmann
Fachhochschule Liechtenstein

1 Einleitung

Informationsmanagement ist ein dynamisches Gebiet der Wirtschaftsinformatik, das sich im Zuge der Entwicklung der Informationstechnolgie und des wirtschaftlichen Umfelds der Unternehmen sowohl in bestehenden Bereichen verändert wie auch in neuen Richtungen ausbreitet. Deshalb findet sich im vorliegenden Tagungsband ein breites Spektrum an Themen zu diesem Gebiet.

Die Aufgabe dieses Leitartikels ist es, die thematische Vielfalt des Tagungsbandes als kompositorische Einheit zu präsentieren, indem die einzelnen Beiträge innerhalb eines Modells des Informationsmanagements eingeordnet und die Verbindungen zwischen den behandelten Themen sichtbar gemacht werden. Im vorliegenden Tagungsband findet sich neben theoretischen Darstellungen des Informationsmanagements exemplarisches Wissen in Form verschiedener Fälle aus der Praxis. Ferner greift der einleitende Beitrag die wesentlichen Herausforderungen und Perspektiven des Informationsmanagements auf.

Unter »Informationsmanagement« (IM) verstehen IT-Fachleute die Organisation der technischen und personellen Ressourcen eines Unternehmens. Ein betriebswirtschaftlich orientierter Informatiker sieht darin primär die Aufgabe, für den Aufbau einer Infrastruktur auf Basis des spezifischen Informationsmodells zu sorgen. Die Unternehmensleitung will durch das Informationsmanagement die betriebliche Informationsversorgung auf ihre Unternehmensziele und den Gewinn von Wettbewerbsvorteilen ausrichten.

Die Gewichtung und Verknüpfung der genannten Sichtweisen führt zu der Auffassung, dass Informationsmanagement zu dem Bereich der Unternehmensführung zählt, der die optimale Versorgung aller Stellen mit den Informationen, die zum Erreichen der Unternehmensziele benötigt werden anstrebt, und demnach alle Managementaufgaben zur Planung und Realisierung einer unternehmensspezifischen Informationsinfrastruktur beinhaltet. Die Informationsinfrastruktur umfasst sämtliche Hard- und Software, organisatorische Konzepte und Regelungen, alle Prozesse der Informationsverarbeitung, Mitarbeiter sowie Methoden und Entwicklungswerkzeuge. Der Konzeption und Realisierung von Informationssystemen kommt dabei eine besondere Bedeutung zu. Entwurf, Ent-

wicklung und Einsatz von Anwendungssystemen werden dabei von manchen Autoren als Kernaufgaben des IM betrachtet.[1]
Der Begriff »information systems planning«: „the translation of strategic and organizational goals into systems development initiatives",[2] steht für die Verbindung des IM mit der Systementwicklung und spiegelt darüber hinaus das Motiv und den Zweck der betrieblichen Informationsverarbeitung. Im Vordergrund steht nicht die Technologie, sondern Aufgaben, die mit Fragen des Unternehmens verbunden sind, wie:

- Durch welche Geschäftsprozesse werden Wertschöpfungsketten gebildet und welche Organisationseinheiten bzw. Arbeitsplätze sind an diesen Geschäftsprozessen beteiligt?
- Wo entstehen welche Daten und wo werden welche Daten bzw. Informationen benötigt, insbesondere wie schnell, wie aktuell und wie oft?
- Wo werden welche Anwendungssysteme gebraucht bzw. genutzt?
- Wer soll mit wem und in welcher Form kommunizieren?

Informationsmanagement kann als Schnittstelle zwischen der Betriebswirtschaftslehre, Informatik sowie ihren angrenzenden Disziplinen begriffen werden. Es bildet aus Managementsicht das wichtigste Gebiet der Wirtschaftsinformatik. Mit dem wachsenden Potential der Informationstechnik wächst auch die Verantwortung und Tragweite, die mit der unternehmerischen Aufgabe des IM verbunden ist. Bekanntlich haben Fehler auf der Führungsebene weitreichende Konsequenzen und verursachen oft hohe Folgekosten. Was würde die perfekte Realisierung eines Plans nützen, der nicht auf die wesentlichen Ziele und Strukturen des Unternehmens ausgerichtet worden ist?
Das Aufgabenfeld des IM ist komplex und dynamisch zugleich. Die Dynamik tritt an vielen Stellen hervor, wie beispielsweise an den ständig wechselnden Rahmenbedingungen für Unternehmen, nicht zuletzt wegen des zunehmenden Konkurrenzdrucks infolge der fortschreitenden Globalisierung oder auch am stetig ansteigenden Potential der Informationswirtschaft. Daraus lässt sich erkennen, dass der Erfolg eines Unternehmens immer enger an seine Informationsinfrastruktur gekoppelt ist. Die Komplexität liegt einerseits in den oft schwer zu durchdringenden betrieblichen Prozessen, und auf der anderen Seite in den breitgefächerten Know-how-Gebieten der Wirtschaftsinformatik sowie vielseitigen Möglichkeiten der Informationstechnik. Schliesslich hängen Entscheidungen über Systemeinführung, Reengineering, Outsourcing usw. von vielen Parametern ab; neben den

---

[1] vgl. z. B. Schmidt, 1999, S. 7.
[2] Stair and Reynolds, 1998, S.649.

wirtschaftlichen Kriterien, sind technische, zeitliche sowie personelle Aspekte gleichermaßen zu berücksichtigen.

2 Modell

Die Abbildung 2.1 stellt eine Einordnung des Informationsmanagement mit Ebenen und Objekten dar. Ausgehend von der unternehmerischen Vision (welche Rolle soll das Unternehmen künftig spielen?) wird unter Einbezug der Umwelt und der Konkurrenz (klassisch: SWOT-Analyse) die Unternehmensstrategie formuliert, die den Ausgangspunkt für die Ausgestaltung des Informationsmanagement bildet. Im Gegensatz zu anderen Querschnittsfunktionen kommt dem Informationsmanagement jedoch auch die Rolle des Enablers für Vision und Strategie zu.
Die Handlungsobjekte des IM und die damit verbundenen Aufgabengebiete lassen sich der strategischen (welche Ziele werden verfolgt?), dispositiven (wie ist die Ressourcenzuteilung und -verwaltung?) und operativen Managementebene (was sind die Massnahmen zur Zielerreichung?) zuordnen.
Informationsmanagement bezieht sich auf die Objekte »Organisation«, »Wissen«, »Anwendung« und »Technologie«, die oft im Sinne eines Mix betrachtet werden müssen. Organisation umfasst dabei das Management der Aufbau- und Ablauforgansiation, moderner ausgedrückt auch das der Prozesse. Das Objekt Wissen wurde früher oft mit dem Begriff „Daten" umschrieben und beinhaltet das Management des Data-Life-Cycle. Dazu zählen heute Themengebiete wie Data Warehousing, Data Mining oder Wissensrepräsentation. Das Management der Anwendungen befasst sich mit Aufgaben im Anwendungs-Life-Cycle, heute mit Themen wie webbasierten Applikationen (z.B. ASP), Unternehmensmodellierung (z.B. mit UML), komponentenbasierter Systementwicklung (z.B. mit CORBA) oder betriebswirtschaftlicher Standardsoftware (z.B. J.D. Edwards). In der Regel wird dabei ein dynamischer Modellierungsansatz bevorzugt, der auf Prozessen basiert. Das Management der Technologie soll die Ausschöpfung vorhandener und die Erschliessung neuer Nutzenpotentiale durch Technologieeinsatz sicherstellen. Aktuelle Themen sind z. B. Netzwerke (Intranet, Internet), Mobilkommunikation oder die Renaissance hostbasierter, zentraler Systeme.
Auf der strategischen Ebene des IM werden die durch die Informationsverarbeitung zu verfolgenden Ziele festgelegt. Diese Planung basiert auf der strategischen Planung des Unternehmens, deren Ausgangspunkt die Vision ist. Strategische Aufgaben sind langfristig ausgelegt und betreffen die Entwicklungsrichtungen und grundlegenden Konzepte des IM, denen eine umfassende Analyse der aktuellen Situation des Unternehmens bezüglich des

Wettbewerbs, der Rolle seiner Informationsfunktion und der gegebenen Informationsinfrastruktur vorausgeht.

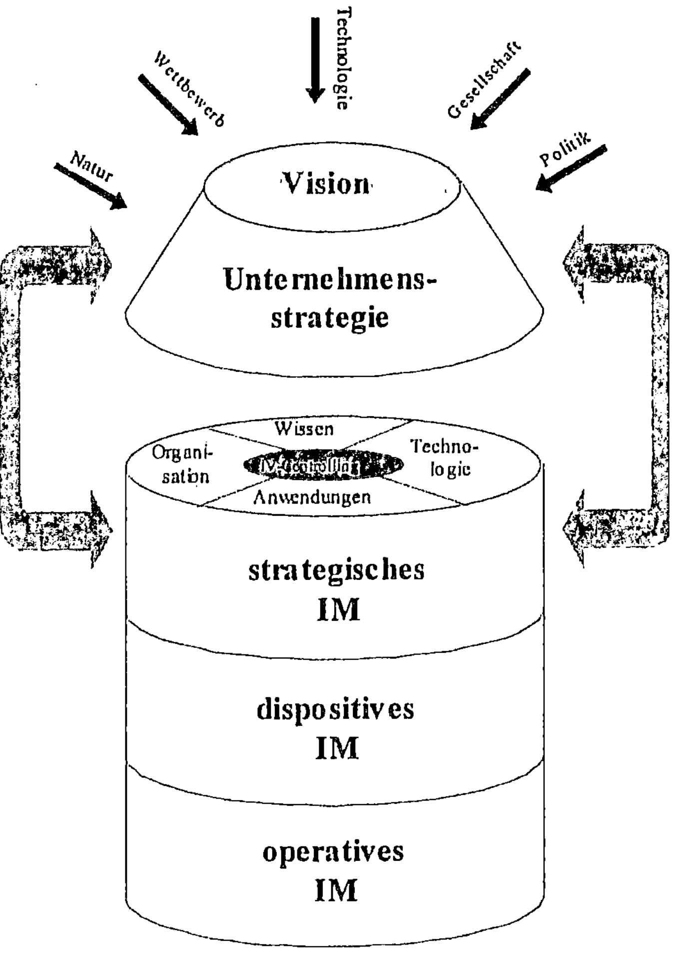

Abb. 2.1: Ebenen und Objekte des IM

Zu den Hauptaufgaben der strategischen Ebene gehören:

- Situationsanalysen
- Organisationsplanung und Outsourcing
- Entwicklung einer Informatikstrategie
- Entwicklung einer Informationssystemarchitektur
- Planung der Informationsinfrastruktur
- Daten- und Personalmanagement
- Entwurf eines Sicherheitskonzepts

Aufgaben der mittleren Ebene beziehen sich auf die Realisierung der im strategischen Bereich entworfenen Konzepte und Planungen. Typische Aufgaben des dispositiven IM liegen in der Organisation, im Projekt- und Qualitätsmanagement sowie in der Systementwicklung und der damit verbundenen Beschaffung von Hard- und Software.

Aufgaben des operativen IM sind kurzfristig orientiert und beziehen sich auf alle mit der Systemnutzung und der Unterstützung des dispositiven IM verbundenen Fragen. Operative Aufgaben sind produkt- bzw. technikbezogen. Sie betreffen die Installation und Wartung im Rechenzentrumsbetrieb, das Daten-, Software- und Netzwerkmanagement, der Benutzerservice usw.

Querschnittsaufgaben des IM sind bereichsübergreifend und haben unterstützende Funktion. Sie liegen vor allem in den Bereichen Personal-, Sicherheits- und Qualitätsmanagement oder befassen sich mit Rechtsfragen, wie z.B. Vertragsgestaltung oder Produkthaftung.

Eine wesentliche Querschnittsaufgabe stellt das IV-Controlling dar, das die wirtschaftliche Erstellung und Nutzung des Produktionsfaktors Information sicherstellen soll.

Als zentrales Werkzeug des Informationsmanagement kann ein Metainformationssystem (Repository) dienen, das die Komponentenklassen der Gegenstandsbereiche (Objekte) des IM darstellt und verwaltet.

3 Herausforderungen und Perspektiven

Wesentliche Herausforderungen für das Informationsmanagement waren in den letzten Jahren Themen wie Geschäftsprozessoptimierung, Einführung von betriebswirtschaftlicher Standardsoftware oder die Integration von e-business in die Anwendungssystemarchitektur, so dürften die Trends der nächsten Jahre einerseits Technologie- und andererseits Marktpartner-getrieben sein. Die Abbildung 3.1 zeigt exemplarisch aktuelle Problemstellungen der Informationsverarbeitung, die das Informationsmanagement in den Unternehmen in nächster Zeit bearbeiten wird.

Auch die Beiträge des Tagungsbandes greifen diese Themen auf, so skizziert z.B. Rainer Hofmann zum Thema „Knowledge asset management" Möglichkeiten einer Pretialisierung von Wissenseinheiten in Beratungsbetrieben. Martin Meyer behandelt die Schnittstelle zwischen e-business und customer relationship management, Urs August Graf beschäftigt sich mit mobile business im Finanzdienstleistungssektor und Regina Polster stellt in Ihrem Bericht erste e-government-Erfahrungen dar.

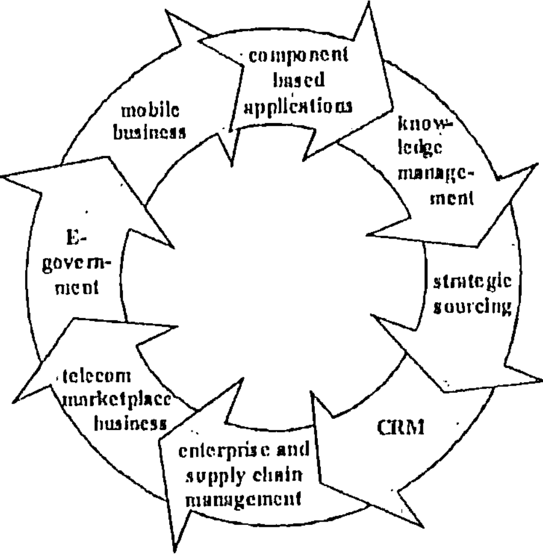

Abb. 3.1: Aktuelle Problemstellungen in der Informationsverarbeitung

Seit den Ursprüngen des Informationsmanagement, die bei der amerikanischen Bundesverwaltung von 1974 bis 1997 von der „commission on federal paperwork" unter der Leitung von W.F. Horton unter dem Thema „information resource management" entstanden und 1980 im paperwork reduction act mündeten, hat das Gebiet eine stetige, dynamische Entwicklung genommen. Die skizzierten Entwicklungen deuten an, dass das Informationsmanagement auch in Zeiten des sechsten Kontradieff-Zyklus[3] für Organisationen eine zentrale Rolle einnehmen wird.

Literatur

Britzelmaier, B.: Informationsverarbeitungs-Controlling: Ein datenorientierter Ansatz. Stuttgart/Leipzig: Teubner Verlag, 1999.

Britzelmaier, B.; Studer, H.P.: Starthilfe Marketing. Stuttgart/Leipzig: Teubner Verlag, 2000

Britzelmaier, B; Geberl, S.: Wirtschaftsinformatik als Mittler zwischen Technik, Ökonomie und Gesellschaft. 1. Liechtensteinisches Wirtschaftsinformatik-Symposium an der Fachhochschule Liechtenstein. Stuttgart/Leipzig: Teubner Verlag, 1999.

---

[3] vgl. Nefiodow, 1999, S. 93 ff.

Britzelmaier, B; Geberl, S.: Information als Erfolgsfaktor. 2. Liechtensteinisches Wirtschaftsinformatik-Symposium an der Fachhochschule Liechtenstein. Stuttgart/Leipzig: Teubner Verlag, 2000.

Bullinger, H.J.; Warnecke, H.-J.: Neue Organisationsformen in Unternehmen: Ein Handbuch für das moderne Management. Berlin/Heidelberg: Springer-Verlag, 1996.

Heinrich, L.J.: Informationsmanagement : Planung, Überwachung und Steuerung der Informationsinfrastruktur. 6. Aufl. Müchen Wien: Oldenbourg-Verlag, 1999.

Krcmar, H.: Informationsmanagement: 2. Aufl. Berlin/Heidelberg: Springer-Verlag, 2000.

Nefiodow, L.A.: Der sechste Kondratieff: Wege zur Produktivität und Vollbeschäftigung im Zeitalter der Information. 3. Aufl. Sankt Augustin: Rhein-Sieg-Verlag, 1999.

Ortner, E.: Informationsmanagement - wie es entstand, was es ist und wohin es sich entwickelt. In: Informatik-Spektrum 14/1991, S. 315-327

Ortner, E.: Von der Datenmodellierung zum Informationsmanagement. In: Müller-Ettrich, G. (Hrsg.): Fachliche Modellierung von Informationssystemen, Bonn/Paris 1993. S. 19-59

Scheer, A.-W.: Wirtschaftsinformatik: Referenzmodelle für industrielle Geschäftsprozesse. Berlin/ Heidelberg: 2. Auflage. Springer-Verlag, 1998.

Schmidt, G.: Informationsmanagement: Modelle, Methoden, Techniken. 2. Aufl. Berlin/Heidelberg: Springer-Verlag, 1999.

Schwarze, J.: Informationsmanagement: Planung, Steuerung, Koordination und Kontrolle der Informationsversorgung im Unternehmen. Herne/Berlin: Neue Wirtschafts-Briefe GmbH & Co., 1998.

Stahlknecht; P.: Hasenkamp, U.: Einführung in die Wirtschaftsinformatik: 9. Aufl. Berlin/Heidelberg: Springer-Verlag, 1999.

Stair, R.M.; Reynolds, G.W.: Principles of Information Systems: A Managerial Approach. 3rd ed. Cambridge: Course Technology, 1998.

Turban, E.; McLean, E.; Wetherbe, J.: Information Technology for Management: Improving Quality and Productivity. New York, Chichester, Brisbane, Toronto, Singapore: John Wiley & Sons, Inc., 1996.

Zwass, V.: Foundations of Information Systems: Singapore: McGraw-Hill, 1998.

Zehnder, C.-A.: Informationssysteme und Datenbanken: 6. Aufl. Stuttgart: Teubner-Verlag 1998.

Erfolgreiches Anforderungsmanagement

Bruno Schienmann
Informatikzentrum der Sparkassenorganisation GmbH (SIZ)

1   Motivation

»Unsere Anforderungen bleiben während eines Entwicklungsprojektes weitgehend stabil, da wir die eigentlichen Kundenprobleme systematisch ermittelt und priorisiert haben und frühzeitig eine klare Produktvision und Projektabgrenzung existierte. Natürlich gibt es auch Änderungen. Diese werden aber in einem kontrollierten, für alle Beteiligten transparenten Prozess in die Umsetzung geführt. Das Projektteam kann sich auf die Detaillierung und Umsetzung der Anforderungen konzentrieren. Es existieren klare Auftraggeber-/ Auftragnehmer-Strukturen zwischen Kunden, Produktmanagern und Entwicklung. Da wir ein kontinuierliches Risiko- und Umsetzungsmanagement verfolgen, kennen wir jeweils den aktuellen Projektstatus und können aktiv Problemen entgegenwirken. Das Verhältnis zwischen Entwicklung, Kunden und Anwendern ist gut, alle Gruppen arbeiten eng zusammen.« (ein zufriedener IT-Leiter)
Schöne neue Welt? Diese fiktive Feststellung eines IT-Leiters entspricht wohl weniger den Erfahrungen der meisten Leser. Abbildung 1 veranschaulicht die aktuelle Situation in Projekten und Organisationen sicherlich besser (angelehnt an Wirtschaftswoche (1973) 46, S. 3). Entwicklungen und Praxiserfahrungen in den letzten Jahren haben gezeigt, dass durch ein systematisch betriebenes Anforderungsmanagement das oben skizzierte Szenario aber keine Vision bleiben muss. Bewährte Methoden, Techniken und Werkzeuge stehen bereit, um das Ziel eines effektiven Anforderungsmanagements schrittweise zu verwirklichen.
Warum ist Anforderungsmanagement so wichtig? Verschiedene Untersuchungen etwa der Standish Group[1] zeigen, dass mehr als die Hälfte aller Anwendungsentwicklungsprojekte die Projektlaufzeit weit überzieht und etwa 1/3 aller Projekte ergebnislos ganz abgebrochen werden. Als Ursache für diese Abweichungen stehen Fehler, die auf fehlendes oder fehlerhaftes Anforderungsmanagement zurückgehen, mit etwa 40% an erster Stelle. Umgekehrt gilt nach Erhebungen der Standish Group: „...managing requirements well was the factor most related to successfull projects".

---

[1]   Standish Group 1995, S. 7f

Im letzen Jahr wurde im SIZ ein Grundlagenprojekt zum Thema Anforderungsmanagement abgeschlossen und ein Leitfaden für das Anforderungsmanagement in Entwicklungsorganisationen erstellt.

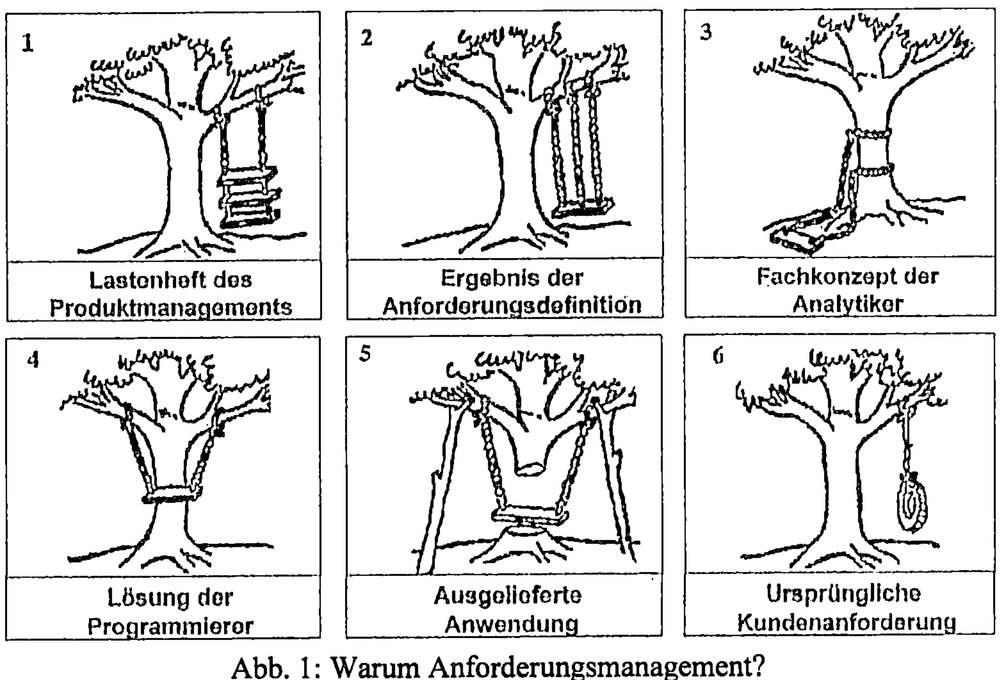

Abb. 1: Warum Anforderungsmanagement?

Die Notwendigkeit zur Entwicklung eines solchen Leitfadens ergab sich aus der Tatsache, dass inzwischen zwar eine Reihe fundierter Arbeiten aus bekannten Forschungsprojekten wie NATURE oder CREWS publiziert wurden und auch gute allgemeine Literatur zum Thema Requirements Engineering existiert[2], das Thema Anforderungsmanagement dabei allerdings fast immer nur aus Projektsicht behandelt oder auf den Aspekt Änderungsmanagement reduziert wird. Selbst neuere Literatur zu diesem Thema, welche explizit den Management-Aspekt hervorhebt (vgl. etwa das ansonsten sehr empfehlenswerte Buch von Leffingwell und Widrig) bieten nur ansatzweise einen übergreifenden, integrierten Ansatz für das Thema Anforderungsmanagement, wie es für Entwicklungsorganisationen notwendig ist.

Nachfolgend werden die Grundbegriffe des Anforderungsmanagements sowie die Kernideen und wesentlichen Inhalte des entwickelten Leitfadens zum Anforderungsmanagement erläutert.

---

[2] Gause, D.C.; Weinberg, G.M. (1993), Sommerville, I.; Sawyer, P. (1997), Leffingwell, D.; Widrig, D. (1999), Wiegers, K.E. (1999)

2   Einführung

Die Entwicklung und Bereitstellung von Anwendungen erfordert die Ermittlung und Verwaltung von Anforderungen. Nur wenn wir eine genaue Vorstellung davon haben, was unsere Kunden wollen und **benötigen**, können wir ihnen die gewünschte Anwendung zur Verfügung stellen. Dabei gilt grundsätzlich: Je früher die Anforderungen des Kunden korrekt festgelegt werden, desto kostengünstiger und schneller kann eine passende Lösung entwickelt werden. Wird Anforderungsmanagement umfassend eingeführt, können zudem Änderungen in den Anforderungen schneller erkannt und umgesetzt werden.

Für ein grundlegendes Verständnis sind die Begriffe **Anforderung** und **Anforderungsmanagement** zentral. Eine Anforderung beschreibt ein Leistungsmerkmal, das die zu entwickelnde Software aufweisen soll[3]:

> **A software capability needed by the user to solve a problem to achieve an objective.**
> **A software capability that must be met or possessed by a system or system component to satisfy a contract, standard, specification, of other formally imposed documentation.**

Was Anforderungsmanagement grundsätzlich ist, wird am besten in der folgenden Definition deutlich[4]:

> **Requirements management is a systematic approach to eliciting, organizing, and documenting the requirements of the system, and a process that establishes and maintains agreement between the customer and the project team on the changing requirements of the system.**

In der folgenden Abbildung sind die wesentlichen (generischen) Aktivitäten des Anforderungsmanagements dargestellt. Wir unterscheiden hierbei zwischen Durchführungs- und Querschnittsaktivitäten. Der eigentliche Umgang mit den Anforderungen erfolgt im sogenannten Durchführungspfad:

---

[3]   Dorfmann, M.; Thayer, R.H. (1990)
[4]   Leffingwell, D.; Widrig, D. (1999)

- In der **Anforderungsermittlung** werden Anforderungen, Wünsche oder einschränkende Randbedingungen entgegengenommen oder aktiv erhoben.
- Die **Anforderungsanalyse** dient der fachlichen Klärung und Konkretisierung der ermittelten Anforderungen.
- In der **Anforderungsdokumentation** werden Anforderungen strukturiert und gemäß vorgegebener Beschreibungsmuster spezifiziert.
- Die **Anforderungsvalidierung** und **-verifikation** soll eine hinreichende inhaltliche und formale Qualität der Anforderungen sicherstellen.
- Die **Anforderungsverständigung** dient der Verhandlung bzw. der Einigung über Anforderungen bzw. der Entscheidungsfindung über die weitere Umsetzung.

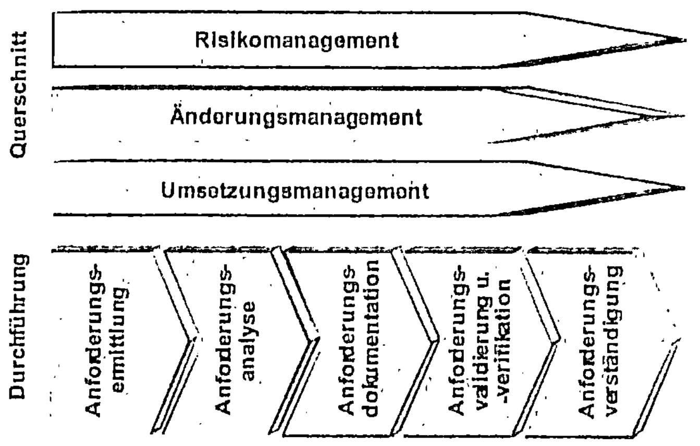

Abb. 2: Generische Aktivitäten im Anforderungsmanagement

Diese Aktivitäten werden natürlich nicht streng sequentiell durchlaufen. Oft sind mehrere Durchläufe erforderlich, wobei insbesondere die Ermittlung, Analyse und Validierung eng verzahnt sind. Zur Unterstützung sind weiterhin verschiedene Querschnittsaktivitäten notwendig.

- **Risikomanagement** dient dazu, die mit der Umsetzung von Anforderungen verbundenen Risiken innerhalb akzeptabler Grenzen zu halten.
- **Umsetzungsmanagement** beschäftigt sich mit der Verwaltung, Weitergabe und Verfolgung von Anforderungen bis zur Realisierung im Rahmen eines Entwicklungsprojekts.
- Das Ziel des **Änderungsmanagements** ist der kontrollierte Umgang mit Änderungen über einen definierten Änderungsprozess (z.B. mittels eines **change control boards**).

Diesen Aktivitäten übergeordnet ist eine dritte Ebene des sog. strategischen Anforderungsmanagements für das Assessment der AM-Prozesse, also insbesondere der Optimierung der Durchführungs- und Querschnittsprozesse und die Reifegradverbesserung der Organisation.

3   Gesamtprozess

Wie bereits beschrieben, wird Anforderungsmanagement oft ausschließlich auf die Projektsicht reduziert. Durch diese Beschränkung wird das Nutzenpotenzial eines kontinuierlichen und umfassenden Anforderungsmanagements nur in geringem Maße erschlossen. Die Kernidee des Leitfadens ist es, das Anforderungsmanagement aus den drei Sichten **Kunde, Produkt** und **Projekt** zu entfalten und damit den Prozess von der Erhebung einer Anforderung bis zur Bereitstellung einer Lösung durchgängig zu gestalten (vgl. die folgende Abbildung):

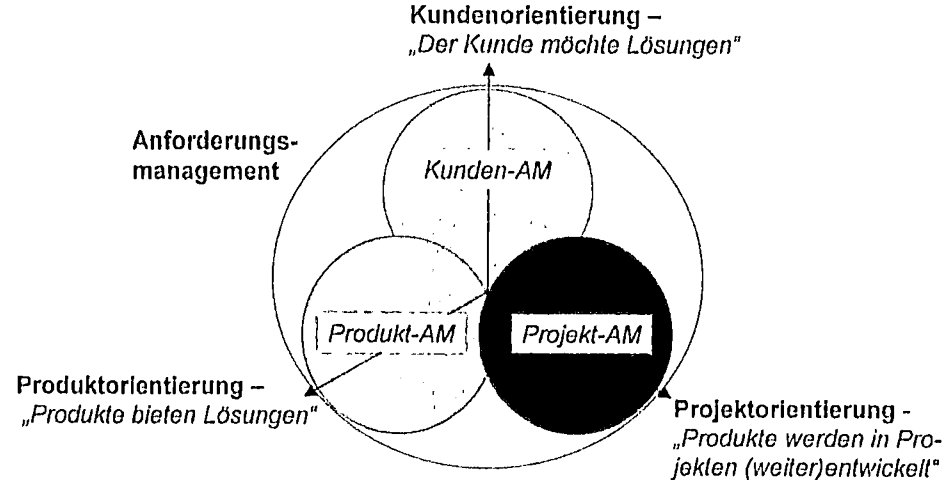

Abb. 3: Sichten des Anforderungsmanagements

- **Kundenorientierung.** Kunden stellen Anforderungen, um Lösungen für ihre Probleme zu erhalten. Ihre Kundenanforderungen müssen sich weder auf konkrete Produkte noch Projekte beziehen.
- **Produktorientierung.** Produkte bzw. Anwendungen stellten Lösungen für diese Probleme bzw. die Anforderungen der Kunden dar. Produktanforderungen werden auf der Basis von Kundenanforderungen spezifiziert und in Projekten umgesetzt.

- **Projektorientierung.** In Anwendungsentwicklungsprojekten mit begrenzter Laufzeit und definierter Zielsetzung werden Produkte realisiert und damit Problemlösungen für den Kunden bereitgestellt.

Neben einer Projektsicht ist eine Produktsicht erforderlich, um zu vermeiden, dass Anforderungen, welche nicht unmittelbar im Projekt umgesetzt werden sollen, nicht dokumentiert und weiterverfolgt werden. Ähnlich dürfen Kundenanforderungen nicht **nur** aus der Sicht spezifischer Produkte erhoben werden, um zu vermeiden, dass Anforderungen, welche nicht unmittelbar einem Produkt zuordenbar sind, nicht erfasst werden.

Aus diesen Sichten leiten sich die drei Prozessbereiche für ein umfassendes Anforderungsmanagement ab, wobei diese Prozessbereiche selber wiederum eingegliedert sind in die Aufgaben eines allgemeinen Kunden-, Produkt- und Projektmanagements (vgl. die folgende Abbildung)

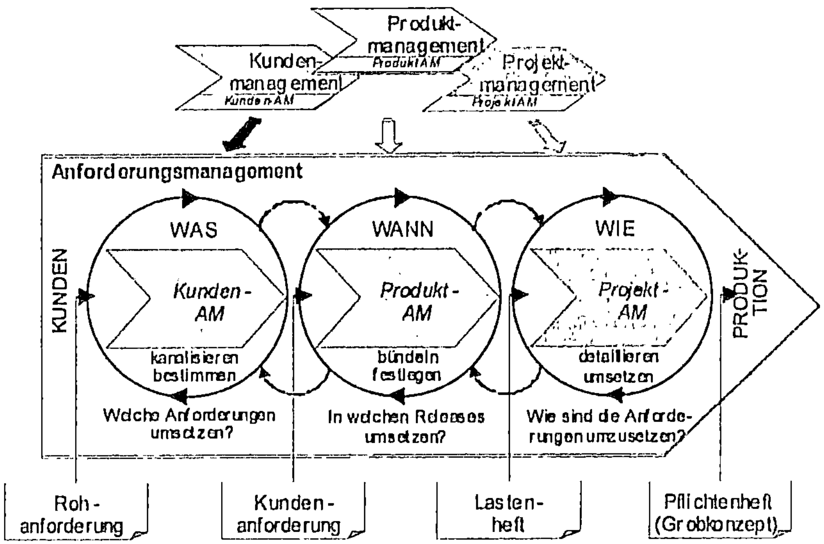

Abb. 4: Prozessbereiche des Anforderungsmanagements

- **Kunden-Anforderungsmanagement (Kunden-AM).** Das Kunden-AM stellt sicher, dass die Kundenbedürfnisse in der Systementwicklung optimal berücksichtigt und in Lösungen bzw. Produkten für den Kunden umgesetzt werden.
- **Produkt-Anforderungsmanagement (Produkt-AM).** Das Produkt-AM sorgt für die Nachhaltigkeit der Produkt(weiter)entwicklung. Es überführt Kundenanforderungen in Produktanforderungen und bündelt diese zu Produktreleases.

- **Projekt-Anforderungsmanagement (Projekt-AM).** Das Projekt-AM detailliert die Produktanforderungen und setzt diese, unter Einhaltung der gesetzten Rahmenbedingungen, in effizienter Weise um.

Natürlich ist eine enge Zusammenarbeit und Koordination dieser Bereiche erforderlich. Dabei hat das Produkt-AM eine zentrale Aufgabe. Es stellt die Nachhaltigkeit der Produkt(familien)entwicklung sicher und entzerrt bzw. synchronisiert das Kunden- (Fachseite) und das Projekt-AM (Softwaretechnik). Produktplanungen schon auf der Ebene der Anforderungen sollen die Verbindlichkeit in den Vereinbarungen mit dem Kunden erhöhen. Weiterhin sollen die typischen Probleme eines ausschließlich am Entwicklungsprojekt orientierten Umgangs mit Anforderungen vermindert werden (fehlende Produktstrategie, Anforderungen fallen „unter den Tisch", mangelndes Änderungsmanagement, Techniklastigkeit...).

3.1 Kunden-Anforderungsmanagement

Das Kunden-AM dient als fachliche Schnittstelle zum Kunden. Das Kunden-AM ist ein wesentliches Instrument zur langfristigen Kundenbindung. Anforderungen des Kunden können im Rahmen von Workshops oder Interviews ermittelt oder direkt vom Kunden als Rohanforderung über ein Helpdesk oder ein AM-Werkzeug eingestellt werden.

Eine Rohanforderung wird im Kunden-AM präzisiert bzw. konsolidiert und in eine standardisierte Kundenanforderung überführt. Die wesentlichen Beschreibungselemente einer solchen standardisierten Kundenanforderung sind die **Quelle** bzw. der Einreicher der Anforderung, die **Problembeschreibung** und **Zielsetzung**, die eigentliche Beschreibung der **Kundenanforderung** sowie **Rahmenbedingungen** für die Umsetzung. Vervollständigt wird eine Kundenanforderung durch wertende Attribute wie **Wichtigkeit, Dringlichkeit, Nutzen** etc.

3.2 Produkt-Anforderungsmanagement

Das Produkt-AM ordnet Kundenanforderungen im Hinblick auf die Weiter- oder Neuentwicklung ihrer Produkte bzw. Produktfamilien und der damit verbundenen IT-Strategie ein. Neben den Kundenanforderungen werden hierzu auch Anforderungen anderer Herkunft (Marktbeobachtung, Entwicklung, Hotline, ...) gegeneinander abgewogen und priorisiert.

Hauptergebnis der Aktivitäten im Produkt-AM ist das Lastenheft. Das Lastenheft ist das fachliche Ergebnisdokument der Produktplanungsphase. Es ist das erste

Dokument, das die Anforderungen an ein neues Produkt grob beschreibt. Anstelle von Lastenheft wird auch häufig von Vorstudie gesprochen. Im Lastenheft erfolgt eine bewusste Konzentration auf die fundamentalen Produktanforderungen. Dabei wird auf die präzise Formulierung des (zukünftigen) Produktumfeldes und der notwendigen Produkteigenschaften in diesem Umfeld fokussiert.

3.3 Projekt-Anforderungsmanagement

Das Projekt-AM ist für die effiziente Realisierung und die damit verbundene Detaillierung der gebündelten Anforderungen unter Einhaltung der zur Verfügung gestellten Ressourcen im Rahmen der Anwendungsentwicklung verantwortlich. Hierzu werden die Produktanforderungen des Lastenhefts detailliert und ein sog. Pflichtenheft oder Grobkonzept erstellt. Insbesondere werden dabei alle im Lastenheft identifizierten Anwendungsfälle vollständig und ausführlich mit allen Ausnahmen und Varianten beschrieben und ein erstes grobes Fachmodell (Klassenmodell bzw. Daten- und Funktionsmodell) erstellt.

Der Fokus im Pflichtenheft liegt - anders als im Lastenheft - nicht mehr auf dem Umfeld, den Kundenbedürfnissen und Rahmenbedingungen, sondern auf der präzisen Darstellung der gewünschten Systemeigenschaften, die im Rahmen des Projektes zu realisieren sind. Stellt das Lastenheft insbesondere das fachliche Planungsergebnis des Produktmanagements bzw. des Auftraggebers dar, so dient das Pflichtenheft mit seiner detaillierten Beschreibung aller Produktanforderungen als Grundlage für eine folgende Make-or-Buy-Entscheidung.

Die mit dieser expliziten logischen Unterscheidung der drei Prozessbereiche verbundenen Zielsetzungen sind:

- durch klare Aufgabengebiete eine Konzentration der Prozessverantwortlichen auf die jeweiligen Kernkompetenzen (**Kunde, Produkt, Projekt**) zu ermöglichen,
- eindeutige Verantwortungsbereiche mit definierten Auftraggeber- und Auftragnehmerrollen ohne Rollenkonflikte festzulegen und
- den Umgang mit Anforderungen bzw. deren Lebenszyklus für alle Beteiligten vom Kunden bis zur Produktion transparent zu machen.

4 Spezifikation und Dokumentation

In den vorigen Abschnitten wurden bereits die wesentlichen Ergebnisse der einzelnen AM-Prozessbereiche skizziert. Diese Ergebnisse sollten als generierte Auswertungen jeweils aktuell zur Verfügung stehen, um die mit einer reinen dokumentenorientierten Softwareentwicklung verbundenen Probleme der Fortschreibung zu vermeiden und Ergebnisse prozessübergreifend zu integrieren. Letztlich müssen alle Dokumente also logische Sichten auf ein gemeinsames Informationsmodell des Anforderungsmanagements sein. Die folgende Abbildung skizziert ein solches Informationsmodell als UML-Klassendiagramm.

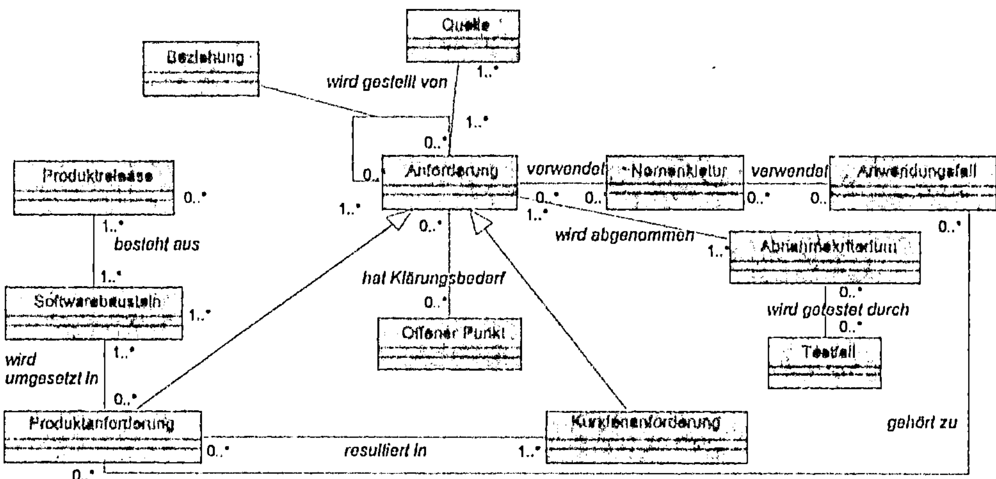

Abb. 4: Informationsmodell für das Anforderungsmanagement

Das Modell organisiert sich um die zentrale Klasse **Anforderung** mit den Subklassen **Kunden-** und **Produktanforderung**. Darum gruppieren sich weitere Klassen, welche den Kontext der Anforderung definieren. Das dargestellte Informationsmodell stellt natürlich nur einen Ausschnitt des Gesamtmodells dar. Im Gesamtmodell sind zum einen viele Informationsobjekte weiter verfeinert - zu **Kundenanforderung** sind beispielsweise Unterklassen für **rechtliche, geschäftsstrategische** und **Entwicklungs-Anforderungen** definiert, **Produktanforderungen** sind unterteilt in **funktionale** und **nichtfunktionale Anforderungen** -, zum anderen sind insbesondere die Informationsobjekte zur Verwaltung von Kontextinformation nur exemplarisch dargestellt. Weitere Kontextinformationen wären beispielsweise die betroffenen **Geschäftsobjekte** und **-prozesse**, die **Geschäftsziele** sowie **Rahmenbedingungen** und **Annahmen**.

5 Hilfsmittel

Anforderungsmanagement ist eine anspruchsvolle Aufgabe. Um diese Aufgabe optimal zu bewältigen, sollte auf bewährte Techniken, Best Practices und Werkzeuge zurückgegriffen werden. Einen guten Überblick existierender Werkzeuge und Bewertungen findet sich etwa unter **www.incose.org**. Zu Techniken und Best Practices können die Bücher von Davis (1993), Dorfmann/Thayer (1993) und Kotonya/Sommerville (1998) empfohlen werden.

Literatur

Davis, A.M. (1993): Software Requirements. Objects, Functions, & States, Prentice Hall

Dorfmann, M.; Thayer, R.H. (1990): Standards, Guidelines, and Examples of System and Software Requirements Engineering, IEEE Computer Society Press

Gause, D.C.; Weinberg, G.M. (1993): Software Requirements. Anforderungen erkennen, verstehen und erfüllen, Hanser

Jackson, M. (1995): Software Requirements & Specifications: A Lexicon of Practice, Principles and Prejudices, Addison-Wesley

Sommerville, I.; Sawyer, P. (1997): Requirements Engineering. A good practice guide, iley

Kotonya, G.; Sommerville, I. (1998): Requirements Engineering. Processes and Techniques,Wiley

Leffingwell, D.; Widrig, D. (1999): Requirements Management. A Unified Approach, Addison-Wesley

Standish Group (1995): The Scope of Software Development Project Failures, The Standisch Group

Wiegers, K.E. (1999): Software Requirements, Microsoft Press

Wissens- und Erfahrungssicherung in DV-Projekten

Georg Disterer
Fachhochschule Hannover, Fachbereich Wirtschaft

1 Einleitung

Die effiziente Durchführung von DV-Projekten wird für Unternehmen zunehmend erfolgskritisch. Wissen und Erfahrungen aus DV-Projekten stellen für Folgeprojekte ein wichtiges Reservoir dar, denn DV-Projekte lösen oftmals innovative und interdisziplinäre Fragen. Die im Projektteam aufgebauten Kompetenzen sollten nach Projektende erhalten werden und Folgeprojekten verfügbar sein. Das Spektrum des relevanten Wissens und der Erfahrungen ist dabei breit und umfasst, z.B.

- Erfahrungen mit einem neuen Softwaretool, das erstmals eingesetzt wird;
- Wissen über geschäftliche Zusammenhänge und Abhängigkeiten, die bei Analysetätigkeiten aufgenommen werden;
- Wissen/Erfahrungen zu Kooperationspartnern (Lieferanten, Subunternehmer ...), z.B. Stärken/Schwächen, Ansprechpartner, Termintreue, Arbeitsqualität.

Jedoch schaffen es nur wenige Unternehmen, wertvolles Wissen aus Projekten systematisch zu identifizieren und in Folgeprojekte zu transferieren. Dies hat methodische wie soziale Gründe, die zu diskutieren sind. Einige Maßnahmen sind bekannt, die den Verlust von Wissen und Erfahrungen verhindern. Vor allem müssen beim Projektabschluss gezielte Maßnahmen eingeleitet werden, von denen einige vorgestellt werden. Der Beitrag ist der Schnittstelle von Projektmanagement und Wissensmanagement zuzurechnen und zeigt aktuelle Fragestellungen zu DV-Projekten sowie praxisorientierte Lösungsansätze der Wirtschaftsinformatik.

Dabei umfasst Wissensmanagement alle Tätigkeiten zum systematischen und kontrollierten Umgang mit dem Wissen eines Unternehmens. Dazu setzt sich die Einschätzung durch, dass die große Bedeutung der Ressource Wissen Unternehmen zunehmend zwingt, den Umgang mit unternehmensinternem Wissen zu intensivieren und zu systematisieren. Planung und Steuerung der Bereitstellung und der Nutzung von Wissen und Erfahrungen im Unternehmen sind zu verbessern.

2 Projekte und Projektorganisation

In diesem Zusammenhang bergen Projekte und ihre mittlerweile etablierte Organisation einige besondere Probleme. In einer "normalen" Organisation gibt es stabile Institutionen wie Abteilungen, Bereiche, Werke u.ä., in denen Wissen und Erfahrungen gesammelt und abgefragt werden können. Dabei können die Sammlungen durchaus unterschiedlich aussehen, z.B. Dokumentationen, Archive, kompetente Mitarbeiter oder in Arbeitsabläufen verborgen. Dies bietet in vielen einfachen Situationen, in denen Wissen nachgefragt wird, schnelle und von Einzelpersonen unabhängige Hilfe: Frage: "Wer weiß bei uns etwas über abc?" Antwort: "Geh' mal zu den Logistikern", "... in die Anlaufplanung", oder "... in den Einkauf", oder "... zu denen im Werk Schleswig".
Diese Möglichkeiten gibt es in der Regel nicht zu Wissen und Erfahrungen, die in Projekten gesammelt wurden. Projekte sind definitionsgemäß temporäre, zeitlich begrenzte Organisationen, die für besondere Tätigkeiten eingesetzt werden. Nach dem Projektende ist keine Institution oder kein Korpus mehr da, der als Sammelpunkt von Wissen und Erfahrungen angesehen werden kann. Anlaufstellen (wie Abteilungen, Bereiche, Werke), wo Unterlagen eingesehen oder Wissende getroffen werden können, existieren nach Projektende nicht mehr. Das Projekt wird nach Projektende aufgelöst und existiert nicht mehr (siehe Abbildung 1).

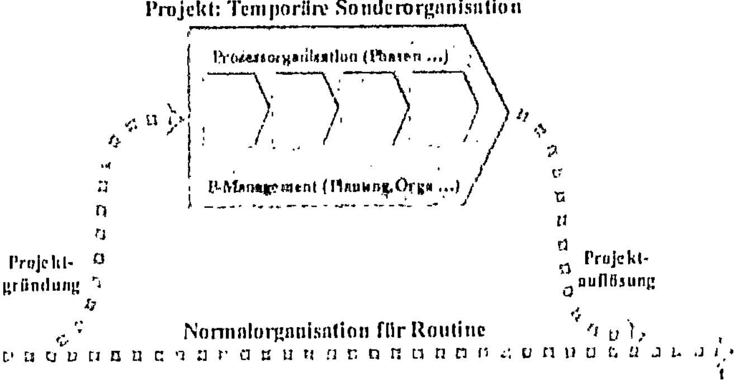

Abb. 1: Projekt als temporäre Organisation

Nicht ohne Aufwand ist herauszufinden, welche Mitarbeiter bei einem vergangenen Projekt mitgearbeitet haben, wer von ihnen für was zuständig war, und ob/wo diese Mitarbeiter noch im Unternehmen arbeiten. Dabei wird hier der Klarheit der Darstellung halber von der vereinfachten Situation ausgegangen, dass in einem Unternehmen nur ein Projekt gleichzeitig läuft. Selbstverständlich werden die genannten Probleme nur größer, wenn ständig mehrere Projekte nebeneinander abgewickelt werden - der Bedarf nach systematischer Handhabung von gesammeltem Wissen und Erfahrungen wird nur größer.

So besteht die Gefahr, dass zum Projektende das neu gesammelte Wissen und die Erfahrungen dem Unternehmen verloren gehen. Bestenfalls nehmen die beteiligten Projektmitarbeiter die Erfahrungen mit und besitzen damit individuelle Erfahrungen die sie zukünftig (vielleicht) nutzen können. Jedoch gilt: "Unternehmen lernen am meisten in Projekten, aber geben die Erfahrungen nicht weiter."[1]

Im folgenden wird daher die besondere Bedeutung des Wissensmanagements für Projekte beschrieben, es werden einige zu beachtende Besonderheiten erläutert und Maßnahmen detailliert, die im Projektmanagement ergriffen werden können, um die Nutzung von Wissen und Erfahrungen aus Projekten zu verbessern.

3 Transfer zwischen Projekten

Seit Jahren werden in Unternehmen in stark zunehmendem Maß Aufgaben in Form von Projekten durchgeführt. Ein Ende dieses Trends ist nicht abzusehen, eher wird in Zukunft noch häufiger die spezielle Organisationsform "Projekt" genutzt werden, da Schlüsseleigenschaften von Projekten hohe Bedeutung haben: flexibel, interdisziplinär, innovationsfördernd, übergreifend.

Dabei steigt der Druck, Projekte effizient durchzuführen. Die Projektdauer wird oft zur erfolgskritischen Größe. Bei Entwicklungsprojekten zwingt "time-to-market" zur Eile, bei internen Verbesserungsprojekten soll der Nutzen, den ein Projekt verspricht, möglichst schnell realisiert werden. Zugleich steigt die Bedeutung der Projektkosten durch den hohen wirtschaftlichen Druck und die starke Wettbewerbssituation, in der sich viele Unternehmen sehen. Projektarbeit ist häufig Entwicklungsarbeit; den Entwicklungskosten jedoch kommt gegenüber den Fertigungskosten in vielen Bereichen eine immer höhere Bedeutung zu[2].

Durch Wissens- und Erfahrungstransfer sollen Beiträge zur Effizienzsteigerung in der Projektarbeit geleistet werden. So stellt etwa das sprichwörtliche "Wiedererfinden des Rads" das abschreckende Bild dafür dar, dass vorhandenes Wissen nicht genutzt, sondern noch einmal neu aufgebaut wird. Die zunehmende Komplexität von Projekten durch die steigende Anzahl zu beachtender technischer und sozialer Zusammenhänge und Schnittstellen lässt den Wert vorhandenen Wissens zur Komplexitätsbewältigung und zur Effizienzverbesserung weiter steigen.

Zur unmittelbaren Effizienzsteigerung müssen Projekte Wissen und Erfahrungen aus der Routinetätigkeit eines Unternehmens und aus vorhergehenden Projekten im Unternehmen aufnehmen (siehe Abbildung 2). Für Wissen und Erfahrungen aus der Routinetätigkeit können die Projektmitarbeiter wesentliche Träger sein,

---

[1]   Bea (2000), S. 367.
[2]   Vgl. Burghardt (1997), S. 435.

die diesen Input mitbringen, so werden beispielsweise in Projekten zur Software-
entwicklung zukünftige Benutzer dieser Software aus der Fachabteilung in die
Projektarbeit einbezogen ("Benutzerbeteiligung"), oder in einem technischen Entwicklungsprojekt arbeiten Mitarbeiter aus Arbeitsvorbereitung und der Produktion
mit. Ebenso beinhalten interne Dokumentationen und Arbeitsunterlagen Wissen,
das in Projekten wiederverwandt wird, und durch Befragungen von erfahrenen
Mitarbeitern und Analyse der Routinetätigkeiten kann Wissen während der Projekte erhoben werden.

Der Transfer von Wissen und Erfahrungen aus der Projektarbeit in die (anschließende) Routinetätigkeit ist im Projektmanagement ausdrücklich vorgesehen
und etabliert: Die Produktdokumentation übernimmt diese Rolle, sei es beispielsweise in Form von technischen Zeichnungen, die als Teil des Projektergebnisses
an die Produktion übergeben werden, oder bei einer neuen Software in Form eines
Benutzer- und Bedienerhandbuchs, in dem Handhabungswissen für zukünftige
Benutzer und Systemadministratoren niedergelegt ist.

Jedoch ist auf diesen Wegen des Wissenstransfers lediglich vorgesehen, Wissen
über das Projektergebnis - z.B. Wissen über die Handhabung der neuen Anwendungssoftware von den Entwicklern an die Benutzer - zu transferieren. Wissen aus
dem Projekt - etwa bezüglich spezieller Vorgehensweisen und deren Erfolg - wird
mittels diesen Formen nicht an die Routineorganisation übergeben.

Ebenso wichtig und wünschenswert ist der Transfer von Wissen und Erfahrungen
aus vorhergehenden Projekten und die Weitergabe an nachfolgende Projekte.
Zwei Beispiele mögen dies erläutern. Ein Unternehmen entwickelt in einem Projekt ein neues Anwendungssystem auf Basis einer neuen Technologie. Während
der Projektarbeit kommt der Kontakt zu einem Forschungsinstitut einer Hochschule im Ausland zu Stande, das auf diesem Gebiet arbeitet, und es entsteht eine
sehr fruchtbare Kooperation. Die Zusammenarbeit ist für das Projekt im Unternehmen sehr wertvoll, weil die Arbeitsgebiete des Forschungsinstituts einen
hohen Deckungsgrad zum Projektauftrag im Unternehmen aufweisen, gemeinsame Sprachkenntnisse die Kommunikation erleichtern, das Institut auf Anfragen
offen und zügig reagiert und kleinere Forschungsaufträge vom Institut kompetent,
schnell und termingerecht ausgeführt werden. Zudem wird ein Modus zur Kom-
pensation der Aufwendungen gefunden, der beide Seiten zufrieden stellt. Doch
was geschieht am Ende des Projektes innerhalb des Unternehmens mit dem Wissen über diesen Kontakt und die Ansprechpartner sowie den Erfahrungen der Zusammenarbeit? Wie erfahren nachfolgende Projekte mit ähnlicher Aufgabenstellung davon? In der Regel bleiben bezüglich der externen Kooperationspartner das
Wissen über Personen, Spezialkenntnisse, technische Einrichtungen, Kommunika-
tionswege usw. sowie die Erfahrungen zu Arbeitsweisen, Antwortzeiten, Sensibi-
litäten usw. in den Köpfen der Projektmitarbeiter verborgen und werden nicht systematisch ausgewertet und weitergeleitet.

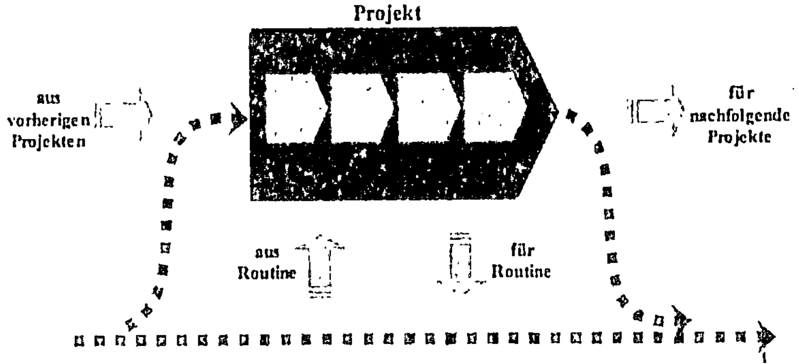

Abb. 2: Wissen und Erfahrungen als Input und Output von Projekten

Zweites Beispiel: In einem Projekt wird das neue Release einer Software zum Projektmanagement eingesetzt. Die Änderungen des Releases gegenüber der im Unternehmen bekannten Version sind erheblich und lösen umfangreichen Einarbeitungsaufwand und Änderungen an Standardvorgaben aus. Einige Funktionen der neuen Software stellen sich nach einiger Zeit als unbrauchbar heraus, andere sind erst durch spezielle Tricks bei der Benutzung sinnvoll zu nutzen. Während der Projektarbeit werden also Wissen und Erfahrungen in erheblichem Umfang zu diesem neuen Software-Release aufgebaut. Wie erfahren Mitarbeiter nachfolgender Projekte davon und können so davon profitieren? In der Regel bleiben dies Handhabungskenntnisse einzelner Projektmitarbeiter.

Traditionelle Transfermethoden zwischen Projekten greifen oftmals zu kurz: Projekthandbücher sind selten aktuell und spielen meist die Rolle von "Schrankware", Checklisten sind generisch und decken kaum Details ab. Nur zufällig ist einer der speziell erfahrenen Mitarbeiter aus vorhergehenden Projekten wiederum Projektmitglied usw. An Personen gebundenes Wissen und deren Erfahrungen werden unzureichend in der Unternehmensorganisation verankert und gehen verloren[3].

Die beiden geschilderten Beispiele und Situationen verdeutlichen, dass die vorherrschend eingesetzten Methoden meist untauglich sind. Nur für wenige Teilbereiche wie die Weitergabe von Erfahrungswerten zur Aufwandsschätzung sowie die Nutzung von Standard-Templates bei der Netzplantechnik haben sich Transfermethoden etabliert[4].

---

[3]   Vgl. Schindler (2000), S. 88.

[4]   Vgl. Burghardt (1997), S. 436 ff.

4   Adressaten traditioneller Dokumentation

Die Dokumentation von Projekten hält nur selten Wissenswertes für nachfolgende Projekte bereit. Die Produktdokumentation (Zeichnungen, Arbeitsanweisungen, Benutzerhandbuch, Systemhandbuch ...) hat als Zielgruppe die zukünftigen Anwender, Benutzer oder Betreiber des Ergebnisses von Projekten. Die Projektdokumentation (Projektauftrag, Projektpläne, Terminpläne, Kostenübersichten, Fortschrittsberichte, Sitzungsprotokolle...) dient vor allem der Kommunikation während der Projekte und hat als Zielgruppe die Mitarbeiter und das Management der Projekte und die Mitglieder von Kontroll- und Aufsichtsgremien.
Selten ist eine Dokumentation vorgesehen, die sich an Mitarbeiter zukünftiger Projekte wendet. Diese Dokumentation stellt Methoden und Vorgehensweisen dar, schildert konkrete Probleme, beschreibt erfolgreiche und erfolglose Lösungsansätze, nennt Ansprechpartner und externe Experten, enthält Schilderungen erfolgreicher Kooperationen und deren Erfolgsfaktoren, überliefert Handhabungstricks etc. In diesem Sinne wären insbesondere Beschreibungen der "Lessons-Learned" für nachfolgende Projekte wertvoll. Jedoch geht derartiges Erfahrungswissen mangels geeigneter Identifikation und Aufbereitung oftmals verloren[5].
Ebenso wäre oft hilfreich, Mitarbeiter vorheriger Projekte gezielt finden und befragen zu können. Dies mag in kleineren und mittleren Unternehmen noch ohne Regelungsaufwand funktionieren. In größeren Unternehmen muss jedoch davon ausgegangen werden, dass zum Beispiel die Mitarbeiter eines Projektes ein Jahr nach Projektende nur mit erheblichem Aufwand identifiziert und ihre jetzigen Arbeitsplätze innerhalb eines Unternehmens herausgefunden werden können.

5   Barrieren erschweren Wissens- und Erfahrungstransfer

Projektarbeit steht fast immer unter Zeitdruck, termingerechte Projektabschlüsse haben z.B. bei der Softwareerstellung Seltenheitswert. Daher muss oftmals die Fertigstellung des Produkts als Ende des Projekts angesehen werden, sich anschließende, notwendige Nacharbeiten zur Identifikation und Aufbereitung von Wissen und Erfahrungen müssen wegen aufgebrauchter Zeitressourcen entfallen. Projektmitarbeiter werden zudem nachdrücklich für Folgeprojekte angefordert; oftmals lösen sich so Projektgruppen sukzessive auf, ohne dass alle Projektbeteiligten systematische Nacharbeit und Dokumentation von Wissen und Erfahrungen betreiben können.

---

[5]   Vgl. Heisig (1998), S. 8.

Zudem bestehen erhebliche individuelle und soziale Barrieren, Wissen und Erfahrungen aus Projekten zu artikulieren und zu dokumentieren[6]. So wären zum Beispiel Analysen von Fehlschlägen, Irrtümern und Irrwegen besonders wertvoll, oftmals fehlt jedoch eine offene und konstruktive Atmosphäre, um diese zu artikulieren und zu analysieren. Mitarbeiter scheuen das Eingeständnis und die Ansprache von Fehlern, da sie negative Auswirkungen für sich fürchten. Oder: offensichtlich haben andere Mitarbeiter des Unternehmens zu einem späteren Zeitpunkt den Nutzen einer derartigen Erfahrungssicherung und -dokumentation. Weitreichende Synergien entstehen erst, wenn sich alle Mitarbeiter an diesem Austausch beteiligen. Dieses Nutzenversprechen ist jedoch für den einzelnen Mitarbeiter oft zu vage und abstrakt ("Was habe ich davon?") und löst keine ausreichende Motivation zur Dokumentation von "Lessons-Learned" aus.

Auch wird der Dokumentation nicht genug Anerkennung in den Unternehmen zugemessen. Erfahrungssicherungspläne, wie etwa von Burghardt in seinem Standardwerk vorgeschlagen[7], werden nur selten aufgestellt. Warum sollen Mitarbeiter die Erfahrungssicherung für wichtig halten, wenn dafür nicht einmal in der Projektplanung explizit und ausreichend zeitliche Ressourcen vorgesehen werden?

Für das Management der Unternehmen ergeben sich damit wichtige Aufgaben: Etablieren von Projektphasen der Identifikation und Sicherung von Wissen und Erfahrungen, vorbildhaftes Wirken bei der Sicherung von Wissen und Erfahrungen, Schaffen einer offenen und konstruktiven Atmosphäre zum Wissensaustausch, Motivation der Mitarbeiter zum Engagement beim Wissensaustausch[8]. Im folgenden werden einige Maßnahmen vorgestellt, die den Wissensaustausch zwischen Projekten forcieren können.

6 Fördermaßnahmen für Wissens- und Erfahrungstransfer

Schon während der Planung eines Projektes sind am Ende Arbeitsschritte und Zeitkontingente vorzusehen, die dezidiert Aufgaben der Wissens- und Erfahrungssicherung zugeordnet werden. Dabei ist z.B. festzulegen, wer dafür zuständig ist, auf welchen Gebieten neues Wissen erwartet wird, wie Erfahrungen zu dokumentieren, zu speichern und zu archivieren sind[9].

---

[6] Vgl. Disterer (2000a), Disterer (2000b).
[7] Burghardt (1997).
[8] Vgl. Steinle/Eickhoff/Vogel (2000).
[9] Vgl. Burghardt (1997), S. 435-436.

Damit rückt in jüngster Zeit die Phase des Projektabschlusses in den Mittelpunkt der Anstrengungen um eine systematische Aufbereitung des in Projekten neu aufgebauten Wissens[10]. Bezeichnungen wie "Experience Retention" und "Debriefing" weisen darauf hin, dass diese Phase eine wichtige Gelegenheit darstellt, um Wissen und Erfahrungen der Projektmitarbeiter aufzunehmen und zu sichern. Andere Benennungen geben weitere Aufschlüsse über die Zielrichtung, wenn auch die jeweiligen Vorgehensweisen im Detail leicht differieren: Postcontrol Revision, Audit, Rückschau, Post-Project Appraisal, After Action Review, Kooperative Projektevaluierung, Selbstreflexion, Phasing-Out. Beispielsweise soll BP entsprechende systematische Projektschritte erfolgreich im Zuge eines Wissensmanagement eingeführt haben[11], ähnliches wird für Siemens berichtet[12]. Weitere Beispiele sind für Beratungsunternehmen veröffentlicht, die offensichtlich gesteigertes Interesse der Nutzung des Wissens und der Erfahrungen aus Projekten haben. Fragen, die diese Prozesse initiieren, können etwa lauten:

- Wie ist das Projekt in den verschiedenen Phasen gelaufen?
- Welche Faktoren waren für die Akquisition eines (Kunden-)Projektes kritisch?
- Wo waren wir gut, was würden wir aus heutiger Sicht anders machen?
- Wo waren besondere „Klippen" im Projektverlauf, wie wurden sie umschifft?
- Wie war die Kommunikation zwischen den Projektmitgliedern? Was hat den Projektverlauf gefördert, was gehemmt?
- Wie kann künftig Planung/Steuerung/Kontrolle verbessert werden?
- Welche Erfahrungen können wir aus dem Projekt an andere weitergeben?
-

Somit wird eine Reflexion des Projektverlaufs eingeleitet, deren offener und konstruktiver Verlauf durchaus nicht selbstverständlich ist. Manche Erfahrungen aus einem Projekt werden kritisch zu betrachten sein, so dass die Beteiligten die notwendige Distanz zu einer Reflexion aufbringen müssen und zum Beispiel Schuldzuweisungen zu vermeiden sind. Um die besonders wichtigen Lerneffekte aus kritischen und problematischen Projektsituationen auslösen und umsetzen zu können, ist von den Führungskräften eine entsprechende vertrauensvolle und offene Arbeitsatmosphäre zu erzeugen und zu sichern.
Eine wichtige Möglichkeit, die Ergebnisse derartiger Reflexionsphasen festzuhalten, bieten sogenannte "Lessons-Learned". Diese Darstellungen enthalten die ausführliche und detaillierte Dokumentation der Identifikation und Lösung konkreter und abgegrenzter Problemstellungen, die als modellhaft für Folgeprojekte angese-

---

[10] Vgl. Probst/Raub/Romhardt (1999), S. 211; Schindler (2000), S. 89; Saynisch (1998), S. 13.
[11] Vgl. Hartmann (1999), S. 19.
[12] Vgl. Schindler (2000), S. 166.

hen werden. So werden etwa technische Fragestellungen, organisatorische Konstellationen oder soziale Situationen, die in Projekten aufgefallen sind und deren Handhabung im Nachhinein - während der Reflexion - als erfolgskritisch angesehen werden, detailliert beschrieben. Neben dem erfolgreich realisierten Lösungsweg zur Bewältigung werden ebenso gegebenenfalls missglückte Lösungsansätze oder Lösungsansätze beschrieben, die nicht für eine Realisierung ausgewählt wurden. Dabei wird bei der Dokumentation von Lessons-Learned darauf Wert gelegt, dass für erfolgreiche wie erfolglose Lösungen genauestens die Problemsituation geschildert und der Kenntnisstand über Gründe und Folgen des Handelns wiedergegeben wird. Dies soll Mitarbeitern von Folgeprojekten die Möglichkeiten geben, dieses Wissen aufzunehmen und unmittelbar oder - durch Übertragung auf ähnliche Situationen - mittelbar nutzbringend einzusetzen. Zudem können diese Dokumentationen als Fallstudien zu Schulungszwecken eingesetzt werden.

Durch die detaillierte Beschreibung der Problemsituation und ausführliche Darlegungen erfolgreicher wie erfolgloser Lösungsansätze gelten Lessons-Learned als eine Möglichkeit, implizites Wissen zu erschließen und niederzulegen. Derartiges implizites Wissen wird überwiegend durch Erfahrungen erlangt und ist eingebettet in individuelle Denkmuster und Verhaltensweisen. Dieses Wissen ist damit stark von den Individuen abhängig, die es aufgebaut haben und besitzen. Es ist schwer zu kodifizieren und dokumentieren und an andere Mitarbeiter zu übertragen. Im Gegensatz dazu ist explizites Wissen leicht zu kodifizieren und daher z.B. in Arbeitsanleitungen oder Lehrbüchern zu finden. Lessons-Learned stellen einen Weg dar, implizites Wissen zu externalisieren und damit zumindest teilweise zu explizitem Wissen umzusetzen, das sich beispielsweise in Form von Dokumentationen erhalten und weitergeben lässt[13].

Ein anderes Werkzeug zur Dokumentation von Projektwissen stellen standardisierte Projektprofile ("Projektsteckbriefe") dar, die zum Projektabschluss zur Ergänzung der traditionellen Dokumentation erstellt werden. Diese Profile nehmen Wissen und Erfahrungen zumindest schlagwortartig und zusammenfassend auf und können dann mit einer Datenbank und Suchmaschinen Mitarbeitern zukünftiger Projekte zur Verfügung gestellt werden, die über Deskriptoren oder im Volltext suchen können. Beispielsweise können bei Software-Entwicklungsprojekten in Projektprofilen Merkmale abgelegt werden wie: Entwicklungsumgebung und Einsatzumgebung der Software (Hardware, Systemsoftware), eingesetzte Entwicklungstools, beteiligte Stellen und Unternehmensbereiche, Funktionsbereiche, Anwendungsgebiete, Umfang Datenbasis, beteiligte Mitarbeiter usw. Insgesamt entsteht damit eine systematische Sammlung von Projektprofilen, die nachfolgenden Projekten einen Fundus an Wissen und Erfahrungen bereitstellen oder zumindest die Möglichkeit bieten, gezielt auf Wissensträger zuzugehen.

---

[13] Vgl. Nonaka (1994.

Ein weiterer Ansatz greift das Problem auf, dass nach dem Ende von Projekten die Mitarbeiter nur noch mit großem Aufwand identifizierbar und kontaktierbar sind. Dies verhindert ad hoc Nachfragen an diese Mitarbeiter aus nachfolgenden Projekten, in denen ähnliche Frage- oder Problemstellungen auftauchen. Daher werden Personenregister aufgebaut, in denen den Mitarbeitern ihre Projektzugehörigkeiten sowie die Schwerpunkte ihrer Projektaufgaben zugeordnet werden. Außerdem werden Angaben zu weiteren Kenntnissen, Fähigkeiten und Merkmalen den Mitarbeiterangaben hinzugefügt (Sprachkenntnisse, Erfahrungen mit speziellen Verfahren, Materialien oder Maschinen, Mitgliedschaften in Netzwerken und Vereinigungen usw.), so dass interne Yellow Pages entstehen (oder: Expertenregister, Wer-Weiß-Was-Datenbanken). Diese können bei Bedarf nach Deskriptoren oder Stichworten durchsucht werden, um schnell einen Ansprechpartner zu einer spezifischen Fragestellung zu finden. Sinnvollerweise werden die Personendaten ergänzt um Daten zu Kommunikationswegen (derzeitiger Arbeitsplatz, Telefonnummer, E-Mail-Adresse ...), um schnelle und unbürokratische Kontaktaufnahme zu unterstützen. Informationstechnik dient neben der Unterstützung der Verzeichnisfunktionen vor allem der Unterstützung der direkten Kommunikation zwischen Mitarbeitern etwa via Telefon, Bildtelefon, Fax, E-Mail, Videokonferenz, Diskussionsforen, Chat u.ä.
In eine derartige Datenbank können auch externe Wissens- und Erfahrungsträger aufgenommen werden (z.B. Lieferanten, Berater, ehemalige Mitarbeiter), wenn eine Kontaktaufnahme im Problemfall mit ihnen möglich und gewünscht ist.
Der Aufbau von Yellow Pages folgt einer Strategie der Personalisierung, nach der für ein Unternehmen wichtiges Wissen sehr stark an die Personen geknüpft ist, die es aufgebaut und entwickelt haben; dieses implizite Wissen kann zuvorderst über direkte und persönliche Kommunikation ausgetauscht werden[14]. Nach dieser Strategie wird Wissen nicht primär in Dokumenten oder Dateien gesammelt, aufbereitet und verfügbar gemacht, sondern vor allem die direkte Kommunikation zwischen Wissensnachfrager und Wissensanbieter zum Wissensaustausch angestrebt und unterstützt. Dies wird durch Expertenregister forciert, die Auskunft geben, wer in einem Unternehmen zu welchen Themen kompetent Auskunft geben kann. Akzentuiert ausgedrückt geht es bei dieser Strategie der Personalisierung "eigentlich" gar nicht um das Management von Wissen, sondern um das Management der Kommunikation zwischen Wissenden.
Der Aufbau von Yellow Pages wird nicht mit großem Aufwand verbunden sein, der Nutzen wird im Unternehmen relativ schnell sichtbar werden. Oftmals wird sich eine Einbindung in ein unternehmensinternes Intranet anbieten. Allerdings muss bei der Umsetzung ein Konzept für die laufende Ergänzung und Pflege der Einträge vorgesehen werden, da dies für die Qualität der Daten entscheidend ist.

---

[14] Vgl. Hansen/Nohria/Tierney (1999).

Daneben sind Maßnahmen aufzuführen, die mit aufbauorganisatorischen Instrumenten Wissens- und Erfahrungstransfer sichern sollen. So hat SAP erst vor kurzem die Vollzeit-Position der "Project Experience Manager" eingeführt, die der Verankerung des Projektwissens innerhalb der Gesamtorganisation dienen.[15] Die Beratungsgesellschaft Viant hat für größere Projekte die Rolle der "Catalysts" eingeführt, die für die Förderung von Wiederverwendung und die Sicherung von Wissen und Erfahrungen zuständig sind[16]. PricewaterhouseCoopers hat im Vorgehensmodell die Rolle "knowledge harvester" vorgesehen, die für jedes (größere) Projekt vorgesehen ist. So sollen beispielsweise für Deutschland bei 300 laufenden Projekten für die Hälfte "knowledge harvester" nominiert sein, die diese Rolle teilzeitig - aber immerhin ausdrücklich - wahrnehmen.[17]

7 Zusammenfassung

Projektorganisation wird in Unternehmen immer häufiger eingesetzt, um schnell und flexibel auf innovative und interdisziplinär Fragestellungen zu reagieren. Projekte gelten zudem als besonders lernintensive Organisationsform. Jedoch sind Projekte temporäre Organisationen, nach deren Ende Unterlagen und Ansprechpartner schwer erreichbar sind. Daher sind durch gezielte Maßnahmen neues Wissen und neue Erfahrungen zu identifizieren, aufzubereiten und zu verteilen. Erfolgsversprechende Maßnahmen setzen vor allem beim Projektabschluss an, während dessen ausdrückliche und bewusste Schritte der Reflexion des Projektgeschehens vorgenommen werden. Dabei ist von den Führungskräften eine Arbeitsatmosphäre zu sichern, die eine offene und konstruktive Diskussion erlaubt. Daneben können systematische Sammlungen von Projektsteckbriefen und von Ansprechpartner für Fachthemen die Wiederverwendung von Wissen unterstützen. Weitere Maßnahmen sehen aufbauorganisatorische Vorkehrungen vor. Insgesamt sind verschiedene Nutzeneffekte zu erwarten. So kann das schnellere Finden ähnlicher Lösungen oder von Experten zu bestimmten Fragestellungen Projekte beschleunigen. Daneben steigert der Einsatz bestehender und erprobter Lösungen die Qualität der Projektergebnisse. Zudem erleichtert ein systematischer Wissens- und Erfahrungsaustausch die Einarbeitung neuer Mitarbeiter erheblich.

---

[15] Vgl. Blessing/Görk (2000), S. 53.

[16] Vgl. Fitter (2000).

[17] Vgl. DeVoss (2000).

Literatur

Bea, F.X. (2000): Wissensmanagement, in: WiSt Wirtschaftswissenschaftliches Studium, 7, 2000, S. 362-367.

Blessing, D., Görk, M. (2000): Management von Projekterfahrungswissen bei der SAP AG, in: Information Management & Consulting, 3, 2000, S. 49-53.

Burghardt, M. (1999): Projektmanagement - Leitfaden für die Planung, Überwachung und Steuerung von Entwicklungsprojekten. 4. Aufl., München.

DeVoss, D. (2000): Knowledge Harvesters Dig Deep, in: Knowledge Management Magazine, 8, 2000.

Disterer, G. (2000a): Knowledge Management - Barriers to Knowledge Databases in Law Firms, in: Managing Partner, 3, 2000, S. 24-27.

Disterer, G. (2000b): Individuelle und soziale Barrieren beim Aufbau von Wissenssammlungen, in: Wirtschaftsinformatik, 6, 2000, S. 539-546.

Fitter, F. (2000): Catalysts for Knowledge, in: Knowledge Management Magazine, 7, 2000.

Hansen, M.T., Nohria, N., Tierney, T. (1999): What's Your Strategy For Managing Knowledge, in: Harvard Business Review, 2, 1999, S. 106-116.

Hartman, C.P. (1999): Interview with Michael Earl: CKOs - Who Are They and What Do They Do?, in: Knowledge Edge, 1, 1999, S. 16-21.

Heisig, P. (1998): Erfahrung sichern und Wissen transferieren: Wissensmanagement im Projektmanagement, in: Projektmanagement, 4, 1998, S. 3-10.

Nonaka, I. (1994): A Dynamic Theory of Organizational Knowledge Creation, in: Organization Science, 2, 1994, S. 14-37.

Probst, G., Raub, S. Romhardt, K. (1999): Wissen Managen, 3. Aufl., Wiesbaden, 1999.

Saynisch, M. (1998): Wissensmanagement im PM tut not - aber so einfach ist das nicht!, in: Projektmanagement, 4, 1998, S. 11-13.

Schindler, M. (2000): Wissensmanagement in der Projektabwicklung, Lohmar-Köln, 2000.

Steinle, C., Eickhoff, M., Vogel, M. (2000): Vitalisierung von Unternehmen durch organisationales Lernen in Projekten, in: Steinle, C., Eggers, B., Thiem, H., Vogel, B. (Hrsg.): Vitalisierung, Frankfurt 2000, S. 277-293.

Ubiquitous Computing: Empfehlung zum ganzheitlichen Management von Anwendungssystemen für den Cyberspace

Erich Ortner, Sven Overhage
Technische Universität Darmstadt

1 Einleitung

Mit der rasanten Zunahme der Nutzung des World Wide Web (WWW) und dem Wachstum der neuen Ökonomie stehen wir heute an der Schwelle einer zweiten „digitalen Revolution", die unsere Gesellschaft durch die Hervorbringung eines neuen Typs von Anwendungssystemen tiefgreifend verändern wird.

Diese neuen Anwendungssysteme zeichnen sich jeweils durch eine im Vordergrund stehende interaktive Komponente aus, die eine mittels Software unterstützte Kommunikation zwischen Anwendern untereinander bzw. Anwendern und Applikationen möglich macht.

Weit fortgeschritten ist die Entwicklung solcher Systeme bereits im Anwendungsbereich des Electronic Commerce, der auf Grund seiner Lukrativität eine gewisse Vorreiterrolle besitzt.

So haben sich beispielsweise im Business-to-Consumer Bereich zahlreiche Versandhändler wie Amazon (www.amazon.com) etc. etabliert während im Business-to-Business Bereich vor allem die Entwicklung von interaktiven Anwendungssystemen für das Zulieferergeschäft (virtuelle Marktplätze wie DCI, www.dci.com) hervorzuheben ist.

Die wachsende Verbreitung und damit einhergehend die ansteigende Bedeutung dieser Systeme im Alltag stellt an die Gesellschaft neuartige Anforderungen, die das „Computern" ähnlich wie das Schreiben und Lesen zunehmend als eine neue Form (Qualität) der grundsätzlichen Sprachbeherrschung (Sprachkompetenz), die man bereits früh erlernen muss, etablieren. Die Gesellschaft des 21. Jahrhunderts, die häufig als Wissensgesellschaft oder besser „Knowledge Commodity Society" (Wissenswarengesellschaft) bezeichnet wird, muss daher die Voraussetzungen für die alltägliche Nutzung solcher Systeme (unter dem Schlagwort „Computerwissenschaft für das Volk" diskutiert) schaffen.

Mit der Etablierung dieser aus dem Electronic Commerce bekannten Systeme in anderen Lebensbereichen unserer Gesellschaft (Telearbeit, Teleteaching, Telescience etc.) stellen sich eine Reihe von Fragen, auf die in den nächsten Jahren eine Antwort gefunden werden muss. Wie wird die Ökonomie der Zukunft aussehen? Wird man alle Waren (wie z.B. Bücher und Musik) noch in Geschäften bzw. Kaufhäusern erwerben können oder wird ein Bezug gar nur noch über das Internet möglich sein? Wie werden die Gesetze und das Recht in einer Gesellschaft gestaltet werden, die zunehmend rechnerunterstützt (virtuell) kommuniziert? Welche Auswirkungen haben diese Entwicklungen auf die Politik und das Management in Unternehmen?

All dies sind Fragen, die von der Wissenschaft nur interdisziplinär beantwortet werden können. Auf die Frage nach den Architekturen solcher interaktiven Systeme allerdings sollen aus der Sicht der Informatik und Wirtschaftsinformatik einige mögliche Antworten skizziert werden. Dabei sollen zunächst einige neue Paradigmen für die Entwicklung von Anwendungssystemen eingeführt werden, die sich für die bessere Strukturierung von komplexen (interaktiven) Systemen eignen. Im Anschluss daran sollen diese neuen Paradigmen für die ingenieurmäßige Modellierung von Kommunikationsprozessen herangezogen werden, die allen interaktiven Anwendungssystemen primär zugrunde liegt.

2 Internet und Anwendungssystementwicklung

Die Entwicklung von Anwendungssystemen für das Internet erfolgt für eine andere Systemumgebung als dies für „herkömmliche" Anwendungssysteme der Fall ist. Daher sind bei der Konzeption und Implementierung solcher Systeme eine Reihe von Besonderheiten zu beachten, die Auswirkungen auf die Architektur haben können.

So lässt sich das Internet zum einen als ein großes verteiltes Rechnersystem betrachten, in dem einer einzelnen Anwendung Rechenkapazität fast unbegrenzt zur Verfügung steht. Zur Nutzung dieser Kapazität müssen die Anwendungen allerdings als verteilte (mobile) Systeme realisiert werden, die auch den Ausfall einzelner Server verkraften können etc.[1]

Zum anderen rekonstruieren und implementieren die im Internet entstehenden interaktiven Anwendungssysteme Sprachbereiche, in denen man rechnerunterstützt sprachhandeln kann. So gibt es bereits heute eine web-basierte Infrastruktur, die aus Sprachen (Terminologien) und Sprachprodukten (Anwendungen) besteht, in der man Electronic Commerce treiben kann. Denkbar sind solche Infrastrukturen aber auch für andere Sprachbereiche, zum Beispiel das Teleforschen, Telearbeiten etc.

Die Entwickler von Anwendungssystemen stehen also vor einer neuen Ära, die ein anderes Entwicklungsparadigma in den Vordergrund stellt. Erfolgte bis ca. 1970 die Entwicklung von Anwendungssystemen noch primär programmier-

---

[1]   vgl. Weber, M. (1998), S. 128

sprachenorientiert (nach der Entscheidung für eine konkrete Programmiersprache wie Cobol oder PL/1), so rückten in den darauffolgenden Jahren die Basissysteme (Datenbankanwendung, Workflowmanagementanwendung etc.) als primäres Entwicklungskriterium in den Vordergrund.

Die Entwicklung von Anwendungssystemen in den nächsten Jahren wird hingegen themenorientiert stattfinden, d.h. im Mittelpunkt der Betrachtung stehen die Themengebiete, für die Anwendungen zu realisieren sind und Komponenten, mit denen diese Realisierung effizient erreicht werden kann. Die neu entstehenden Anwendungen schaffen Sprachräume, in denen dann rechnerunterstützt (z.B. durch Agenten) interagiert werden kann.

3 Ein neues World Wide Web

Als Strukturierungsebenen für die Entwicklung von Anwendungssystemen sind daher neben den bekannten Prinzipien des Software Engineering wie beispielsweise „Programming in the Small" und „Programming in the Large" auch Sprachebenen und Sprachräume als Prinzipien der Softwarearchitektonik zu betrachten.

Dabei sind Sprachebenen ein Mittel zur strukturierten Entwicklung von Anwendungssystemen auf verschiedenen Abstraktionsebenen. Man spricht von einem Wechsel der Sprachebene von Sprache A zu Sprache B, wenn es durch den Einsatz der Sprache B gelingt, die Schemata der bisher verwendeten Sprache A zu beschreiben, beispielsweise ist der Einsatz von XML (Sprache B) zur Beschreibung eines Datenschemas (Sprache A) ein Sprachebenenwechsel, da es gelingt, die Schemata der einen Sprache mit der anderen zu beschreiben. Ein Beispiel mag die Festlegung „Kunden haben einen Namen und eine Anschrift" im Datenschema sein, die man mit XML durch folgende Definition (als XML Schema Konstrukt) beschreiben kann[2]:

```
<xsd:complexType name="kunde">
        <xsd:element name="name" type="kundenname"/>
        <xsd:element name="anschrift" type="adresse"/>
</xsd:complexType>
```

Die neu eingesetzte Sprache ist dann in Bezug auf die bisher eingesetzte als Metasprache zu verstehen. Sprachebenen sind in der Informatik von Datenbanksystemen her bekannt, die zur Schaffung von logischer und physischer

---

[2] vgl. Fallside, D. C. (2000), S. 15

Datenunabhängigkeit die konzeptionelle, logische und physische Datenebene (= Sprachebene) verwenden.[3]
Bei der Benutzung von Sprachebenen darf man allerdings den Begriff „Sprachebene" nicht mit dem Begriff „Sprache" verwechseln. Grundsätzlich sind diese beiden Begriffe vollkommen voneinander unabhängig. So kann man die Sprachebene wechseln ohne dabei eine neue Sprache zu verwenden (wenn eine Sprache hinreichend selbstbeschreibend ist, z.B. indem man XML durch die Verwendung von XML beschreibt) und neue Sprachen verwenden, ohne die Sprachebene zu wechseln (etwa wenn man ein und dieselbe Beschreibung nur von einer Sprache in die andere übersetzt).
Aus der Benutzung von Sprachebenen ergeben sich eine Reihe von Vorteilen für die Entwicklung großer Informationssysteme (die aus mehreren beteiligten und kooperierenden Informationssystemen bestehen können), zu denen interaktive Anwendungssysteme in der Regel gehören:

- Die Komplexität höherer Ebenen und Plattformen wird geringer, da sie tiefere (deren Komponenten) benutzen können.
- Änderungen auf höheren Ebenen oder Plattformen (beispielsweise in einem Kommunikationsprotokoll) sind ohne Einfluss auf die tieferen Ebenen bzw. Plattformen, die ihre Dienste bereitstellen (beispielsweise normierte Sprachen und Datenschemata).
- Höhere Ebenen und Plattformen lassen sich austauschen (beispielsweise bei Verwendung eines neuen Kommunikationsprotokolls), tiefere Ebenen bleiben trotzdem funktionsfähig (insbesondere hat dies keine Auswirkungen auf normierte Sprachen und Datenschemata).
- Tiefere Ebenen und Plattformen können getestet werden, bevor die höheren Pendants lauffähig sind (insbesondere sind Kommunikationsprotokolle ohne Sprachen und Datenschemata nicht funktional, umgekehrt besteht jedoch keine Abhängigkeit).
- Mit Komponenten einer tieferen Ebene bzw. Plattform können Komponenten einer höheren Ebene bzw. Plattform implementiert bzw. entwickelt werden (Handelssystemanwendungen werden mit standardisierten Sprachhandlungstypen implementiert bzw. entwickelt).

Bei der Verwendung von Sprachebenen wird darüber hinaus für jede Sprache zwischen ihrem Schema (allgemeine Aussagen, z.B. „Kunden haben einen Namen.") und Ausprägungen dieses Schemas unterschieden (singuläre Aussagen, z.B. „Müller ist Kunde."), wobei Schemata als Regeln zur Bildung von Instanzen

---

[3] vgl. Vossen, G. (1999), S. 63

(bzw. Ausprägungen) gelten. Schema und Ausprägungen werden als Schichten einer Sprache aufgefasst.

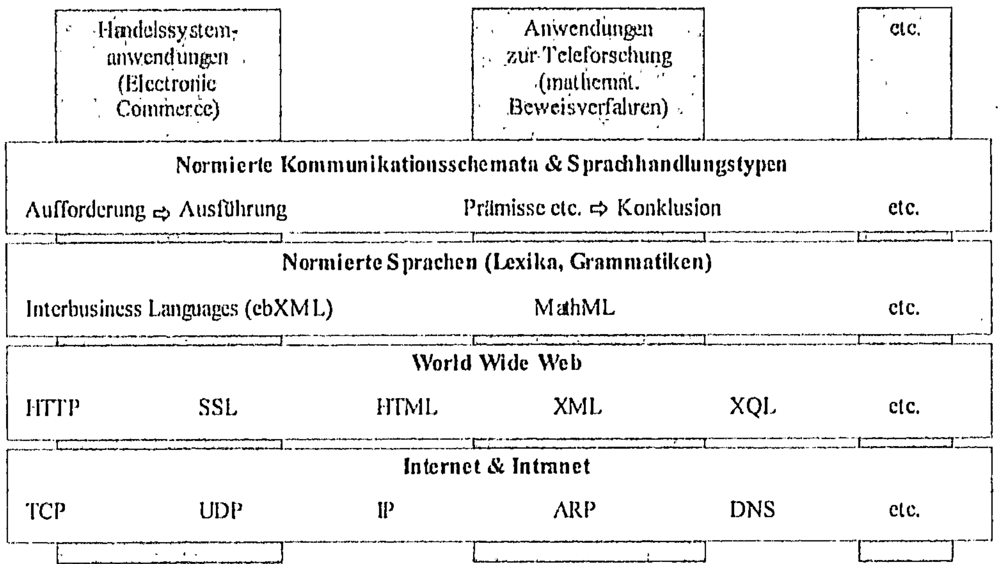

Abbildung 1: Die neuen Plattformen (Sprachebenen) für Internetanwendungen

Die während der Entwicklung von Anwendungssystemen geschaffenen (themenorientierten) Sprachebenen setzen auf die Plattform „World Wide Web" auf und erlauben neue Anwendungsarchitekturen. Dabei bedient sich ein ganzheitliches Bestellsystem (mit Verhandlungsmöglichkeit über Liefer-konditionen etc.) natürlich anderer Normsprachen und Sprachhandlungstypen als zum Beispiel ein Anwendungssystem zum interuniversitären Austausch mathematischer Beweise - dennoch verwenden beide dieselbe Technologie (Sprachebenen), die in dieser Arbeit angesprochen wird. Dies wird durch Abb. 1 skizziert, wobei man sich „unten" (tiefer) das Rechnernetz und „oben" (höher) eine Organisation und ihre Anwender vorstellen sollte.

4   Kommunikationsmodell und Kommunikationsmodellierung

Interaktive Anwendungssysteme reagieren auf die Anforderungen von Benutzern (seien es menschliche Anwender oder andere Softwaresysteme wie Agenten etc.) und liefern Informationen an diese zurück. Die Mitteilung von Informationen zwischen den an der Interaktion Beteiligten geschieht durch Kommunikation.

Dabei kann man sich Kommunikation als eine Folge aufeinander bezogener Sprachhandlungen (jeweils durch Nachrichten repräsentiert) vorstellen, die ein gemeinsames Ziel als Motivation besitzen (beispielsweise den Abschluss einer Handelstransaktion durch einen Vertrag etc.).

Damit die Partner einander verstehen können, also den Kommunikationsfluss abwickeln können, müssen sie die gleiche Sprache sprechen oder zumindest ihre Sprachen ineinander übersetzen können. Erst dann werden ihre Sprachhandlungen verständlich.

Diese Sprachhandlungen modelliert man nach dem Konzept von Schema und Ausprägungen.[4] Schemata stellen (flexible) „Regeln" zur Erzeugung ihrer Instanzen (die als Ausprägungen dieses Schemas begriffen werden) dar. Eine Sprachhandlung kommt durch die Erzeugung einer Ausprägung zu einem Schema zustande. Durch Interpretation der Äußerungsbeziehung zwischen einem Schema und seinen Ausprägungen als „Behauptungen", „Fragen", „Aufforderungen" etc. wird der pragmatische Typ einer Sprachhandlung festgelegt.

Die Sprachhandlungstypen, mit denen ein Teilnehmer kommuniziert (also sowohl seine Termini und Sätze als auch seine mit den Äußerungen verbundene Absicht), nennt man im Hinblick auf ein Thema zusammengefasst ein „Kommunikationsschema". Etwas formaler ausgedrückt kann man also feststellen, dass eine Kommunikation nur dann erfolgreich stattfinden kann, wenn beide Beteiligte das gleiche Kommunikationsschema verwenden, wie in Abb. 2 skizziert.

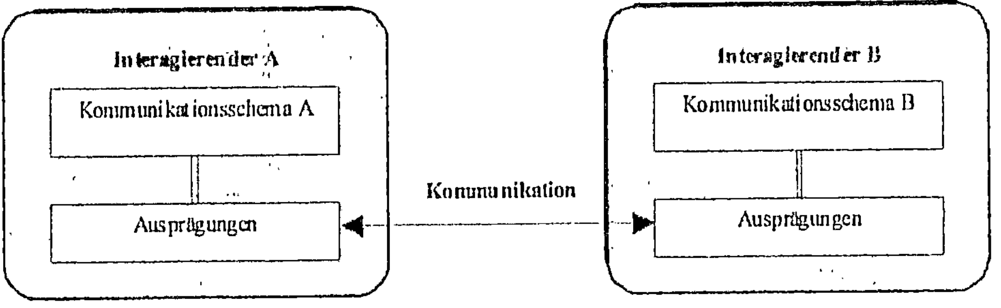

Abbildung 2: Kommunikationsmodell (Kommunikationsschema A = Kommunikationsschema B)

Leider wird man im alltäglichen Anwendungsfall nicht erwarten bzw. voraussetzen können, dass die Kommunikationsteilnehmer alle über das gleiche Kommunikationsschema verfügen werden oder sich ein gemeinsames jeweils für die Kommunikation über ein interaktives System aneignen werden. Man spricht von der Heterogenität der einzelnen Teilnehmer, die sich in die syntaktische, semantische und pragmatische Heterogenität differenzieren lässt.

---

[4]   vgl. Austin J. L. (1962), S. 32

Mit syntaktischer Heterogenität bezeichnet man die Unterschiede in den Datenformaten der Anwender, beispielsweise die Stelligkeit der Kundennummer in den einzelnen Anwendungen und Organisationen.

Verstehen Teilnehmer unter einem bestimmten Terminus jeweils etwas anderes, so liegt semantische Heterogenität vor. Beispielsweise stellt sich die Frage, ob alle Teilnehmer eines virtuellen Marktplatzes unter dem Preis einer Ware den Bruttopreis (für Endverbraucher) oder den Nettopreis (für Großhändler) verstehen. Diese Art von Heterogenität ist bisweilen heimtückisch, da die Verwendung von Homonymen durch die Teilnehmer eine vermeintliche Interoperabilität vortäuscht, die der Interpretation der Termini nach jedoch nicht gegeben ist.

Die dritte Art der Heterogenität bezieht sich nicht so sehr auf den Inhalt einer Sprachhandlung (die Terminologie), sondern den Zweck, den ein Teilnehmer durch seine Sprachhandlung erreichen möchte. Dieser kann zwischen den Teilnehmern durchaus verschieden verstanden werden. Als Beispiel sei das Schweigen einer Seite auf ein Angebot einer anderen Seite im Electronic Commerce angesprochen. Hier stellt sich nun die Frage, ob dieses Schweigen zur Annahme (wie dies im Handelsgesetzbuch spezifiziert ist) oder zur Ablehnung (wie es im Zivilrecht i.a. gilt) des Angebots führt.

Die hier geschilderten Arten der Heterogenität lassen sich auf zwei verschiedene Weisen überwinden. Zum einen gelingt die Überwindung durch Aufhebung der Heterogenität. Dies würde bedeuten, dass sich alle Teilnehmer an global geltende Standards in Datenformaten, Verständnis und Pragmatik anzupassen und diese Anpassungen in ihren Informationssystemen entsprechend umzusetzen haben. Dies wird man in der Regel nicht erreichen können.

Die Alternative zu dieser Vorgehensweise überwindet die Heterogenität durch Schaffung von Interoperabilität zwischen den Teilnehmern. Dazu sind Mechanismen zu finden, die unter Beibehaltung mancher Verschiedenheiten eine erfolgreiche Kommunikation ermöglichen.

Die syntaktische Heterogenität zwischen Teilnehmern lässt sich durch die Verwendung eines gemeinsamen Datenaustauschformats überwinden, in dem die spezifischen Formate der einzelnen Teilnehmer abgebildet werden können. Ein solches Datenaustauschformat fungiert dann gewissermaßen als externes Datenschema. Durch die Entwicklung von XML von einer reinen Web-Sprache zur weltweit anerkannten einfachen Datenspezifikationssprache steht heute ein solches Datenaustauschformat zur Verfügung, mit dem sich die syntaktische Heterogenität in der Praxis überwinden lässt. Zahlreiche Projekte in der Praxis, die Konverter von und nach XML für Softwaresysteme entwickeln bzw. bestehende Datenaustauschformate in XML neu spezifizieren (XML-SWIFT, XML-EDI etc.) zeugen von der Bedeutung dieses Ansatzes.

Die pragmatische Heterogenität zwischen den Teilnehmern lässt sich durch die Formulierung eines gemeinsamen Kommunikationsprotokolls überwinden, in das ihre Sprachhandlungen eingebettet werden können. Solche Protokolle müssen auf Grund der Komplexität der Kommunikationsbeziehungen sehr flexibel implementiert werden, um beispielsweise Electronic Commerce zufriedenstellend unterstützen zu können.[5] Erste Ansätze für solche Protokolle gibt es im Internet bereits durch die Standardisierung des Open Trading Protocol (OTP, www.otp.org). Am Ende dieses Kapitels werden einige Techniken aufgezeigt, die zur Flexibilisierung von Kommunikationsprotokollen erheblich beitragen können.

Die semantische Heterogenität überwindet man schließlich durch die Entwicklung von Übersetzern zwischen den Terminologien der einzelnen Teilnehmern. Dieser Ansatz gelingt natürlich nur, falls die betrachteten Terminologien jeweils kompatibel im Sinne von ineinander übersetzbar sind, dennoch vermag dieser Ansatz eine ganze Reihe von Heterogenitäten zu überwinden. So gelingt die Übersetzung von Terminologien für Sprachen, die sich durch Synonyme voneinander unterscheiden. Die Behandlung weiterer sprachlicher „Defekte" (Homonyme, Äquipollenzen, Vagheiten, falsche Bezeichner etc.) ist denkbar und wird zur Zeit an verschiedenen Universitäten erforscht.

Im Rahmen dieser Arbeit soll ein möglicher Ansatz zur Übersetzung zwischen Terminologien, die Synonyme verwenden, gezeigt werden. Hierunter versteht man Bezeichner für Begriffe, die sowohl den gleichen Umfang haben (also die gleichen Objekte des Anwendungsbereichs subsumieren) als auch den gleichen definitorischen Inhalt aufweisen. Beispiele aus dem Electronic Commerce sind die Bezeichner „Produkt", „Artikel" und „Erzeugnis", die von verschiedenen Teilnehmern verwendet werden.

Zur Übersetzung zwischen den Gebrauchssprachen der Teilnehmer ist ein sogenanntes Zwischensprachenlexikon zu bilden, in dem die Synonymität (d.h. Überführbarkeit) der einzelnen Bezeichner festgehalten wird. Unter Verwendung dieser Zwischensprache kann dann zur Laufzeit zwischen den einzelnen Gebrauchssprachen übersetzt werden. Die Zwischensprache (Interbusiness Language) dient als Metasprache für die einzelnen Gebrauchssprachen der Teilnehmer (Business Languages).

Man schafft also Interoperabilität zwischen den Teilnehmern, indem man zwischen ihren Kommunikationsschemata übersetzt, wie in Abb. 3 gezeigt.

---

[5] vgl. Wegner, P. (1997), S. 87

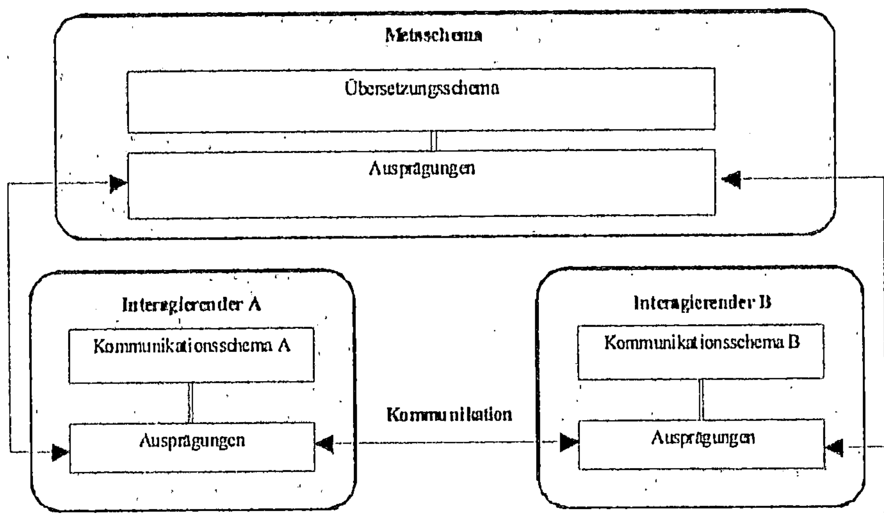

Abbildung 3: Übersetzung zwischen verschiedenen Kommunikationsschemata A und B

Diese Übersetzung kann nun verschiedenartig implementiert werden. Zum einen wäre es denkbar, dass jeder Teilnehmer, der mit einem anderen kommunizieren möchte, ein spezielles Übersetzungsschema entwickelt und für den Einsatz bereit hält. Bei n heterogenen Teilnehmern resultiert dann für jeden einzelnen Teilnehmer die Verpflichtung, n-1 Übersetzungsschemata zu entwickeln.

Daher ist es i.a. praktischer, eine gemeinsame Zwischensprache als Interbusiness Language festzulegen, in die jeder Teilnehmer seine Sprachhandlungen während der Interaktion übersetzt. Damit benötigt jeder Teilnehmer nur noch ein Übersetzungsschema.

Die bei der Kommunikation zu leistende Übersetzungsarbeit, die für jeden Teilnehmer nach einem gleichen Muster abläuft, kann den einzelnen Teilnehmern zugeordnet sein oder von diesen an ein gemeinsames Kommunikationsunterstützungssystem delegiert werden. Dieses hält effiziente Mechanismen für die Übersetzung zwischen Kommunikationsschemata bereit und fungiert wie beispielsweise ein Datenbankmanagementsystem als generisches Basissystem.

Der Vorteil einer solchen Lösung wäre zum einen, dass die global für die Übersetzung zu verwendende Zwischensprache nur an einem Punkt verwaltet werden muss (verteiltes Konsistenzproblem) und die einzelnen Teilnehmer sich auf ihr eigentliches Anliegen konzentrieren können: das Eingehen von Kommunikationsbeziehungen.

Allerdings ist bei der Verwendung solch eines zentralen Kommunikationsunterstützungssystems darauf zu achten, dass es während der Kommunikation nicht zum Flaschenhals wird, da nun alle Kommunikationsbeziehungen über dieses System laufen. Darüber hinaus darf es keine spürbaren Ausfälle geben, die den Übersetzungsservice stilllegen würden. Diese beiden Kriterien erreicht man durch eine Verteilung des Systems und folgt damit einem in Kapitel 2 angesprochenen Paradigma der Softwareentwicklung im Internet.[6]

Das Vorhandensein einer solchen zentralen Komponente bietet für den Ablauf von Dialogen während einer Interaktion eine Reihe weiterer Vorteile. So kann durch sie ebenfalls die Steuerung des Kommunikationsflusses durch ein gemeinsames Kommunikationsprotokoll übernommen werden.

Derartige Kommunikationsprotokolle müssen insbesondere in Anwendungsbereichen wie dem Electronic Commerce in der Lage sein, möglichst viele Abläufe einer Handelsbeziehung begleiten zu können. So wird man während der Vertragsverhandlungen ab einem gewissen Volumen vielleicht eine Bonitätsprüfung seines Gegenüber vornehmen oder den Vertrag vom Notar bestätigen lassen wollen.

Diese Entscheidungen durch die einzelnen Teilnehmer, die sich in der Regel erst zur Laufzeit einer Interaktion ergeben, müssen durch das Protokoll flexibel unterstützt werden können. Dies gelingt, wenn man solche Protokolle komponentenorientiert als eine Menge von (bedingt) verknüpfbaren Sprachhandlungstypen realisiert und diese Komponenten zur Laufzeit durch Verfahren wie die Variantenstücklisten (die als Erzeugnisstrukturen fungieren) zu einem Steuerungsschema für ein Workflowmanagementsystem zusammenfügt.[7]

Bei der Entwicklung der Kommunikationsschemata (Dialoge) ist daher aspektorientiert vorzugehen. Bei der Modellierung des Funktionsaspekts ist beispielsweise der Typ der zugrundeliegenden Sprachhandlungen (Aufforderung - Ausführung, Frage - Antwort etc.) anzugeben während im Steuerungsaspekt die Vor- und Nachbedingungen, unter denen diese Komponenten (Sprachhandlungstypen) mit anderen zur Laufzeit zu spezifischen Reihenfolgen (Steuerungsschema) verknüpft werden dürfen, anzugeben sind.

So verlangt die Komponente „Notarielle Beurkundung" für das Steuerungsschema (Kommunikationsprotokoll) einer Vertragsverhandlung beispielsweise, dass die Partner zuvor eine Einigung erzielt haben. Nach dem Abschluss dieser Komponente wird eine erneute Ausführung der Komponenten „Angebot unterbreiten", „Angebot annehmen" etc. untersagt, da ein notariell beurkundeter Vertrag als abgeschlossen gilt.

Die Modellierung weiterer Aspekte ist denkbar, soll an dieser Stelle jedoch nicht weiter verfolgt werden.

---

[6]　vgl. Weber, M. (1998), S. 43

[7]　vgl. Jablonski, S. ; Böhm, M.; Schulze, W. (1997), S. 56

5 Rekonstruktion von Fachsprachen (Business Languages) und Fachwissen

Wie im vorigen Kapitel gezeigt wurde, spielt die Rekonstruktion von Fachsprachen für die Durchführung von Electronic Commerce zwischen heterogenen Partnern eine zentrale Rolle. Für die Schaffung von Zwischensprachen zur Übersetzung und standardisierter Datenformate zum Austausch von Informationen ist es zunächst notwendig, dass die einzelnen Teilnehmer (Unternehmen) ihre Terminologie aus dem alltäglichen Anwendungsbereich rekonstruieren. Die Schaffung einer rekonstruierten (d.h. klar definierten und erlernbaren) Terminologie bringt den beteiligten Unternehmen neben der Übersetzbarkeit in andere Sprachen hinaus weitere Vorteile, die diesen Ansatz rechtfertigen.

So werden Sprachgemeinschaften geschaffen, die über die bekannten Sprachgemeinschaften zwischen Mitarbeitern einzelner Projekte hinausgeht und zur Schaffung einer Corporate Identity (Unternehmenssprache) beiträgt.

Im Electronic Commerce sind die Teilnehmer einzelner Marktplätze durch eine gemeinsame Sprache (Zwischensprache zur Übersetzung) miteinander in einer Sprachgemeinschaft verbunden und können dadurch ihre Geschäfte effizienter abwickeln (beispielsweise im Zuliefergeschäft entlang der Wertschöpfungskette).
In der Industrie gibt es daher eine Vielzahl von Projekten, die sich mit der Rekonstruktion von Fachsprachen beschäftigen. Als Beispiel seien STEP (Standard for the Exchange of Product Model Data) und die Arbeitsgruppen der OMG (CORBAfinancials, CORBAmed etc.) genannt.

Durch das Wachstum des Electronic Commerce gibt es zahlreiche Bestrebungen, die zu einer möglichst verbreiteten Fachsprache für Unternehmen führen sollen. Dabei lassen sich zwei Ansätze unterscheiden, die unter den Schlagworten Top-Down und Bottom-Up bekannt sind.

Unter Top-Down Standardisierung versteht man die Vorgehensweise internationaler Normungsgremien wie beispielsweise der ISO (International Standardization Organization) oder der UNO (United Nations Organization), deren Ziel es ist, möglichst vollständige Geschäftsvokabulare und Datenschemata zu entwickeln und dabei zu versuchen, mit der entstehenden Sprache ein Höchstmaß an denkbaren Anwendungsszenarien abzudecken. Beispiele für solche Sprachen sind EDIFACT (Electronic Data Interchange for Administration, Commerce and Transport), die zur Zeit als XML/EDI an die Darstellung mit

XML angepasst wird, oder ebXML (Electronic Business XML), letztere wird derzeit von einem Ausschuss der UNO (UN/CEFACT) neu entwickelt und ist unter www.ebxml.org zu finden.

Solche Sprachen bieten den Vorteil der (im Idealfall weltweiten) Einheitlichkeit, die den Einsatz von Übersetzern und Schematransformatoren weitgehend überflüssig macht. Allerdings sind diese Sprachen recht umfangreich und mächtig in der Zahl ihrer Konstrukte, was zum einen die Entwicklungszeit verlängert und zum anderen in der Regel dazu führt, dass von den Anwendern nach der Einführung solcher Sprachen nur der jeweils von ihnen benötigte Teil der Sprache implementiert wird, mithin also zahlreiche Dialekte entstehen. Aus diesen beiden Gründen ist die Angemessenheit eines solchen Ansatzes, der noch dazu gerade in schnelllebigen Umfeldern wie dem Electronic Commerce seine Schwächen besonders zeigt, in Frage zu stellen.

Ein anderer Ansatz überlässt den Entwicklern der jeweils an der Erstellung interaktiver Systeme beteiligten Organisationen die Bildung eigener Sprachen und unterstützt sie dabei durch eine zentrale Verwaltung dieser Sprachen und Entwicklungsresultate in einem Repository. So können Entwickler auf vielversprechende Ansätze anderer nach Belieben zurückgreifen oder eine für ihre Belange angemessenere Sprache definieren und ablegen. Dieser Ansatz hat zwar zunächst den Nachteil, dass viele Insellösungen mit eigenen Schemata und Sprachen entstehen werden. Mit der wachsenden Internationalisierung von virtuellen Marktplätzen und anderen interaktiven Anwendungssystemen werden sich jedoch auf Dauer nur ausgesuchte Sprachen halten können, andere werden langsam verschwinden. Außerdem sind spezifische Sprachen bei Bedarf relativ schnell zu entwickeln und auch jeweils auf die zu schaffende Anwendung zugeschnitten. Mit den standardisierten Mechanismen von XML zur Transformation von Dokumentenausprägungen zwischen Schemata durch XSLT (Extensible Stylesheet Language for Transformation) ist der zu erwartende Mehraufwand durch eventuell zu leistende Übersetzungsarbeit bei Interaktionen über die Grenzen einzelner Sprachinseln hinweg, der durch einen solchen Ansatz sicherlich in Kauf zu nehmen ist, ebenfalls noch akzeptabel.
Dieser zweite Ansatz, der auf Grund seines evolutionären und subsidiären Charakters weniger komplex ist und sich in der Natur beispielsweise bis heute bewährt hat, besitzt insbesondere in schnelllebigen Umfeldern wie dem Electronic Commerce bessere Eigenschaften in Bezug auf Adaptionsfähigkeit, Angemessenheit und Verhältnismäßigkeit.

Das populärste Beispiel für einen solchen Bottom-Up Ansatz der Datenmodellierung dürfte das von Microsoft ins Leben gerufene (und mittlerweile von zahlreichen anderen Herstellern wie SAP, Software AG etc. unterstützte) Internetrepositiory „Biztalk" für die Ablage von XML Schemata sein, das unter www.biztalk.org erreichbar ist. Dort können sich interessierte Firmen und Konsortien einen Zugang verschaffen und vorhandene Sprachen und Schemata einsehen, anpassen oder neue entwickeln. Experten veröffentlichen in speziellen Foren Tipps und Richtlinien zur Modellierung von Daten mit XML und geben den Entwicklern damit eine einheitliche Vorgehensweise an die Hand, die sie für die Schaffung eigener Sprachen und Sprachartefakte verwenden können. Führende Entwicklungswerkzeuge für die Datenmodellierung in XML (wie beispielsweise XML Authority von Extensibility Software, www.extensibility.com) bieten bereits die Möglichkeit, XML Schemata mit den Vorgaben der Biztalk-Gemeinde abzuspeichern.

Insofern bleibt abzuwarten, ob die Ergebnisse aus den einzelnen Top-Down Ansätzen gegen solche eher an der Praxis orientierten Initiativen von Anwendergruppen nach ihrer Einführung überhaupt bestehen werden oder diese gar ersetzen können. Die in dieser Arbeit dargestellte Entwicklung von Kommunikationsunterstützungssystemen, die rekonstruierte Sprachräume für das rechnerunterstützte Sprachhandeln auf verschiedenen Wissensgebieten (Electronic Commerce, Telearbeit, Teleforschung etc.) administrieren und dabei die Interoperabilität zwischen heterogenen Teilnehmern sicherstellen, stellt den Erfolg einer Top-Down Standardisierung jedoch stark in Frage.

Die Rekonstruktion einer Fachsprache kann durch standardisierte Techniken ingenieurmäßig vorgenommen werden. Dazu beginnt man zunächst mit dem schrittweisen (und möglichst zirkelfreien) Aufbau einer Aussagensammlung mit Aussagen aus dem Anwendungsbereich, die als Beispiele für die Sprachrekonstruktion aufzufassen sind.

Bei der Bildung dieser Aussagensammlung muss man sich auch mit den Begriffen der Anwender auseinandersetzen und diese präzisieren. Dies kann durch Techniken wie Interviews, Fragebögen, Beobachtungen, Studium von Fachliteratur oder einer zeitweiligen Mitarbeit im Fachgebiet geschehen. Aussagen können verschiedene Typen von Wörtern enthalten, deren Verwendung man zu normieren (festzuschreiben) hat: Im Rahmen dieser Arbeit sollen Struktur- und Themenwörter unterschieden werden, für die es unterschiedliche Verfahren der Rekonstruktion und Normierung gibt.

Strukturwörter wie „und", „ist", „oder" etc. lassen sich durch Wahrheitstafeln definieren (die aus der Logik bekannt sind).

Themenwörter, die man in Nominatoren (beispielsweise der Eigenname „Müller")
und Prädikatoren (beispielsweise das Fachwort „Bestellung") differenzieren kann,
lassen sich durch Beispiele und Gegenbeispiele, explizite Definitionen oder
Prädikatorenregeln, die den Übergang von der Benutzung eines Themenwortes
(„X ist ein Kunde.") zu einem anderen („X ist ein Geschäftspartner." aber nicht
„X ist ein Produkt.") erlauben, in ihrer Bedeutung festlegen und anschließend
normieren. Bei der Verwendung von Definitionen für die Festlegung der
Bedeutung von Themenwörtern sollten grundlegende Definitionsregeln wie das
Vermeiden von zyklischen Definitionen etc. beachtet werden.

Auf diese Weise gelangt man zu einer Sammlung von Aussagen, die man
anschließend unter Benutzung einer spezifischen Gegenstandseinteilung
differenziert. Die hier vorgestellte Gegenstandseinteilung orientiert sich an der
natürlichen Sprache und unterscheidet zunächst Beziehungen zwischen einzelnen
Komponenten und Komponenten selbst.

Beziehungen zwischen Komponenten sind wiederum zu unterscheiden in
abstraktive Beziehungen (die sich auf die Gleichheit von Komponenten im
Hinblick auf bestimmte Eigenschaften beziehen und nach innen und außen
wirken) und kompositive Beziehungen (die sich auf die Abhängigkeit von
Komponenten beziehen und ebenfalls nach innen und außen wirken).

Die Charakterisierung der Beziehungen ist durch das Vorkommen von Partikeln
wie Präpositionen, Artikel, Pronomen etc. zu erkennen, die Aussage „Käufer und
Verkäufer sind Handelspartner." stellt eine abstraktive Beziehung (bezogen auf
„Handelspartner") dar, „Ein virtueller Marktplatz besteht aus Produktkatalogen,
Verhandlungs- und Abwicklungssystemen." hingegen stellt eine kompositive
Beziehung (bezogen auf „virtueller Marktplatz") dar.

Die Komponenten selbst, die man an dem Vorkommen von Prädikatoren
erkennen kann, werden weiter untergliedert in Zustände und Träger. Zustände
werden durch Adjektive und Adverbien beschrieben („Ein Produkt ist lieferbar."),
Träger je nachdem, ob es sich um Geschehnisse oder Dinge handelt, durch Verben
bzw. Substantive („Ein Käufer verhandelt über einen Preis." bzw. „Käufer und
Verkäufer sind Handelspartner.").

Wie man an dem Beispiel „Käufer und Verkäufer sind Handelspartner." sieht, ist
die Unterteilung in Beziehungen orthogonal zur Unterteilung in Komponenten
(eine Aussage kann sowohl Aspekte über Beziehungen als auch Komponenten
enthalten).

Normierte Begriffe nennt man „Termini". Ein Terminus besitzt stets einen Bezeichner und eine (gegebenenfalls leere) Liste von Synonymen. Kompositive und abstraktive Beziehungen besitzen stets ein Bezugsobjekt (im Hinblick auf dieses besteht die Beziehung) und eine Liste von Komponenten („Termini"), die in Beziehung miteinander stehen.

Die so differenzierten Aussagen werden anschließend in einem Repository abgelegt, mit dem auch die rekonstruierte Fachsprache verwaltet wird. Ein solches Repository verfügt über ein entsprechendes Metaschema. Mit einem Repository (eigentlich „Aktenschrank") werden so gesehen Sprachen implementiert und die in den Sprachen entwickelten Sprachprodukte (Wissensprodukte, Sprachartefakte oder Anwendungen) dokumentiert sowie ggf. -bei einem reflexiven Aufbau und Betrieb eines Repository- auch im Hinblick auf ihren Einsatz „bewertet" und zur Ausführung bereitgestellt.

6 Ausblick

In diesem Beitrag wurden einige neue Paradigmen und Techniken vorgestellt, die sich für die Entwicklung interaktiver Anwendungssysteme zur Abwicklung von Electronic Commerce (aber auch für andere Themengebiete) eignen.

Die Herausforderungen, die durch die neu aufkommenden interaktiven Anwendungssysteme an Entwickler und Konstrukteure gestellt werden, führen zu einer tiefgreifenden Veränderung der Entwicklungsmethoden des Software Engineering und der modernen Konstruktionslehre für Anwendungssysteme. Ein Beispiel sind die genannten neuen Systemarchitekturen, die durch thematische Sprachebenen und reflexive Anwendungen allmählich Realität werden. Ein anderes Beispiel ist die Entwicklung von Anwendungssystemen mit rekonstruierten (und normierten) Fachsprachen.

Die neuen Systeme werden allerdings nicht nur die Informatik und Wirtschaftsinformatik zu neuen Antworten zwingen, sie haben auch tiefgreifende Auswirkungen auf die Gesellschaft des 21. Jahrhunderts.
So gibt es auf Grund der modernen Informationssysteme in der neuen Ökonomie einen Trend zu punktförmigen Märkten mit sehr hoher Anpassungsgeschwindigkeit, der eines Tages dazu führen könnte, dass die Preise im Supermarkt am Mittag günstiger sind als im abendlichen Berufsverkehr. Wir werden neue rechtliche Regelungen benötigen, die den Geschäftsverkehr über die Kommunikationsnetze sicher und kalkulierbar machen. In Zukunft wird man damit rechnen müssen, dass kriminelles Sprachhandeln („Computern" als neue

Kulturtechnik) wie z.B. das Verbreiten von Viren oder Sabotieren von Anwendungen stärker und zielgerichteter bestraft wird als dies heute der Fall ist.

Schließlich wird sich das moderne Management mit einer anderen Konkurrenzsituation auseinandersetzen müssen. In einer Zeit, in der Waren vom Kunden weltweit bezogen werden können und die Preise in Folge punktförmiger Märkte fast überall gleich sind, bedarf es neuer Instrumente der Kundenbindung, beispielsweise dem Erlebnisshopping o.ä. Eine neue Politik mit einem grundlegenden Verständnis der verschiedenen Facetten -Ökonomie, Recht und Gesetz, Schule, gesellschaftliche Gruppen, Beziehungen zwischen Staaten etc.- des bevorstehenden Wandels ist angebracht.

Wir werden uns immer mehr zu einer Aufmerksamkeitsökonomie entwickeln, in der diejenigen Werte schöpfen, welche die Aufmerksamkeit von Kunden zu erringen vermögen.[8]

Die Zeit nach dem Jahr 2000 Problem, die Zeit nach der Euroumstellung, sie wird die wahre spannende Zeit - nicht nur für die IT-Branche.

---

[8] vgl. Merz, M. (1999), S. 127

Literatur

Weber, M. (1998): Verteilte Systeme, Spektrum Akademischer Verlag, Berlin

Fallside, D. C. (2000): XML Schema - Primer, W3C Working Draft, verfügbar unter www.w3.org/TR/xmlschema-0

Vossen, G. (1999): Datenbankmodelle, Datenbanksprachen und Datenbankmanagementsysteme, Oldenbourg Verlag, Oldenburg

Austin, J. L. (1962): How To Do Things With Words, Harvard University Press, Cambridge/Massachusetts

Wegner, P. (1997): Why Interaction is More Powerful than Algorithms, in Communications of the ACM, 40 (1997) 5, S. 80 - 91

Jablonski, S.; Böhm, M.; Schulze, W. (1997): Workflow-Management-Entwicklung von Anwendungen und Systemen, dpunkt-Verlag, Heidelberg

Merz, M. (1999): Electronic Commerce: Marktmodelle, Anwendungen und Technologien, dpunkt-Verlag, Heidelberg

Wissensmanagement (Knowledge Asset Management - KAM) in Beratungsbetrieben

Georg Rainer Hofmann
Fachhochschule Aschaffenburg

1 Zur Einleitung und Problemstellung

Für die Erbringer wissensintensiver Dienstleistungen (insbesondere Beratungsbetriebe, Treuhänderbüros, **professional service firms,** und ähnliche) ist die Verwaltung des eigenen - mehr oder minder betriebsnotwendigen - Informationsstammes und der im Betrieb vorhandenen Wissenseinheiten von zentraler Bedeutung. Es ist mittlerweile völlig unstrittig, dass in Beratungsbetrieben eine planmässige Verwaltung der Informationen zu erfolgen hat; der damit verbundene Aufgaben- und Problemkreis wird allgemein als „Wissensmanagement" bezeichnet.

In vorangegangenen Arbeiten des Autors wurde die These aufgeworfen, dass „Wissen" mit Vermögen gleichzusetzen ist, weil es eben für Beratungsbetriebe das (oftmals gar einzige!) Betriebsvermögen darstellt. Ergo ist es sinnvoll, analog zur Vermögensverwaltung, von einer Wissensvermögensverwaltung (**knowledge asset management - KAM**) zu sprechen, für die die folgenden (aus der Vermögenstheorie abgeleiteten) Komponenten zu berücksichtigen wären:

Die **Relative Wissensvermögens-Bilanzierung:**
- Zu- oder Abnahme der in einer Organisation enthaltenen Wissenswerte.
- Wirkungsgrad und Effizienz des Wissenserwerbs in einer Organisation, insb. Zunahme des Wissens nach Massgabe der für den Wissenserwerb eingesetzten monetären Mittel (F&E- oder Lern-Wirkungsgrad).
-

Die **Absolute Wissensvermögens-Bilanzierung:**
- Monetäre Äquivalente für Wissen in Organisationen zum Zwecke der (internen) Bilanzierung.
- Leistungsfähigkeit von Wertansätzen wie Marktmarkt, Zeitwert und Wiederbeschaffungswert von Wissen in einer Organisation.
- Bilanzielle Aktivierbarkeit von Wissen in einer Organisation.
-

Die **Wissensliquidität:**

- Verfügbarkeit und Veräusserbarkeit von Wissen, speziell in grossen und internationalen Organisationen.
- Liquidität von Wissen analog zur Liquidität bilanzieller Aktiva (Parallelen zur Veräusserbarkeit und Verfügungsgeschwindigkeit von Vermögenswerten).
- Prozesse der Aufrechterhaltung der Wissensliquidität und -mobilität in Organisationen (Verfügbarkeit und Lieferbarkeit eines Wissens-Contents?).

Bei der Wissensvermögens-Verwaltung treten mithin die folgenden Fragestellungen in den Vordergrund:

- den Erfolgs- und Vermögensfaktor Wissen bzgl. seiner Bilanzierbarkeit und Veräusserbarkeit messbar und damit steuerbar zu machen,
- einen Beitrag zum Verständnis von Wissen und Prozessqualität als Vermögensarten zu leisten,
- die **proaktive** Steuerung der Wissens-Vermögenswerte zu ermöglichen.

In der Literatur wurde bisher die Wissensverwaltung (**knowledge management**) vor allem als algorithmisches und organisatorisches Problem adressiert. Wissensmanagement wurde - und wird - vor allem als ein Problem der korrekten und effizienten Datenhaltung und Datenbankorganisation verstanden: Probleme des **information retrieval** und **information filtering** stehen im Vordergrund und scheinen die bisherige Diskussion zu dominieren.

Bei DISTERER ist dieser Problemkreis völlig richtig um psychologische und soziale Aspekte erweitert worden. Es macht in der Tat Sinn, allgemeine Überlegungen und individuelle Verhaltensweisen, wie wir sie vom Umgang von Personen mit konventionellen Vermögenswerten kennen, ebenfalls zu beachten und zu hinterfragen; man könnte konsequenterweise davon reden, dass der Vorgang der betrieblichen „Sozialisierung" von vormals privaten Wissensvermögenswerten in die Betrachtungen einbezogen werden müssen.

Unter welchen Bedingungen sind die Mitarbeiter in einem Beratungsbetrieb bereit, ihr privates Wissen zu sozialisieren? Jede Wissenseinheit stellt natürlich für ihren momentanen „Inhaber" einen Vermögenswert dar, den er in die betriebliche Wissensverwaltung einbringen kann (oder eben nicht!).

Damit stellt sich die Frage, ob eine bestimmte Wissenseinheit „gut angelegt" ist, wenn sie in das Eigentum des Betriebs übergeht. „Rendiert" sich ein Wissens-Vermögenswert - nach Massgabe seiner Anlage in einer betrieblichen Datenbank - tatsächlich für seinen (früheren) Besitzer?

2 „Wissen" ergibt nur Sinn im Kontext menschlicher Subjektivität und persönlicher Fähigkeiten

2.1 Daten, Information, Wissen, Können

Die Definition des Begriffs „Wissen" verlangt einen Rückgriff auf die Begriffe „Daten" und „Information". Bei WILLE werden - in erfreulicher Kürze - die fraglichen Begriffe so erläutert:

- Daten   =   Zeichen + Syntax
- Information   =   Daten + Bedeutung
- Wissen   =   Internalisierte Information + Fähigkeit, sie zu nutzen.

Daten sind demnach Elemente (Wörter) w_i einer Formalen Sprache L(G) im Sinne von CHOMSKY; mithin also Zeichenketten mit einer Struktur, letztere bestimmt durch die Grammatik G der Formalen Sprache L(G). Das heisst nun insbesondere - hier kommt ein erster „subjektivistischer Aspekt" ins Blickfeld -, dass die menschliche Sprache (benutzt zur Darstellung und Schilderung menschlichen Wissens) klar über den Datenbegriff hinausgeht: Im Gegensatz zu einer formalen Sprache ist eine menschliche Sprache durch beliebig erweiterbare (und damit nicht-endliche) Alphabete und Grammatiken gekennzeichnet: Der Regelsatz menschlicher Sprache und Grammatiken wird ständig nach Massgabe des **common sense** erweitert.

Eine **Information** ergibt sich aus der Interpretation von Daten; **Wissen** ist nach WILLE so zu verstehen, dass es - durch eine Person - „internalisierte Information" ist. Konsequenterweise spricht er von einem „menschenbezogen" Wissensverständnis. Wissen kann also als „erklärte Information" verstanden werden: Eine Person erklärt einer anderen Person einen Sachverhalt und schliesst so den **semantic gap** (der „semantischen Lücke" oder **Bedeutungslücke**): Eine Datenstruktur per se weiss nicht, was sie bedeutet. Das macht man sich leicht am Beispiel einer Pixelmatrix klar, welche ein Bild (z. B. einen Bildschirminhalt) darstellt. Das Bild wird Bild durch die Betrachtung durch eine Person, vordem ist und bleibt es eine blosse Matrix von Zahlenwerten.

Ein leistungsfähiges Modell zur Erklärung dieses **semantic gap** ist das Drei-Welten-Modell nach POPPER, hier wird unterschieden:

- **Welt 1**, die Welt der physikalischen Gegenstände (alle Materie, lebende Organismen, ...)
- **Welt 2**, die Welt der subjektiven Erlebnisse (Empfindungen der Menschen und Tiere, Ich-Bewusstsein, Wissen um den eigenen Tod, ...)

- **Welt 3**, die Erzeugnisse des menschlichen Geistes (menschliche Sprachen, Mythen, Kunstwerke, wissenschaftliche Entdeckungen, ...).

Das erkennende Subjekt ist nun quasi das „Agens der Bedeutung" der Wörter und der Dinge: Es überwindet die semantische Lücke und weist den Erzeugnissen des menschlichen Geistes (Sprachinhalten, Informationen) eine Bedeutung zu.

Bild 1: Modell der drei Welten (nach *Popper*):

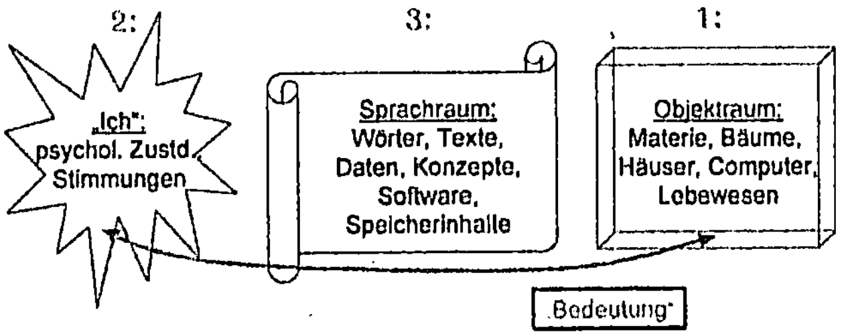

Das Subjekt ist das *Agens der Bedeutung* der Wörter und der Dinge

Wissen und Können erscheinen aber untrennbar: Es nützt nichts, etwas bloss zu wissen (im Sinne von: es ist eine Information im Hirn eines Menschen gespeichert), es muss notwendigerweise die Möglichkeit hinzutreten, dieses Wissen anwenden zu können; das heisst mindestens, es jemanden anders in einem einigermassen sinnvollen Kontext (sei dies in einer akademischen Prüfung, oder in einer Rundfunk-Quizsendung) mitteilen zu können.

In einer Seitenbetrachtung kann man die Rolle des sogenannten „Maschinellen Wissens" vor dem Hintergrund des POPPERschen Modells erläutern: Maschinelles Wissen (wie es der Computer HAL 9000 im Film „2001" von KUBRICK repräsentiert) kann es nach dem oben dargestellten Modell nicht geben, weil Maschinen (nach dem TURINGschen Verständnis) notwendigerweise auf der Ebene der Verarbeitung von Daten (Zeichen mit Syntax) verharren und ihnen somit die „Bedeutung" der verarbeiteten Daten nicht zugänglich ist. Damit scheitern Computer quasi notwendigerweise an der Objekt-Subjekt-Schwelle - eben dem **semantic gap.**

Diese „Wissenserklärer" sollten in ihrer Bedeutung für den betrieblichen Kontext nicht unterschätzt werden. In den meisten Wissensmanagement-Systemen sind daher die Daten dieser Personen (also die Antwort auf die Frage, wer eine bestimmte Information zu erklären in der Lage und bereit ist) integraler

Bestandteil der gespeicherten Informationen. Fehlen die „Wissenserklärer" für eine Information, spricht man auch konsequenterweise von „herrenlosem Wissen", welches für den Betrieb natürlich weniger wertvoll ist.

Bild 2: Rolle von Wissen und Können, in den drei Welten :

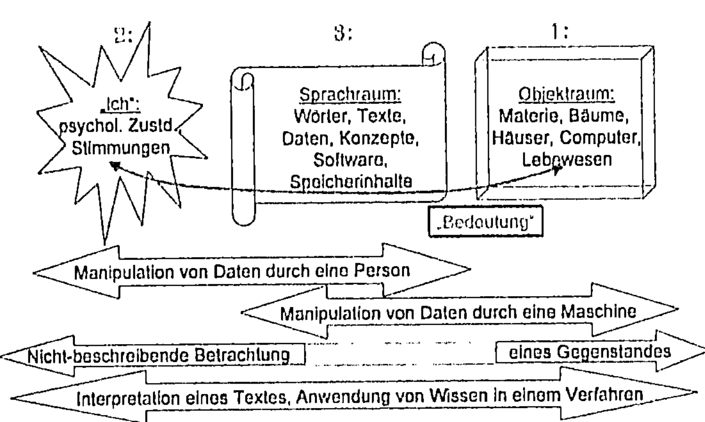

Die Rolle von Wissen und Können soll an einem Beispiel - einem **Brief** - dargestellt werden:

- Ein Brief gehört als Gegenstand klar zur Welt 1, die aufgedruckte Empfänger-Adresse hingegen besteht aus Daten, diese gehören zur Welt 3.
- Das automatische Lesen der Empfängeradressen von Briefen und das anschliessende maschinelle Sortieren derselben ist ein Vorgang, der sich in den Welten 1 und 3 abspielt.
- Wird hingegen die Adresse durch eine Person (in Gestalt des Briefzustellers) gelesen, handelt es sich um einen Vorgang, der alle drei Welten betrifft.
- Ein Vorgang in Welten 2 und 3 liegt vor, wenn der Zusteller den Adressaten kennt, und z. B. sich während des Zustellens an ein gemeinsames Erlebnis mit demselben erinnert.

Die (für diesen Beitrag wichtige) These der engen Verzahnung von Wissen und Können wird auch in der unmittelbaren Umgangssprache transparent, wenn man beispielsweise davon redet, dass eine Person eine Fremdsprache nicht etwa „weiss", sondern „kann" oder „beherrscht". In einer Fahrschule geht es wohl darum, jemandem das Autofahren beizubringen, mit dem Ziel, dass der Fahrschüler am Ende „weiss", wie man Auto fährt - im Sinne von „Auto fahren kann" - wozu das Studium der theoretischen Unterlagen (also die blosse Internalisierung der relevanten Informationen) kaum ausreichen dürfte.

Ein Seitenaspekt soll hierbei nicht unbeleuchtet bleiben. Es macht wohl keinen Sinn, von „Personen-unabhängigem Wissen" zu sprechen, weil die „Personen-Komponente" nicht weggedacht werden kann; hingegen ist aber sinnvoll, zwischen „Personen-neutralem" und „nicht-Personen-neutralem Wissen" zu unterscheiden. Letzteres könnte man als **intra-** und ersteres als **inter-personelles Wissen und Können** bezeichnen. Den Unterschied kann man sich leicht an einem Beispiel klarmachen, das bei BLOCH zu finden ist: GIORDANO BRUNO glaubte, dass einige Wissensinhalte von ihm (selbst! - intra-personnelles Wissen!) vertreten werden müssen, weil sie **nur** von ihm vertreten werden können. GALILEO GALILEI war hingegen davon überzeugt, dass die von ihm vertretenen Thesen auch von anderen Personen (inter-personell!) gewonnen und vertreten werden könnten. Das weitere Schicksal der beiden genannten Personen zeigt, dass intra-personelles Wissen durchaus für seinen Besitzer ein sehr gefährliches Gut darstellen kann!

2.2 Wissensstücke (knowledge items) - ein Definitionsversuch

Nach der Darlegung der Personenbezogenheit von Wissen und dessen untrennbarer Verbindung mit Können und persönlichen Fähigkeiten, kann nunmehr ein „Stück Wissen" (**knowledge item**) definiert werden:

Ein **knowledge item** ist zu verstehen als eine internalisierbare (man achte hier auf die Potenzialität!), nicht-triviale Information, welche auf Anwendbarkeit ausgerichtet ist; nebst einer damit verbundenen Erklärungskomponente.

Damit wird die „Wissenseinheit" erst dann sinnhaft, wenn sie in einen Prozess(!) der Wissensverwaltung eingebunden ist, welcher in einem inter-personellen Dialog (etwa zwischen den Mitarbeitern einer Organisation oder eines Betriebs) entscheidet, ob eine Information nach den anzuwendenden Massstäben als **nicht-trivial** gelten kann, und eben auch die „Erklärungskomponente" zur Verfügung stellt. Letzteres bedeutet, dass das Wissen „vertreten" werden muss. Die blosse Schaffung einer Zugangsmöglichkeit zu einer Information genügt dazu nicht; es muss zusätzlich sichergestellt sein, dass es Personen („Trainer") gibt, die die gespeicherte Information gegenüber Dritten erklären und erläutern können.

Bild 3: Was konstituiert eine „Wissenseinheit" (*knowledge item*)?

Persönliches Wissen = Internalisierte Information, nebst der Fähigkeit, sie anzuwenden

Knowledge Item = Internalisierbare(!), nicht-triviale Information, welche auf Anwendbareil ausgerichtet ist, nebst einer damit verbundenen Erklärungskomponente

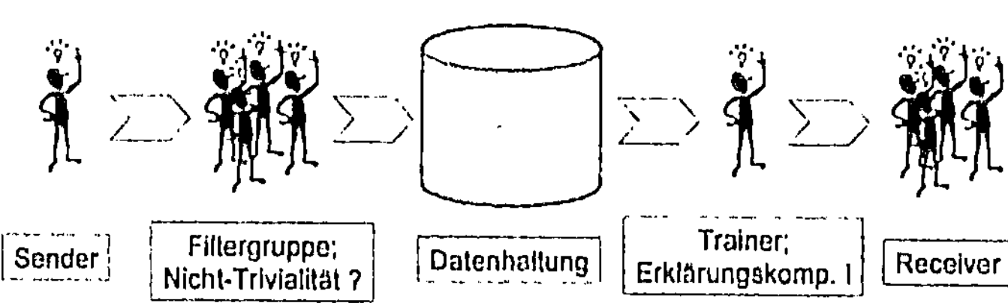

3 Sowohl nur kodifiziertes als auch nur personifiziertes Wissen haben keinen (Markt-) Wert

3.1 Zwei Extreme: Kodifizierung und Personifizierung

In der Arbeit von HANSEN ET AL. wird dargelegt, dass es im Prinzip zwei Strategien gebe, Wissensmanagement zu betreiben, nämlich das sich auf kodifiziertes Wissen und das sich auf personifiziertes Wissen konzentrierende Wissensmanagement. Dabei stehen Dienstleistungs- und Beratungsbetriebe im Zentrum des Interesses und der Überlegungen; es werden die folgenden Charakterisierungen vorgenommen:

Das **Kodifizierte Wissensmanagement** ist gekennzeichnet durch Dokumenten-basierten Informationsaustausch (in der Arbeit von HANSEN ET AL. - eigentlich fälschlich - als „Wissensaustausch" bezeichnet) über elektronische Systeme, in welche seitens des Betriebs massiv investiert wird. Die Ökonomie der Wissenswiederverwendung resultiert einerseits aus der Investition in den Aufbau der Informationsbasis und andererseits aus deren möglichst vielfacher Wiederverwertung durch grosse Beraterteams.

Dies geht personalpolitisch einher mit der Schulung der Mitarbeiter (oftmals relativ jungen „Rohdiplomanden") in Gruppen, zur Vermittlung der im Unternehmen gewonnen Erkenntnisse und Methoden; wobei zu bemerken wäre, dass dies über den Kernaspekt der reinen Kodifizierung (Verwendung selbsterklärender Dokumentation!) klar hinausgeht.

Die Vergütung des Personals orientiert sich an dem Mass, inwieweit Informationssammlungen des Unternehmens genutzt und durch eigene Beiträge erweitert werden; das Ziel ist das Anbieten und Durchführen von Beratungsprojekten, welche den Charakter eines Serienproduktes haben - der Grossteil des Gewinns ergibt sich aus der multiplikativen Anwendung der Informationen, bzw. des vorbereiteten Wissens der Mitarbeiter.

Das **Personifizierte Wissensmanagement** hingegen (wiederum Darstellung nach HANSEN ET AL.) organisiert den Wissensaustausch über persönliche Netzwerke, über die individuelle Wissensinhalte und Erfahrungen - in oftmals sehr Zeit aufwändigen Prozessen - gehandelt werden.

Die Ökonomie beruht auf der individuellen Expertise der Mitarbeiter; kleine Beraterteams suchen sehr Klienten-spezifische Lösungen gegen relativ hohe Vergütungen pro Zeiteinheit (das sind: hohe Honorartagessätze).

In der Personalpolitik steht die Schulung von Einzelpersonen (welche bereits beim Eintritt in das Unternehmen über eine profunde Berufserfahrung, oder eine exzellente akademische Ausbildung verfügen) durch Mentoren welche ihre Erkenntnisse und Methoden direkt weitergeben - eine explizite Kodifizierung von Informationen unterbleibt zuweilen gänzlich.

Die Vergütung des Personals erfolgt nach Massgabe der Teilung eigener Erfahrungen und eigener Expertise mit den Kollegen, also der Mitarbeit in den Personen-orientierten Netzwerken des Unternehmens.

Das Ziel ist das Anbieten und Durchführen von Beratungsprojekten, welche einen kreativen, analytisch arbeitenden Berater mit individueller Expertise erfordern; der Gewinn ergibt sich aus der Höhe der verlangten und erhaltenen Honorare.

Es muss allerdings der von HANSEN ET AL. vertretenen Auffassung, entweder eine kodifizierende oder (im Sinne eines EXOR!) eine personifizierende Strategie zu verfolgen, entgegnet werden, dass sowohl ein reines kodifiziertes als auch ein reines personifiziertes Wissensmanagement wenig sinnvoll sind. Dies ist bereits anhand zweier Beispiele leicht einzusehen:

Als Beispiel für das Misslingen eines reinen kodifizierten Wissensmanagements sei der Fall angeführt, dass die Speicherung von Wissen oder Informationen als blosse Daten erfolgt, ohne dass der Autor die „Erklärungskomponente" für die Interpretation (oder: Lesart) weitergibt. Berühmt wurde der kretisch-minoische „Diskos von Phaistos" aus dem 17. Jhrdt. v. Chr., dessen Inschrift in ihrer Buchstaben- und Worttrennung klar „lesbar" ist, aber - weil es sich um eine unbekannte Sprache und(!) eine unbekannte Schrift handelt - leider bislang noch nicht entziffert werden konnte. Ein ähnliches Los wird wohl auch denjenigen Ausserirdischen beschieden sein, die jemals versuchen sollten, die allseits bekannte Plakette an der Pionier-II-Sonde zu entziffern ...

Reines personifiziertes Wissensmanagement ist aber ebenso ein untauglicher Ansatz. Dieses bedeutete ja, dass die Weitergabe von Wissen oder Informationen als lediglich mündliche Mitteilungen bewerkstelligt wird; ergo, fällt ein Überträger aufgrund eines persönlichen Missgeschicks aus, gehen die

Wissensinhalte verloren - ein Beispiel hierfür sind die mündlichen Überlieferungen des Keltischen Kulturkreises im süddeutschen Raum (ebenfalls ein schönes Beispiel: der Informatiker **Dennis Nedry** in CRICHTONS „Jurassic Park"): „Wer schreibt, der bleibt - wer spricht, der nicht".

3.2 Das „Knowledge Item" konstituiert sich im Kontext der diesbezüglichen Management-Prozesse

Vorige Überlegungen zeigen, dass sich „Wissen" nicht isoliert von einer organisatorischen Umgebung und der Personal-Umgebung betrachten lässt.
Ergo muss eine Art Referenzprozess zur Wissensverwaltung betrachtet werden, dieser könnte aus den folgenden Komponenten bestehen (siehe Bild 3):

- Eine Person, der **Sender** der Wissenseinheit K_{out}, veräussert dieselbe. Diese Veräusserung geschieht operativ durch zwei Schritte. Zum ersten agiert ein Gremium („Filtergruppe"), welches entscheidet, ob eine bestimmte Information überhaupt insoweit als nicht-trivial und den Qualitätsanforderungen der Organisation entsprechend anzusehen ist, dass eine weitere Beschäftigung mit derselben überhaupt als adäquat anzusehen ist. Zum zweiten werden die Informationen, die zu diesem **knowledge item** gehören, in eine Datenhaltung (o. ä.) eingestellt. (- Die eigentliche Datenhaltung ist nicht Gegenstand dieses Beitrags.)
- Bei der Veräusserung der Wissenseinheit K_{out} entstehen monetäre Prozesskosten C_{proc}, unterschieden wird hier zwischen einmaligen Prozesskosten $C_{proc(0)}$ und periodisch auftretenden Prozesskosten $C_{proc(i)}$. Diese Unterscheidung macht Sinn, da neben der einmaligen Einstellung der Informationen in die Datenhaltung auch weitere Kosten, die aus der Verpflichtung zur Aktualisierung der eingestellten Information resultieren, entstehen können.
- Durch die aktive Teilnahme am Wissensmanagement-Prozess eines Unternehmens „kauft" sich ein Mitarbeiter quasi in eine Gemeinschaft ein, der Mitarbeiter wird erwarten, dass er nunmehr selbst Zugriff auf die Informationssammlung des Unternehmens erwirbt, und dass er ferner einen Anspruch darauf hat, dass ihm unklare Sachverhalte seitens seiner Kollegen erläutert und erklärt werden. Es entsteht also ein - zumindest potenzieller - Wissensgewinn K_{in}, welcher gegen die Wissensveräusserung K_{out} aufgerechnet werden kann. Ausserdem wird der Veräusserer einen nicht-monetären Y_{nM} „Erlös" gegenwärtigen, der dadurch entsteht, dass er sich durch die Wissensveräusserung als ein Experte zu erkennen gegeben hat, welcher von Kollegen zu einem Thema oder Problemkreis „fragbar" geworden ist; es ist vor allem auch ein Imagegewinn.

- Aus der Datenhaltung wird „Wissen" in ebenfalls zwei Schritten entnommen: Die fraglichen Informationen werden von einem **receiver** entnommen, und entweder vorher, oder parallel zum eigentlichen Entnahmeprozess, von hierfür geeigneten Personen (**trainer**) erklärt. Diese Erklärungskomponente kann natürlich entfallen, wenn die Informationen „selbsterklärend" sind - dies heisst natürlich nichts anderes, als dass diese Informationen (oder doch ihnen sehr ähnliche) dem betreffenden Personenkreis vorher bereits erklärt worden sind.

Vor diesem Hintergrund können nunmehr Schwerpunkte gesetzt werden: Das heisst, der dargestellte Referenzprozess kann sich in Richtung(!) einer stärkeren Kodifizierung oder in Richtung einer stärkeren Personifizierung variieren.

3.3 Ein Referenzmodell für Knowledge Items im Beratungsbetrieb

- Die für einen Beratungsbetrieb (**professional service firm**) typischen betriebsnotwendigen Wissensarten lassen sich in einem sehr eingängigen Modell anordnen. Zu einem **knowledge item** gehört quasi ein spezifisches Stück Information, welches mit - nach Massgabe des oben dargestellten Referenzprozesses mehr oder minder umfangreichen - Erklärungs- und Filterkomponenten versehen ist.

Hierbei wird eine Zuordnung nach Themenkreisen vorgenommen. Vor dem Hintergrund des enzyklopädischen Wissens als Grundmenge werden die Themenkreise

Bild 4 Referenzmodell für „Wissensarten" im Beratungsbetrieb

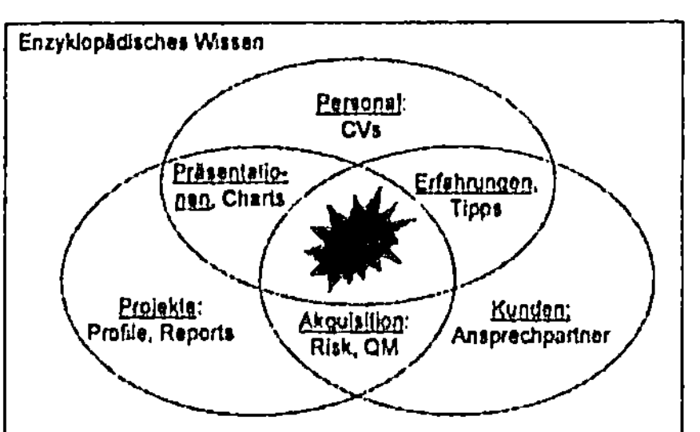

- „Personal"; hierzu zählen die periodisch zu aktualisierenden „CVs" der Mitarbeiter, in welchen die Ausbildung, aber vor allem die aktuellen Projekterfahrungen, sowie die derzeitige Stellung und die Aufgaben in der betrieblichen Organisation dargestellt werden.

- „Kunden"; dies sind Wirtschafts- und sonstige Daten über Firmen und Ansprechpartner bei denselben, aber auch Sekundärdaten über die Kunden, wie neuere Entwicklungen, Firmenhistorie, und dergleichen.
- „Projekte"; dies sind Abschluss- und Zwischenberichte, aber auch sogenannte **profiles**, in denen das Beratungsunternehmen die wesentlichen Aspekte der Projektaufgabenstellung, der für den Kunden erzielten Ergebnisse und den eigenen Erfahrungsgewinn darstellt.
-
- in den Vordergrund gestellt. In den Bereichen
-
- „Personal" und „Kunden"; hierunter fallen kundenspezifische Erfahrungen von einzelnen Mitarbeitern des Beratungsbetriebs, auch „Tipps" auf einer persönlichen Ebene, was den Umgang mit - evtl. schwierigen - Personen bei bestimmten Kunden betrifft.
- „Projekte" und „Personal"; dies beinhaltet die von den Mitarbeitern des Beratungsbetriebs bei Kunden im Projekt- oder Akquisitionskontext gehaltenen Präsentationen (**chart sets**, u. dergl.); auch die Darlegung und Methoden, Erfahrungen, die gewisse Personen vertreten können.
- „Kunden" und „Projekte"; wozu Akquisitionsspezifika zu zählen sind, insbesondere Daten zu Risiken und zur Qualitätssicherung. Zu den Risiken sind zum Beispiel finanzielle Risiken zu zählen; bezüglich der Qualitätssicherung sind Informationen zur bisherigen Kundenzufriedenheit relevant.
-
- ergeben sich Überschneidungen - womit eine Grobeinteilung der in einem Beratungsbetrieb zu verwaltenden Wissensarten gegeben sein dürfte.

4   Die am Knowledge-Management beteiligten Personen handeln ökonomisch rational

Man darf paradigmatisch unterstellen, dass die an einem Knowledge-Management-Szenario beteiligten Personen „ökonomisch rational" - im Sinne des erweiterten Begriffs der ökonomischen Rationalität von BECKER - handeln. Dies bedeutet, dass ein Mitarbeiter in einem Beratungsbetrieb in der Lage ist, gemäss einer Gesamtbilanz zu beurteilen, inwiefern sich der Umgang mit den ihm zur Disposition stehenden Vermögenswerten (**knowledge assets**) nach Massgabe der jeweiligen Anlageform rentiert. Als Anlageform ist hierbei die Veräusserung der Informationen eines vordem persönlichen **knowledge items** an die betriebliche Organisation zu verstehen.

Es wird also eine ökonomische Bilanz (im Sinne einer Gewinn- und Verlustrechnung) der Teilnahme am Knowledge-Management-Prozess zu betrachten sein.

Auf der Verlustseite stehen:
- veräusserte Wissenseinheit K_{out}
- monetäre Prozesskosten C_{proc}, mit
- einmaligen Prozesskosten $C_{proc(0)}$, und
- periodisch auftretenden Prozesskosten $C_{proc(i)}$.

Hingegen, auf der Gewinnseite:
- potenzieller Wissensgewinn K_{in},
- nicht-monetärer Erlös Y_{nM}
- monetärer Erlös Y_M, mit
- einmaliger monetärer Erlös $Y_{M(o)}$, und
- periodisch auftretender monetärer Erlös $Y_{M(i)}$.
- vermiedene Kosten für Restriktionen $-C_R$.

Die meisten Parameter wurden bereits im vor-vorigen Abschnitt erläutert; zu ergänzen ist, dass die vermiedenen Kosten für Restriktionen C_R negativ auf der Gewinnseite zu buchen sind. Es ist natürlich eine personalpolitisch kritische Fragestellung, ob die Teilnahme am Knowledge-Management-Prozess per positiver Entlohnungskomponente („Wer Wissen verfügbar macht, wird belohnt") oder aber per negativer Restriktion geregelt werden sollte. Es scheint durchaus eine Neigung vorzuherrschen, die Motivation per Restriktion zu erreichen: Die Nicht-Teilnahme am Knowledge-Management-Prozess wird im Rahmen des Qualitäts-Managements des Betriebs geahndet (typischerweise durch Wegfall von Tantiemezahlungen, falls eine Prozesskomponente, wie das Einstellen von beispielsweise Projektberichten in die Datenhaltung, vorschriftswidrig unterblieben ist).

Die monetären Erlöse Y_M sind direkte Erlöse, die durch die Veräusserung einer Wissenseinheit erzielbar sind oder wären. Der einmalige monetäre Erlös $Y_{M(o)}$, und der periodisch auftretende monetäre Erlös $Y_{M(i)}$ sollen dabei unterschieden werden.

Beide Erlöse Y_M erscheinen variabel als Funktion über der Zeit: Wissenseinheiten und Informationen haben einen gewissen jeweiligen Wertverfall. Dabei spielt die „Erklärungskomponente" eine wesentliche Rolle.

Ist die Erklärungskomponente von untergeordneter Bedeutung, handelt es sich also um weitgehend kodifiziertes Wissen, so ist der Wertverfall über die Zeit relativ hoch; er verhält sich ca. reziprok zur möglichen Ausbreitungs- resp.

Weitergabegeschwindigkeit der entsprechenden Informationen. Anderseits kann kodifiziertes Wissen viel leichter in einem Handelsprozess multipliziert werden - ein Beispiel hierfür wäre der Kursticker einer Börse: Die Erklärungskomponente fällt weitgehend weg (die Information ist ohnehin für ein Fachpublikum bestimmt), die Erlöse sind multiplizierbar, indem man die entsprechenden n-mal verkaufen kann, aber der Wertverfall über der Zeit ist immens, schon wenige Minuten Alterung machen die verbreiteten Informationen praktisch wertlos.

Personifiziertes Wissen hingegen ist nicht so leicht zu multiplizieren; aufgrund der relativ hohen Erklärungskomponente ist die Abgabe der entsprechenden Information fast immer proportional an einen Zeitaufwand der abgebenden Person gekoppelt. Der Wertverfall über der Zeit ist eher moderat.

Die Gesamtbilanz lässt sich nun so formulieren: Ist die Gewinnseite höher als die Verlustseite

$$\text{„Gewinn grösser als Verlust"}$$
$$K_{in} + Y_{nM} + Y_{M(o)} + Y_{M(i)} - C_R \quad > \quad K_{out} + C_{proc(0)} + C_{proc(i)}$$

so wird ein Wissenstransfer von der Einzelperson zum Wissensmanagement und zur Datenhaltung des Betriebs stattfinden (zumindest ist dieser Wissenstransfer dann ökonomisch rational zu nennen!), andernfalls nicht. Die nicht-monetäre Teilbilanz wäre

$$K_{in} + Y_{nM} \quad > \quad K_{out}$$

und:

$$Y_{M(o)} + Y_{M(i)} - C_R \quad > \quad C_{proc(0)} + C_{proc(i)}$$

ist die monetäre Teilbilanz. Diese Teilbilanzen machen Sinn, weil aus ihnen einige Folgerungen für die Unternehmensführungen von Beratungsbetrieben ableitbar sind.

5 Folgerungen für die Führung von Beratungsbetrieben, weiterführende Fragen

Aus den vorigen Betrachtungen lassen sich eine Reihe von Folgerungen für die Steuerung von Beratungsbetrieben und die entsprechende Personalpolitik ableiten. So ist das Verhältnis zwischen

$$K_{in} \; < \; ? \; > \; K_{out} \quad \Rightarrow \quad Y_{nM} \; < \; ? \; > \; 0$$

unter Bezug auf den Wert von Y_{nM} interessant. Liegt das einzubringende Wissen eines Mitarbeiters K_{out} **deutlich** unter dem Wert des potenziell zu erwartenden Wissens K_{in} so ist dies logischerweise ein klares Motiv für einen Wissenstausch, aber der damit verbundene Imagegewinn Y_{nM} wird sehr niedrig (gar negativ? - weil sich der betreffende Mitarbeiter als **underperformer** zu erkennen gibt) sein. In der nicht-monetären Teilbilanz

$$K_{in} + Y_{nM} > K_{out}$$

steckt also ein impliziter Zielkonflikt, welchem begegnet werden muss, indem das intellektuelle Niveau der Mitarbeiter einigermassen (relativ zueinander) gleich gehalten wird, aber das Gesamtwissen des Betriebs fortwährend weiterentwickelt wird.

Ähnliches gilt für die monetäre Teilbilanz, die sich mit

$$Y_{M(o)} + Y_{M(i)} > C_R + C_{proc(0)} + C_{proc(i)}$$

bzw:

$$Y_{M(o)} + Y_{M(i)} - C_{proc(0)} - C_{proc(i)} > C_R$$

formulieren lässt. Aus dieser Beziehung ergibt sich direkt ein Anhaltspunkt für die Höhe der Belohnungs- resp. Restriktions-Anreize, die in Ansatz zu bringen sind. Ein Mitarbeiter wird nämlich nach Massgabe obiger Beziehung entscheiden, ob der Erlös Y_M durch eine hinreichendes Gehalt, Tantiemen, oder ähnliches kompensiert ist, resp., ob die Restriktion als Bewehrung einer Wissens-Management-Verweigerung hinreichend ist. Steigt der Marktwert des privaten Wissens, muss durch entsprechende Anreize seitens des Betriebs gegengehalten werden.

Als weitere Fragestellung interessiert der Wert des Wissens - im Sinne einer Betriebs-internen „Wissens-Vermögens-Bilanzierung". - Der Betrieb, der wissensintensive Dienstleistungen erbringt, ist bzgl. seines Unternehmenswertes nur schwer taxierbar. Dies gilt insbesondere dann, wenn dieser Betrieb ein relativ junges Unternehmen ist. Die schlussendliche **Vision** ist, den Erfolgs- und Vermögensfaktor Wissen bezüglich seiner Bilanzierbarkeit und Veräusserbarkeit messbar und damit steuerbar zu machen; und damit Wissen und Prozessqualität als betriebliche Vermögensarten zu verstehen und die proaktive Steuerung der Wissens-Vermögenswerte zu ermöglichen.

Literatur

Becker (1976): „Der ökonomische Ansatz zur Erklärung menschlichen Verhaltens", 2. Aufl.; Tübingen 1982

Becker (1992): Ansprache zur Verleihung des Nobelpreises; in: Grüske: „Die Nobelpreisträger der ökonomischen Wissenschaft"; Düsseldorf 1994

Bloch (1972): „Vorlesungen zur Philosophie der Renaissance"; Frankfurt am Main 1972

Crichton (1990): „Jurassic Park"; New York 1990

Disterer (2000): „Individuelle und soziale Barrieren beim Aufbau von Wissenssammlungen", Wirtschaftsinformatik, Heft 6, Dezember 2000

Gehle (2000): „IT-unterstützter Wissenstransfer in der internationalen Forschung & Entwicklung" , Wirtschaftsinformatik, Sonderheft, Oktober 2000

Ortner (2000): „Wissensmanagement" Teil 1 und 2, Informatik Spektrum Heft 2 und 3, 23/2000

Hansen, Nohira, Tierney (1999): „Wie managen Sie das Wissen in Ihrem Unternehmen?", Harvard Business manager, 5/1999

Hofmann (1999): „Software- und Service-Markt - IT-Beratung", in: Britzelmaier, Geberl: „Wirtschaftsinformatik als Mittler zwischen Technik, Ökonomie und Gesellschaft"; Stuttgart, Leipzig 1999

Hofmann (2000): „Auf dem Weg in die Informationsgesellschaft: Arbeit der Zukunft - Zukunft der Arbeit? - Zehn Thesen mit Erläuterungen", in: Britzelmaier, Geberl: „Information als Erfolgsfaktor"; Stuttgart, Leipzig 2000

Platon (-399): „Hippias maior", Werke in acht Bänden, übersetzt von Schleiermacher; Darmstadt 1970-1977

Popper, Eccles (1989): „Das Ich und sein Gehirn"; München 1989

Wille (2000): „Begriffliche Wissensverarbeitung: Theorie und Praxis", Informatik Spektrum Heft 6, 23/2000

o.V. (2000): „Wer Wissen verfügbar macht, wird belohnt", Newsletter R&B Consulting GmbH, XI/2000; Obernburg 2000

Wissensmanagementsysteme - Komponenten und Erfolgsfaktoren für den Einsatz

Michael Klotz, Petra Strauch
Fachhochschule Stralsund

1 Einleitung

In einer Zeit des rapiden Wandels wirtschaftlicher und gesellschaftlicher Rahmenbedingungen ist Wissen zu einem entscheidenden Wettbewerbsfaktor avanciert. In zahlreichen Publikationen wird die radikale Änderung des Stellenwerts von Wissens dargestellt: Die Leistungsfähigkeit moderner Unternehmen ist mehr von den Service- und intellektuellen Fähigkeiten abhängig als von traditionellen Arbeitsfaktoren, wie Grundbesitz, Arbeitskraft und Kapital. Technologisches Know-how, Kundenverständnis, persönliche Kreativität und Innovation bestimmen zunehmend den Wert der meisten Produkte und Dienstleistungen[1]. Im Zusammenhang einer wissensintensiven Wertschöpfung werden in gesteigertem Maße Information und Wissen als strategische Ressourcen im Prozess, im Produkt und als Produkt genutzt[2]. Die sich ständig verschärfende Dynamik des Wettbewerbs macht häufig bisher erfolgreiche Abläufe und vermeintlich gesicherte Erkenntnisse obsolet. Dabei sind die ständig ansteigenden Wissensbestände immer kürzeren Verfallszeiten unterworfen. Diese Situation erfordert, dass sehr viel unterschiedliches Wissen integriert werden muss und sich Organisationen zunehmend mit der Beschaffung neuen Wissens aber auch mit dem Entfernen überflüssig gewordenen Wissens befassen müssen.

In den letzten Jahren hat sich daher **Wissensmanagement** als weitreichendes Konzept für die Aufgaben der Wissensentwicklung, Wissensverbreitung und Wissensnutzung in Organisationen etabliert.

Bevor die verschiedenen Gestaltungsdimensionen und Phasen des Wissensmanagements näher beleuchtet werden, sollen zunächst die Begriffe Wissen, Information und Wissensmanagement erläutert werden.

Wissen und Information:

Wenngleich häufig synonym verwendet, ist Wissen nicht gleich Information. Eine Unterscheidung zwischen Wissen und Information kann sich an der in der Betriebswirtschaftslehre üblichen Auffassung von Information orientieren. Dabei wird Information als zweckorientiertes Wissen bestimmt, welches reale und ideale

---

[1] Vgl. Quinn (1992) und Drucker (1993)
[2] Bullinger, Wagner, Ohlhausen (2000), S. 77

Sachverhalte umfasst. Hiermit ist Information als Teilmenge von Wissen beschrieben[3]. Zweckorientierung bedeutet in diesem Zusammenhang, dass nur solches Wissen als Information bezeichnet wird, das dazu dient, Entscheidungen oder Handeln vorzubereiten. Dies gilt aber auch umgekehrt: Ohne eine Aufgabe, also ohne Zweck- und Handlungsorientierung, verharrt das Wissen des Menschen quasi als Allgemeinwissen (bewusst oder unbewusst) in seinem Gedächtnis und verwandelt sich erst dann in relevante Information, wenn es für eine Aufgabenbearbeitung benötigt wird.

Wie entsteht nun Wissen? Information ist das notwendige Medium oder Material für die Bildung von Wissen. Erst im Zusammentreffen mit den Vorstellungen, Erfahrungen und dem Engagement eines Menschen wird aus Information Wissen erzeugt[4].

Das menschliche Wissen lässt sich in zwei Kategorien einteilen: **explizites Wissen**, das sich formal artikulieren und weitergeben lässt (z. B. in grammatischen Sätzen, mathematischen Ausdrücken, technischen Daten, Handbüchern etc.) sowie **implizites Wissen**, das sich dem formalen sprachlichen Ausdruck entzieht und im wesentlichen in den Köpfen der Menschen in Form von persönlichen Überzeugungen, Wertvorstellungen, Erfahrungen etc. existiert. Jedes Unternehmen benötigt beide Wissenskomponenten, oft sind sogar die impliziten Wissensinhalte von größerer Bedeutung als die expliziten.

Weggemann definiert Wissen als eine Funktion aus Information, der Erfahrung, Fertigkeit und Einstellung, die einem Individuum zu einem bestimmten Zeitpunkt zur Verfügung steht. Information sieht er dabei als Synonym für explizites Wissen. Erfahrung, Fertigung und Einstellungen stehen als Synonym für implizites oder stillschweigendes Wissen[5].

Wissensmanagement:

Das Management von Wissen zielt darauf ab, die in einem Unternehmen vorhandenen Wissensressourcen zielgerecht einzusetzen, bzw. die zur Erreichung der Unternehmensziele erforderlichen Wissenspotenziale aufzubauen oder zu erwerben. Die hierfür einzusetzenden Maßnahmen reichen von der systematischen Erzeugung und Nutzung von Wissen über Qualifizierungsaktivitäten, die Bildung von Anreizen für den innerbetrieblichen Wissenstransfer bis hin zum Einsatz einer geeigneten Informationsarchitektur, wie sie z. B. Intranet, Dokumentenmanagement- oder Groupware-Systeme bieten.

Wissensmanagement (WM) umfasst geeignete Strategien sowie technische, organisatorische und kulturelle Rahmenbedingungen, um das in der Organisation verfügbare implizite und explizite Wissen kollektiv und individuell

---

[3] vgl. z. B. Berthel (1975), S. 15
[4] Nonaka, Takeuchi (1997), S. 71
[5] Weggemann (1999), S. 41

- zu identifizieren,
- zu nutzen,
- zu erweitern,
- zu bewahren,
- zu verteilen und
- zu bewerten.

2   Ziele des Wissensmanagements

So wie sich zunehmend der Umgang mit Wissen zum Wettbewerbsfaktor entwickelt hat, sind in zahlreichen Unternehmen Aktivitäten im Bereich Wissensmanagement gestartet worden. Waren es zunächst vor allem Unternehmen des Dienstleistungssektors, allen voran die großen Unternehmensberatungen, die schon zeitig mit der praktischen Realisierung von Wissensmanagement-Maßnahmen begonnen haben, so sind heute auch zunehmend produzierende Unternehmen für dieses Thema sensibilisiert.
Eine Vielzahl der WM-Maßnahmen beruht heute vor allem auf informationstechnischen Bausteinen, die teilweise durch geeignete soziale, kulturelle und organisatorische Rahmenbedingungen unterstützt werden.
Die Erwartungen an den Einsatz von Wissensmanagement-Systemen liegen zum einen im verbesserten Management des intellektuellen Kapitals. Das umfasst Prozesse und Technologien zur Unterstützung der menschlichen Kreativität, der Innovationszyklen vor allem aber auch zum Schutz des erworbenen Wissens beim Weggang wesentlicher Wissensträger. Zum anderen liegen die Ziele des Wissensmanagements in der Erhöhung der operationalen Effizienz und Produktivität. Durch die Wiederverwendbarkeit von Lösungen, die zeitgenaue Verfügbarkeit zuverlässiger, aufbereiteter, personalisierter Informationen über das eigene Unternehmen, Partner, Wettbewerber, Märkte, Lösungen etc, sowie das Bekanntmachen relevanter Fachleute können erhebliche Effizienzsteigerungen erzielt werden. Vor allem im Bereich der Produktentwicklung erhoffen sich Unternehmen deutliche Unterstützung durch Wissensmanagement. Verbesserungen in den Prozessen und im Produkt sind dabei durch die intelligente Verwaltung aller Informationen über Kunden, Produkte, Lieferanten, Probleme etc. zu erwarten.
In verschiedenen Studien werden Ziele, Nutzen, Schwerpunkte, Barrieren und Erfolgsfaktoren dokumentiert, die Unternehmen im Zusammenhang mit der Einführung von Wissensmanagement-Systemen beschreiben[6]. In Abhängigkeit von den befragten Unternehmen (Größe, Branche, verarbeitendes Gewerbe oder

---

[6]   Bullinger, Wörner, Prieto (1997), IT-Research (2000), Deutsche Bank (1999)

Dienstleistung etc.) variieren auch die Studienergebnisse. Bei nahezu allen Organisationen wird allerdings die Relevanz von Wissensmanagement als sehr hoch eingeschätzt, was auch durch vielfältige bereits realisierte oder zumindest geplante WM-Projekte untermauert wird. Durchgängig werden hohe Erwartungen vor allem in die Förderung eines effizienten Know-how-Transfers an Mitarbeiter, Partner und Kunden sowie in die bessere Verfügbarkeit von Wissen gesetzt (vgl. Abbildung 1).

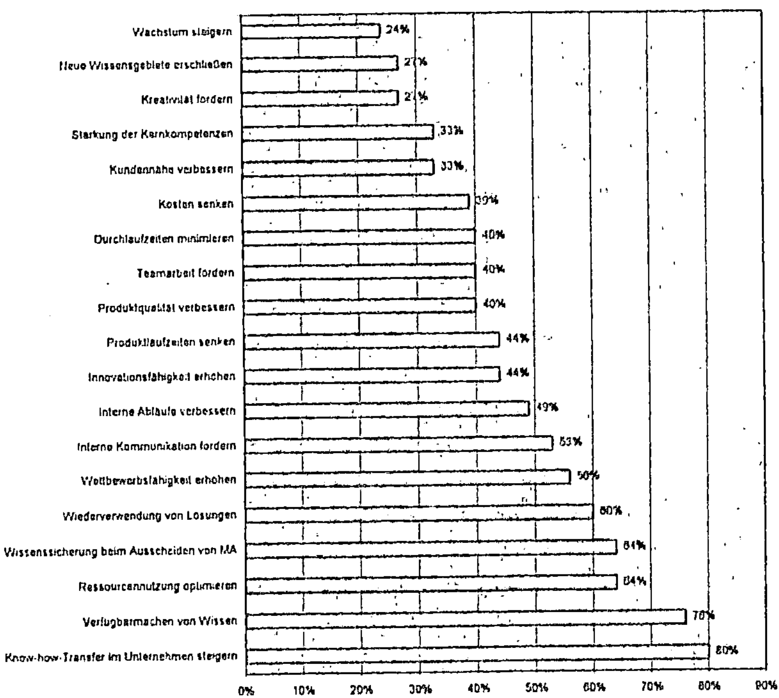

Abbildung 1: Wissensmanagement-Ziele[7]

3 Gestaltungsdimensionen des Wissensmanagements

Bei der Umsetzung eines professionellen Wissensmanagements können verschiedene Ansätze verfolgt werden. Es existieren zahlreiche Konzepte, in denen die technologieorientierte Komponente im Mittelpunkt der Betrachtung steht. Andere Ansätze unterstützen die humanorientierte Auslegung des Wissensmanagements. Neuere Konzepte verbinden dagegen Aspekte der Technologie- und

---

[7] IT-Research (2000), S. 52

Sozialorientierung mit organisatorischen Gestaltungselementen zu einem **ganzheitlichen Wissensmanagement** [8].

Wissensmanagement greift dabei auf eine Informationsarchitektur für die Ordnung, Aufbereitung und Verteilung von Informationen zurück. In Verbindung mit den Menschen als Wissensträgern, organisatorischen Rahmenbedingungen und Kooperationsstrukturen wird jedoch erst die Generierung und Nutzung von Wissen ermöglicht (vgl. Abbildung 2).

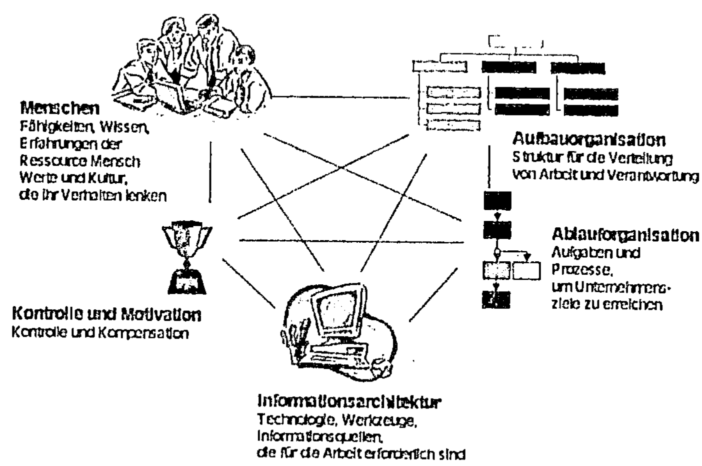

Abbildung 2: Komponenten eines ganzheitlichen Wissensmanagements

Die Gestaltungsmaßnahmen des Wissensmanagements stützen sich demnach auf drei wesentliche Säulen: die organisatorische, die soziale sowie die informationstechnische Komponente.

3.1 Organisation

Erfolgversprechende Wissensmanagementlösungen erfordern zahlreiche Maßnahmen, die zum Teil gravierenden Einfluss auf die Aufbau- und Ablaufstrukturen eines Unternehmens ausüben. Die Organisation des Wissens bezieht sich vor allem auf die beiden Dimensionen ‚vorhandenes Wissen nutzen' und ‚neues Wissen entwickeln'. Die Quellen liegen dabei sowohl im internen Wissen einer Organisation als auch in extern verfügbaren Ressourcen. Abbildung 3 verdeutlicht den Zusammenhang der verschiedenen organisatorischen Gestaltungsdimensionen des Wissensmanagements.

---

[8] Bullinger, Wagner, Ohlhausen (2000), S. 79

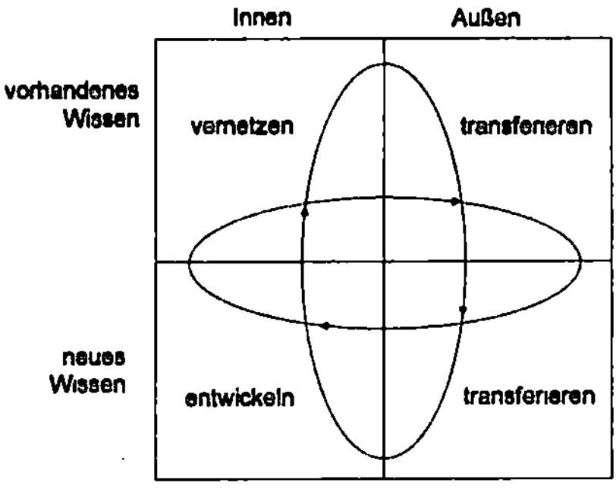

Abbildung 1: Wissensmatrix[9]

Wissensbezogene Abläufe und Strukturen müssen für jedes Feld der von Zucker als Wissensquadrant bezeichneten Matrix organisiert werden.

Erfolgsnotwendiges Wissen kann heute keine Organisation ausschließlich durch die eigenen Mitarbeiter schaffen. Organisatorische Aufgabe des Wissensmanagements ist daher auch die Schaffung eines geeigneten Rahmens für die konsequente Nutzung und den Transfer externer Wissensquellen. Dies kann durch die Zusammenarbeit mit anderen Unternehmen geschehen, wie etwa in unternehmensübergreifenden Forschungskooperationen, oder die Übernahme innovativer Firmen und damit auch ihrer Wissensträger. Transfer extern verfügbaren Wissens erfolgt aber vor allem durch die Einstellung von qualifizierten und talentierten Mitarbeitern, die für das Unternehmen geeignet sind und ihr Wissen in die Wissensbasis der Organisation einbringen.

Die professionelle Recherche in unternehmensexternen Wissensressourcen kann durch den Einsatz von Wissensbrokern unterstützt werden. Durch den permanenten Dialog mit Schlüsselkunden, Partnern und Lieferanten wird vorhandenes externes Wissen in die eigene Organisation transferiert und führt zu einem erhöhten Verständnis für Bedürfnisse und Anforderungen, die in künftige Entwicklungsprojekte einfließen können[10].

Innovative Unternehmen, die sich dynamisch an ein verändertes Umfeld anpassen können, verarbeiten nicht nur Informationen von Außen nach Innen, sie schaffen vielmehr auch von Innen nach Außen wirklich neues Wissen, um Lösungen neu zu definieren und dabei ihr Umfeld neu zu gestalten. Der Mitarbeiter erfolgreicher Unternehmen ist nicht nur Informationsverarbeiter sondern **Urheber** von Wissen. Wissen muss dabei eigenständig neu entwickelt werden. Es genügt nicht, Kenntnisse aus internen oder externen Quellen zu nutzen oder hinzuzugewinnen. Das Gelernte muss überarbeitet, angereichert und an die eigene Unternehmens-

---

[9]   Zucker, Schmitz (2000), S. 113

[10]   vgl. Deutsche Bank (1999), S. 46 f.

situation angepasst werden – eine vor allem in japanischen Unternehmen bewährte Vorgehensweise der Wissensbeschaffung[11]. In Japan wird sehr erfolgreich auf Methoden der Wissensentwicklung gesetzt, die nicht nur formale und systematische Aspekte berücksichtigt, sondern subjektive Einsichten, Einfälle und Ahnungen der Mitarbeiter einbezieht. Organisatorisch unterstützt wird dies vor allem durch Schaffung eines Rahmens mit einer zentralen Rolle von **Teams**, in denen Firmenangehörige durch Dialog und Diskussion neue Standpunkte entwickeln können. Die Wandlung von implizitem in explizites Wissen erfolgt dort häufig unter Verwendung von Bildern, Metaphern und Analogien sowie durch redundante Ideenentwicklung, wie etwa in parallel arbeitenden oder überlappenden Entwicklerteams.

Aktives Wissensmanagement führt zu völlig neuen spezialisierten Rollen und Kompetenzen, die den Umgang mit Wissen beherrschen. Sowohl im strategischen Wissensmanagement wie auch in der operativen Umsetzung sind Stellen zu schaffen, die in herkömmlichen Strukturen nicht zu finden waren. Die strategische Planung und Festlegung der Wissensziele sollte in die Hände eines Chief Knowledge Officers gelegt werden. Für das Management der unterschiedlichsten Wissensprojekte sind WM-Projektleiter gefordert. Wissenscoache als feste Anlaufstelle oder Mentoren sorgen für die bessere Nutzung von Wissensnetzwerken, um nur einige Beispiele wissensorientierter Organisationselemente zu nennen[12].

Zusammenfassend lassen sich folgende Kennzeichen einer wissensbezogenen Unternehmensorganisation aufführen:

- Temporäre, flexible Strukturen,
  Förderung von Teams, Netzwerken, Communities of Practice, Job-Rotation,
- flache Organisationsstruktur, offene Kommunikation mit Queraustausch,
- Autonomie und Selbstverantwortung,
- Berücksichtigung der Wissensnutzung und –entwicklung in Controlling und Reporting,
- offene, flexible Bürogestaltung mit Treffpunktmöglichkeiten für den Erfahrungsaustausch,
- Qualitätszirkel und Förderung informeller Treffen,
- Evaluation von Projekten, Dokumentation wichtiger Prozesse,
- Knowledge Maps, d. h. Landkarten, ausgewählter Know-how-Träger,
- Anreizsysteme zur Wissensverteilung,
- Info-Center für Nachfragen etc.

---

[11] vgl. Nonaka, Takeuchi (1997), S. 21ff.

[12] vgl. Davenport, Prusak (1998)

3.2 Soziale Komponente

Erfolgreiches Wissensmanagement setzt voraus, dass Wissensträger bereit sind, ihr Wissen zu reflektieren, zu visualisieren und an andere zu transferieren. Diese wiederum sollten bereit sein, mit Erfahrungen anderer zu arbeiten, ihnen zu trauen und sich nicht nur auf ihre eigenen Erfahrungen berufen. Dies setzt eine gezielte Form der Personalbeschaffung und –entwicklung voraus und fordert ein spezifisches Leitbild der Personalpolitik[13].

Kooperation und soziale Bindung sind die tragenden Säulen einer modernen Wissensgesellschaft. Teams von Spezialisten, die untereinander auf das Wissen der Kollegen angewiesen sind, werden bei immer komplexeren Fragestellungen unverzichtbar. Gefordert sind daher vor allem team- und kooperationsfähige, sozial kompetente Menschen mit positiver Einstellung zur permanenten Wissensentwicklung. In wissensorientierten Unternehmen sollten daher Mitarbeiter gezielt eingestellt und auf eine Weise gefördert und motiviert werden, die ihnen zum einen ermöglicht, ihre Fachkenntnisse entwickeln und entfalten zu können. Zum anderen soll aber auch die Bereitschaft erzeugt werden, dieses Wissen weiterzugeben und zur Erreichung der Unternehmensziele einzusetzen.

Wissensmanagement kann nur gestützt auf eine wissensfreundliche Unternehmenskultur praktiziert werden, die ein inspirierendes und stimulierendes Arbeitsklima schafft, Talente fördert, zu Neugier, Kreativität und Innovation ermuntert und ein Gefühl von Vertrautheit schafft[14]. Eine in diesem Sinne offene, kooperative Kultur reicht jedoch noch nicht aus. Um Wissen im Unternehmen breit verfügbar zu machen, müssen die Mitarbeiter ihr Wissen in Wissensbasen zur Verfügung stellen. Diese gewünschten Beiträge können durch den Aufbau von Anreizsystemen gefördert werden, innerhalb derer Prämien, positive Beurteilungen und gesteigerte Karrierechancen an die Weitergabe von Wissen gebunden werden. Nur in einem Klima der Offenheit, in dem Wissen als gemeinsames Gut und nicht als „Macht" angesehen wird, kann ein effizienter Wissenstransfer und daraus resultierend Fortschritt stattfinden.

3.3 Informationstechnische Komponenten

Wenngleich die Organisationsgestaltung und vor allem eine wissensfreundliche Unternehmenskultur wesentliche Komponenten eines erfolgreichen Wissensmanagements sind, sind jedoch IT-gestützte Werkzeuge zur Visualisierung, Dokumentation, Reduktion, Aufbereitung, Speicherung und Verteilung von Informationen unerlässlich. WM-Projekte der jüngeren Vergangenheit waren vielfach erfolgreich, weil heute eine leistungsstarke Palette sehr unterschiedlicher

---

[13] von Rosenstiel (2000), S. 154
[14] Weggemann (1999), S. 257

Basistechnologien zur Unterstützung verschiedener WM-Aufgaben verfügbar ist (vgl. Abbildung 4).

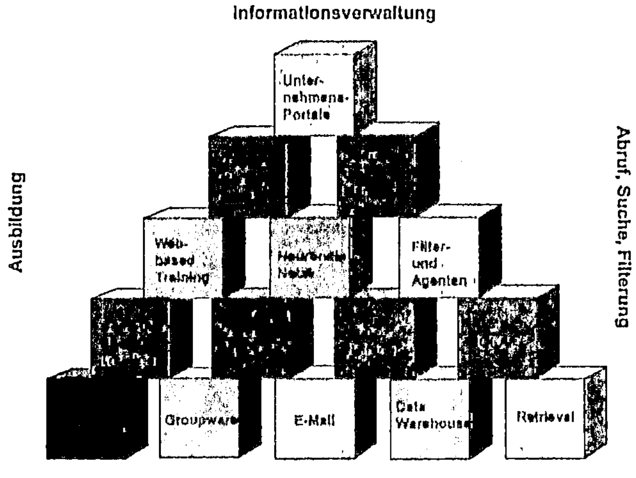

Abbildung 2. Bausteine der Wissensmanagement-Systeme

Vorhandene IT-gestützte WM-Lösungen enthalten häufig nur einzelne Bausteine für sehr spezifische Aufgabenstellungen. Als informationstechnische Komponente des systematischen Wissensmanagements ist dagegen ein offener, integrativer Ansatz anzustreben, der ein breites Spektrum relevanter Basistechnologien einbezieht[15]. Die Grundkomponenten können in die folgenden vier Hauptgruppen zusammenfasst werden:

- Informationsverwaltung,
- Informationsabruf, -suche und -filterung,
- Zusammenarbeit,
- Ausbildung.

Informationsverwaltung:
Die von einem Wissensmanagement-System zu verwaltenden Informationen liegen in der Regel in unterschiedlichen internen, wie externen Wissensbasen und Formen (Daten, Dokumenten, Bilder etc.) vor. Zur Verwaltung der einzelnen Informationsformen können verschiedene Werkzeuge eingesetzt werden:
Dokumentenmanagement-Systeme verwalten den Dokumentenbestand eines Unternehmens und stellen Funktionen für die Erfassung, Indizierung (Schlag-

---

[15] vgl. Goesmann, Föcker, Striemer (1998)

worte oder Volltextindizes), Ablage und Speicherung, Recherche, Versionierung und das Löschen von Dokumenten der unterschiedlichsten Typen zur Verfügung. **Content Management Systeme** unterstützen den gezielten Aufbau und die Pflege multimedialer Informationsseiten, die Internet-, Intranet- oder Extranet-Websites bereitstellen. Das Content Management soll die Handlungen der Anwender koordinieren und die Veröffentlichung der Dokumente automatisieren, so dass aktuelle und konsistente Online-Informationen angeboten werden. Wesentliche Aufgaben sind hier vor allem die Verwaltung von Inhalten, Versionskontrolle, Freigabeprozeduren, ein effizientes Link-Management mit Konsistenzprüfung, das Management von Erscheinungszeiten, Verfallsdaten, Templates und Zugriffsrechten. Content Management sorgt auf diese Weise für Informationsqualität und stellt damit eine wesentliche Komponente im betrieblichen Wissensmanagement dar[16].

Unternehmensportale bieten eine Plattform, mit der Mitarbeiter zentral und gezielt auf die für sie relevanten und verfügbaren Informationen zugreifen, gleichgültig aus welcher Quelle oder Wissensbasis sie stammen. In einem Portal können neben internen Quellen, wie Daten aus ERP-Systemen, Fachapplikationen, Dokumentenpools, Beiträge aus Diskussionsforen etc. auch externe Wissensbasen z. B. aus dem Internet angezeigt werden. Der Mitarbeiter erhält somit einen „single-point-of-access" auf alle für seine Aufgabenbewältigung erforderlichen Informationen. Moderne Portallösungen basieren auf Internettechnologien und nutzen einen Web-Browser als Benutzeroberfläche. Sie stellen Informationen für den Mitarbeiter in personalisierter Form in Abhängigkeit von Rollen und Zugriffsprofilen zur Verfügung. Über ein Portal können nicht nur Informationen abgerufen und visualisiert werden, sondern auch aktiv in den Informationspool eingestellt werden.

Data Warehouse, Data Mining, OLAP: In einem **Data Warehouse** werden Informationen über verschiedene Unternehmensbereiche aus operativen Datenbanken und externen Datenquellen entsprechend dem internen Informationsbedarf herausgefiltert, aggregiert und strukturiert gespeichert. Damit kann unternehmensrelevantes Wissen als Basis strategischer Entscheidungen gewonnen werden. Zu den Werkzeugen für eine Analyse und Auswertung dieses strukturierten Datenbestandes nach verschiedenen Dimensionsausprägungen und Aggregationsstufen gehören **OLAP-** (Online Analytical Processing) und **Data-Mining-Systeme.** OLAP-Komponenten liefern Antwort auf gezielte Anwenderfragen, indem Daten in einem multidimensionalen Würfel zusammengefasst und in Berichten, Tabellen oder Grafiken dargestellt werden. Die Navigation durch die Datenräume und die Interpretation des Datenmaterials wird vom Anwender selbst übernommen. **Data-Mining-**Verfahren durchsuchen dagegen den Datenbestand nach bisher unbekannten, versteckten Zusammenhängen. Mit Hilfe mathematischer Methoden

---

[16] Nohr (2000), S. 83

werden Muster erkannt und adäquat visualisiert, womit neues und nützliches Wissen geschaffen wird[17].

Knowledge Mapping: Eine effiziente Möglichkeit, Wissen transparent zu machen, liegt in der Erstellung von Wissenslandkarten (Knowledge maps). Darunter versteht man grafische Verzeichnisse von Wissensträgern, Wissensstrukturen und Wissensanwendungen, die den systematischen Zugriff auf die Wissensbasis der Organisation ermöglichen. Wissenskarten sind Metainformationssysteme, die den Weg zum Wissen aufzeigen, selbst jedoch keine Wissensinhalte enthalten[18]. **Wissensträgerkarten** stellen den Träger des Wissens in den Vordergrund und fungieren wie „Gelbe Seiten", indem sie über Experten mit spezifischem Know-how, Erfahrungen und Kompetenzen Auskunft geben. Wissensträgerkarten können durch Wissensbestandskarten ergänzt werden, die bereits kodifiziertes Wissen, wie Dokumente, Handbücher, Datenbanken, Projektberichte etc. verzeichnen. Die Anlage und Pflege von Wissenskarten ist zunächst eine intellektuelle und organisatorische Aufgabe. Erst durch die informationstechnische Umsetzung, z. B. im Rahmen eines Intranets oder als Bestandteil einer Workflow- oder Groupware-Anwendung, kann die organisationsweite Nutzung und damit ein effizienter Wissenstransfer ermöglicht werden[19].

Zusammenarbeit:

Zur Unterstützung der wissensorientierten Kommunikation, Koordination und Kooperation existieren zahlreiche Softwarelösungen. Grundlage des unternehmensinternen oder –übergreifenden Wissensaustauschs zwischen Personen oder Arbeitsgruppen sind **E-Mail-Systeme.** Wissensnachfrager und Experten können per E-Mail in einen Dialog treten und Wissensobjekte an einen beliebigen Adressatenkreis aktiv übermittelt werden.

Groupware-Systeme unterstützen den interaktiven und kooperativen Zugriff auf Informationsressourcen (Shared Workspaces), die gemeinsame Terminplanung durch Gruppenkalender, Online-Konferenzen sowie die Administration von Gruppenentscheidungsprozessen. Der Austausch von Informationen, Ideen, Problemen erfolgt zunehmend in Diskussionsforen oder News Groups.

Zur Automatisierung klar strukturierter Prozesse werden **Workflow-Management-Systeme** eingesetzt, die auf der Basis einer Prozessdefinition Informationen, Dokumente oder Aufgaben zwischen verschiedenen Bearbeitern transferieren.

Informationsabruf, -suche und –filterung:

Retrieval-Systeme: Zu den Basisfunktionen des IT-gestützten Wissensmanagements zählen Suchstrategien und -techniken, die bei einem aktuellen Infor-

---

[17] Nohr (2000), S.93 ff.

[18] vgl. Davenport, Prusak (1998)

[19] Nohr (2000), S. 38 ff.

mationsbedarf die Informationen präzise und vollständig wiederfinden. **Information Retrieval-Systeme** basieren heute meist auf automatisch ermittelten oder manuell eingetragenen Indizes, die z.T. unter Verwendung von Thesaurus-relationen und Anwendung der Boole'schen Algebra recherchiert werden. Viele kommerzielle Retrieval-Systeme nutzen heute statistische Verfahren, wie das **Relevance Ranking.** Hier reiht der Nutzer Suchterme ohne Operatoren aneinander und erhält in der Ergebnisliste den Grad der Übereinstimmung der gefundenen Dokumente. Nahezu alle Internet-Suchmaschinen unterstützen dieses Verfahren. **Relevance Feedback** ist ein Suchverfahren, in dem Benutzer zunächst für die Intention der Anfrage relevante Dokumente identifizieren, die dann als Vorlage für einen weiteren Suchlauf dienen, der eine Verfeinerung des Ergebnisses erzielen soll. Einige Systeme verwenden darüber hinaus informationslinguistische Techniken, wie z.B. phonologische Verfahren, und integrieren sprachabhängige Regelsysteme[20]. Andere Retrieval-Modelle führen den Anwender durch hierarchische Suchbäume und nutzen dabei hypertextuelle Relationen.

Um aus Informationen Wissen generieren zu können, genügt es meist nicht, den reinen Zugriff auf Informationen zu unterstützen. Echten Mehrwert für den Wissensarbeiter stellen dagegen Lösungen dar, die in der Lage sind, für den Anwender **relevante** Informationen aus einem unter Umständen riesigen Datenbestand zu gewinnen.

Filter- und Agentensysteme unterstützen die Zustellung elektronischer Dokumente an relevante Benutzergruppen. In so genannten User Profiles werden nutzerspezifische Eigenschaften beschrieben (Qualifikation, Interessensgebiete und sonstige Präferenzen), die bei der Filterung des Informationsbestands ausgewertet werden. Diese Vorgehensweise sichert den Transfer ausschließlich relevanter Informationen und verhindert somit eine Informationsüberflutung. Sie enthalten ferner Mechanismen, die den Benutzer aktiv über Veränderungen des für sie jeweils relevanten Wissensbestands informieren.

Neuronale Systeme arbeiten ähnlich wie das menschliche Gehirn. Sie lernen anhand von Beispielen und speichern dabei nicht nur die Inhalte sondern auch die Erfahrungen, Bewertungen und Zuordnungen des Anwenders.

Im Betrieb eines WM-Werkzeuges auf Basis eines Künstlichen Neuronalen Netzes wird zwischen den zwei Phasen **Lernen** (Aufbau des Neuronalen Netzes) und **Produktion** (Nutzung des Neuronalen Netzes) unterschieden. In der Lernphase definiert der Benutzer verschiedene Themengebiete (Klassen) und benennt für jede Klasse eine hinreichende Anzahl von Beispielen, die dieses Themengebiet umfassend beschreiben. Sind die Klassenmuster des Künstlichen Neuronalen Netzes erstellt, können sie unmittelbar zur Einordnung neu hinzu

---

[20] Nohr (2000), S. 57 ff.

kommender Informationen (Klassifikation) **genutzt** werden. Hierzu wird zu jeder Information die Übereinstimmung mit dem Muster der gelernten Klassen ermittelt und anschließend die logische Zuordnung anhand definierter Grenzwerte vorgenommen. Das prozedurale Wissen, d.h. die Erfahrungen eines Mitarbeiters bei der Erledigung von Geschäftsvorgängen, kann mit derartigen Werkzeugen der Künstlichen Intelligenz softwaretechnisch abgebildet und in vergleichbaren Aufgabenstellungen ohne Nutzerinteraktion reproduziert werden.

Ausbildung:

Wesentliche Komponente eines erfolgreichen Wissensmanagements ist die gezielte Schließung von Wissenslücken und der schnelle Aufbau künftig benötigten Know-hows durch entsprechende Qualifizierungsmaßnahmen. Auch für diesen Bereich liefern informationstechnische Bausteine weitreichende Unterstützung, die vor allem die bisherige Trennung zwischen Arbeiten und Lernen überwinden helfen. Computergestützte Aus- und Weiterbildung, auch als Tele-Learning, E-Learning, Online- oder Distance Learning bezeichnet, ermöglicht den Unternehmen eine zeit- und kostengünstige Qualifizierung ihrer Mitarbeiter. „Lernen auf Vorrat" kann mit Hilfe computergestützter Lehrmethoden durch ein „Lernen bei Bedarf" ersetzt werden. Weiterbildungsmaßnahmen können zielgerichtet am Arbeitsplatz, in speziellen Lernzentren oder zuhause durchgeführt werden. Multimedial aufbereitete Lerninhalte werden zunehmend computergestützt vermittelt (Computer based training - CBT) oder via Internet/Intranet (Web based training - WBT) angeboten. Tele-Learning ist durch eine hohe Aktivität, Interaktivität und Selbststeuerung des Lernenden geprägt. Durch telekooperatives Lernen wird neben der IT-gestützten Übermittlung von Lehrinhalten auch die Kommunikation der Lernenden in virtuellen Lerngruppen bzw. mit Tele-Tutoren ermöglicht.

4   Phasen des Wissensmanagements

Zur Umsetzung eines erfolgreichen Wissensmanagements sind in den letzten Jahren eine Reihe von Modellen entwickelt worden, welche die Aktivitäten des Wissensmanagements unterstützen sollen[21]. Weggemann beschreibt die operationalen Prozesse in Form einer Wissenswertekette, in der Wissen für eine Organisation umso wertvoller wird, je weiter es sich auf der Kette befindet[22]. Probst strukturiert Wissensmanagement in logische Phasen und definiert verschiedene Bausteine[23].

---

[21] Probst, Raub, Romhardt (1997), Weggemann (1999), Deutsche Bank (1999)
[22] Weggemann (1999), S. 223 ff.
[23] Probst, Raub, Romhardt (1997), S. 47 ff.

Aufbauend auf diesen Konzepten lässt sich das folgende pragmatische Modell des Wissensmanagements definieren.

Initiiert wird der Prozess durch die Festlegung von Wissenszielen und Visionen, die allen beteiligten Wissensarbeitern eine gemeinsame Grundlage darüber liefern, welche Werte das Unternehmen wem auf welche Weise anbieten will. Der eigentliche Wissensmanagement-Prozess enthält folgende Tätigkeiten:

- **Analyse des Wissensbedarfs**
  Zunächst wird festgelegt, welche Informationen, Kenntnisse, Erfahrungen und Einstellungen notwendig sind, um die vorgegebene Unternehmensstrategie umzusetzen.

- **Inventarisieren des eingesetzten Wissens**
  Hier erfolgt die systematische und kontinuierliche Schaffung von Transparenz, welches Wissen in welcher Qualität in der Organisation oder außerhalb vorhanden ist. Orte und Träger des internen und externen Wissens werden lokalisiert, Wissenslücken identifiziert und damit festgelegt, welches neue Wissen erschlossen werden muss.

- **Wissensentwicklung**
  In dieser Phase wird neues Wissen innerhalb der Organisation durch die Entwicklung neuer Ideen und Fähigkeiten erzeugt, bzw. Wissen, das nicht aus eigener Initiative entwickelt werden kann, von externen Quellen erworben.

- **Wissensverbreitung**
  Das Wissen wird unter denjenigen verteilt, die es für eine erfolgreiche Durchführung ihrer Arbeit benötigen. Damit wird Wissen für die gesamte Organisation nutzbar gemacht.

- **Wissensbewahrung**
  Um erworbenes Wissen auch für die Zukunft verfügbar zu halten und Wissensverluste zu verhindern, muss die Selektion des Bewahrungswürdigen, die Speicherung und Aktualisierung sowie das Entfernen überflüssigen Wissens durchgeführt werden.

- **Wissensanwendung**
  Hier erfolgt der produktive Einsatz der Ressource Wissen durch die Nutzung der verfügbaren Informationen, Erfahrungen, Fähigkeiten und Einstellungen für die Bearbeitung übertragener Aufgaben. Die Anwendung des Wissens kann dabei bewusst oder unbewusst erfolgen.

- **Wissensauswertung**
  Erfolg, Qualität und Nutzen des Wissensmanagements sollten im Sinne eines Wissenscontrollings gemessen und bewertet werden, um lohnende Investitio-

nen und den effizienten Einsatz der Ressource Wissen durchführen zu können[24].

5 Zusammenfassung

Wissensmanagement wird in den nächsten Jahren für nahezu alle Organisationen eine wettbewerbsrelevante Herausforderung darstellen. Ein zielführender Ansatz des Wissensmanagements muss neben der Informationstechnologie vor allem aber den Menschen und wissensorientierte Organisationsstrukturen in entsprechendem Maße berücksichtigen.
Informationstechnische Bausteine zur Unterstützung der unterschiedlichen Aktivitäten des Wissensmanagement-Prozesses werden heute in allen Facetten angeboten. Diese tragen auch jede für sich zum Management der Ressource Wissen bei. Erst durch die Integration dieser Technologien und Ergänzung um WM-spezifische Bausteine wird jedoch der Gesamtprozess hinreichend technologisch unterstützt werden können. Erste gute Lösungsansätze integrierter Wissensmanagementsysteme sind bereits vorgestellt worden, ein allgemeines, phasenüberspannendes Technologiekonzept ist jedoch bis heute nicht entwickelt worden. Ein weiteres Problem bereitet die Wissensmessung, Bewertung und Quantifizierung des Nutzens von Wissensmanagement-Maßnahmen. Wie für die traditionellen Produktionsfaktoren müssen künftig auch für den Produktionsfaktor Wissen geeignete Instrumentarien geschaffen werden, die seine Bewertung und Steuerung ermöglichen. Erst dann wird der effiziente Einsatz der Ressource Wissen zur deutlichen Verbesserung der Wettbewerbssituation beitragen können.

Literatur

Berthel, J.: Betriebliche Informationssysteme, Stuttgart 1975.

Bullinger, H. J.; Wörner, K.; Prieto, J.: Wissensmanagement heute. Studie des Fraunhofer Instituts für Arbeitswirtschaft und Organisation (IAO), 1997.

Bullinger, H. J.; Wagner, K.; Ohlhausen, P.: Intellektuelles Kapital als wesentlicher Bestandteil des Wissensmanagements. In: Krallmann, H. (Hrsg.): Wettbewerbsvorteile durch Wissensmanagement: Methodik und Anwendungen des Knowledge Management. Stuttgart 2000, S. 73-90.

---

[24] vgl. Bürgel, Luz (2000)

Bürgel, H. D.; Luz, J.: Wissen nutzen – Nutzen messen. In: io management, Nr. 10, 2000, S. 18-24.

Davenport, T.; Prusak, L.: Wenn Ihr Unternehmen wüsste, was es alles weiß... Das Praxisbuch zum Wissensmanagement. Landsberg 1998.

Deutsche Bank AG; Fraunhofer Institut für Arbeitswirtschaft und Organisation (IAO): Wettbewerbsfaktor Wissen. Leitfaden zum Wissensmanagement. Frankfurt 1999.

Drucker, P. F.: Die Postkapitalistische Gesellschaft, Düsseldorf 1993.

Goesmann, T.; Föcker, E.; Striemer, R.: Wissensmanagement zur Unterstützung der Gestaltung und Durchführung von Geschäftsprozessen. Fraunhofer Institut für Software und Systemtechnik (ISST). ISST-Bericht 1998.

IT-Research: Mühlbauer, S.; Versteegen, G.: Wissensmanagement. Empirische Untersuchung, beste Praktiken und Evaluierung von Werkzeugen. IT-Research 2000.

Nohr, H.: Wissensmanagement. Wie Unternehmen ihre wichtigste Ressource erschließen und teilen. Stuttgart 2000.

Nonaka, I.; Takeuchi, H.: Die Organisation des Wissens: wie japanische Unternehmen eine brachliegende Ressource nutzbar machen. Frankfurt, New York 1997.

Probst, G.; Raub, S.; Romhardt, K.: Wissen managen: Wie Unternehmen ihre wertvollste Ressource optimal nutzen. Frankfurt, Wiesbaden 1997.

Quinn, J. B.: Intelligent Enterprise: A Knowledge and Service Based Paradigm for Industry. New York 1992.

von Rosenstiel, L.: Wissensmanagement in Führungsstil und Unternehmenskultur. In: Mandl, H.; Reinmann-Rothmeier, G. (Hrsg.): Wissensmanagement. München, Wien, Oldenbourg 2000, S.139-158.

Weggemann, M.: Wissensmanagement - Der Richtige Umgang mit der wichtigsten Ressource des Unternehmens. Bonn 1999.

Zucker, B.; Schmitz, C.: Wissen gewinnt: innovative Unternehmensentwicklung durch Wissensmanagement. 2. Auflage. Düsseldorf, Berlin 2000.

Notwendigkeit und Realisierung internetgestützter Gruppenarbeit durch webSCW

Dieter Ehrenberg, Dirk Krause
Universität Leipzig, Institut für Wirtschaftsinformatik

1   Einleitung

Die Bedeutung der Arbeit in Gruppen nimmt wegen der Globalisierung und steigenden Aufgabenkomplexität in Wirtschaft und Verwaltung sowie der deshalb erforderlichen problemrelevanten Kooperation der am Lösungsprozess Beteiligten ständig zu. Außerdem ergeben verteilte Standorte erhöhte Anforderungen an die Kommunikation und Koordination dieser Gruppen. Durch den erreichten hohen Vernetzungsgrad der Arbeitsplätze bieten andererseits Internet und Intranet geeignete Voraussetzungen, um bei der Gruppenarbeit Rechnerunterstützung auf einem hohen Niveau zu realisieren.

Die Forschungsaktivitäten auf dem Gebiet der computergestützten Gruppensitzungen als Teilkomplex des Computer Supported Cooperative Work (CSCW) beschäftigen sich u.a. mit Unterstützungsfunktionen der Informationsverarbeitung (IV) bei der Durchführung von Kreativ- und Ideenfindungsprozessen. Bei den traditionellen Ansätzen wird von synchronen Kommunikations- und Koordinationsprozessen ausgegangen, die in einem oder mehreren eng benachbarten Konferenzräumen stattfinden.[1] Zur Unterstützung werden verschiedene Kommunikationsmedien und -technologien, wie Audio, Video, Gruppeneditoren, Bewertungswerkzeuge, Whiteboard, Videoprojektion usw., eingesetzt. Neben den primären Zielen sollen die Kreativ- und Ideenfindungsprozesse bei dem Einsatz dieser Technologien durch Parallelität, Anonymität, Konsens und Dokumentation effektiver gestaltet werden.[2] Durch die Erweiterung der Dimensionen Raum und Zeit bei traditionellen elektronischen Gruppensitzungen können zusätzliche positive Aspekte, wie größere Teilnehmerzahl, Komplexität und Mobilität, gewonnen werden. Das setzt aber bestimmte Methoden voraus, die in Werkzeugen zur elektronischen Sitzungsunterstützung umzusetzen sind.

Diese Überlegungen bildeten die Grundlage für ein Forschungsprojekt am Institut für Wirtschaftsinformatik (IWi) der Universität Leipzig, dessen erste Ergebnisse in einem Prototypen zur Realisierung verteilter elektronischer Sitzungs-

---

[1]   H. Krcmar (1991).

[2]   M. Wagner (1995).

unterstützung einflossen. In der Weiterführung dieses Vorhabens entwickelte das IWi gemeinsam mit der conFUTURE GmbH i.G. das Werkzeug webSCW, das Gruppensitzungen durch den Einsatz von Internettechnologien effektiv und ohne Beschränkungen von Ort und Zeit unterstützt.[3]
Die Ansatzpunkte für die Notwendigkeit zur Realisierung internetgestützter Gruppenarbeit und die Einsatzmöglichkeiten des Electronic Meeting Systems webSCW sollen in den nachfolgenden Abschnitten dargestellt werden.

2 Sitzungsunterstützung im Zeitalter des Internet

Aktuelle Entwicklungen der IV prägen die Entwicklung und den Einsatz von Anwendungs-, Informations- und Kommunikationssystemen. Diese Trends werden durch Schlagworte, wie Heterogenität, Verfügbarkeit, Wartbarkeit, Sicherheit und Skalierbarkeit, in der Fachliteratur beschrieben. Um diese Ziele zu erreichen, spielen das Medium Internet und dessen Technologien eine wichtige Rolle. WWW und E-Mail können auf fast jedem webfähigen Endgerät, wie PC, PDA und Settop-Box, genutzt werden und sind nicht an spezielle Clients gebunden. Serverseitig existieren eine Vielzahl von kommerziellen und nichtkommerziellen Systemen, die diese Datenübertragungsstandards und die o.g. Kriterien erfüllen. Mit diesem Einsatzszenario könnten den Nutzern auch sitzungsunterstützende Systeme[4] weltweit und jederzeit zur Verfügung stehen. Sitzungen sind nicht mehr auf einen Raum, einen engen Zeitrahmen, eine bestimmte Teilnehmergruppe und ein spezielles System begrenzt, verursachen keine Reisekosten, können durch externe Berater partiell unterstützt und durch externe Systeme ergänzt werden. Eine Einsatzmöglichkeit als Mobile Meeting System wäre ebenfalls denkbar. Neben den Vorteilen, die Sitzungsteilnehmer betreffen, können neue Betätigungsfelder auf dem Gebiet der Beratung, Dienstleitung, des Application und Hosting Providing erschlossen werden, die den Einsatz von internetbasierten, sitzungsunterstützenden Systemen ermöglichen.
Traditionelle EMS unterstützen, durch ihre Architektur bedingt, synchrone Sitzungen, die in einem Raum oder mehreren benachbarten Räumen stattfinden (vgl.Abb. 1).

---

[3] J. Bager, D. Krause (2000).
[4] Sitzungsunterstützende Systeme werden im Englischen auch als Electronic Meeting Systems (EMS) bezeichnet.

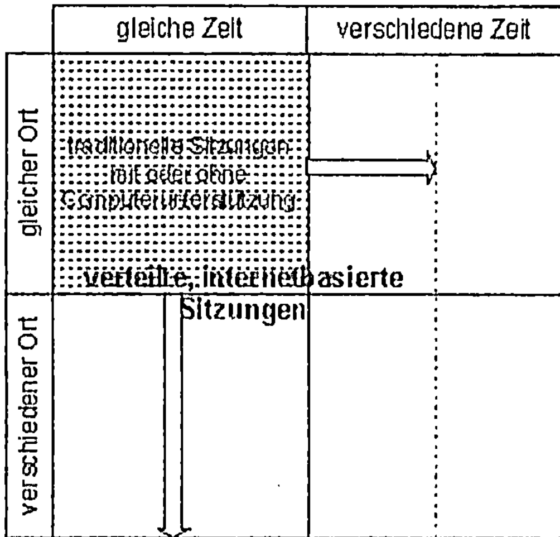

Abb. 1: Einordnung traditioneller und internetbasierter sitzungsunterstützender Systeme

Mit der Erweiterung der Dimensionen Raum und Zeit traditioneller sitzungsunterstützender Systeme wird es erstmals möglich, dass Projekt- und Expertenteams weltweit verteilt an der Findung von Ideen und der Vorbereitung von Entscheidungen arbeiten. Dabei entfallen kosten- und zeitintensive Reisen, und Zeitverschiebungen können optimal im Sinne des CSCW ausgenutzt werden.
Mit dem Einsatz von Internet-Technologien kann weltweit von jedem Platz aus an Projekten gearbeitet werden. Know-how-Verlust durch fehlende Mitarbeiter wird fast vollständig ausgeschlossen.
Zusätzliche positive Impulse in Entscheidungs- und Kreativprozessen können unabhängige, selbständig arbeitende Experten geben, die weltweit arbeiten. Ihre Mitarbeit kann optimal genutzt werden, da sie von ihrer Wirkungsstätte aus an dem Prozess direkt zur Verfügung stehen. Makler können sogenannte Brainpool-Datenbanken aufbauen, die auf diese Spezialisten mit ihren Kontaktinformationen, besonderen Fähigkeiten und freien Terminen verweisen.

3   webSCW - Ergebnis der Evolution sitzungsunterstützender Systeme

Traditionelle sitzungsunterstützende Systeme konnten sich in Unternehmen und Organisationen nicht großflächig durchsetzen.[5] In den nachfolgenden Abschnitten

---

[5]   J. Grudin (1994); R. O. Briggs, M. Adkins, et al. (1998).

sollen die Defizite aufgezeigt und neue Ansätze zur Realisierung für ein internetbasiertes sitzungsunterstütztes System gegeben werden.

3.1 Anforderungen an sitzungsunterstützende Systeme

Seit 1987 laufen Forschungsaktivitäten auf den Gebieten der computerunterstützten Sitzungen. Der Hype, der in den 90er Jahren einsetzen und den Durchbruch der Electronic Meeting Systems bringen sollte, blieb wider Erwarten aus. Gründe dafür waren zu theoretisch angesetzte Forschungsaktivitäten, zu starke Ausrichtung der Evaluation der Erkenntnisse auf Wissenschaftseinrichtungen, fehlende Betrachtung der Arbeitskontexte, fehlende soziale Ausrichtung sowie funktionsüberladene, schwer bedienbare Werkzeuge mit technologischen Mängeln.[6]

Folgende Ansprüche lassen sich für computergestützte Sitzungen ableiten:
- parallele Bearbeitung von Informationen,
- Integration computerunterstützter Sitzungen in Arbeitsprozesse,
- Verstärkung positiver und negativer Auswirkungen des IV-Einsatzes,
- Überbrückung von Raum und Zeit,
- Flexibilität der Anwendung einzelner Methoden,
- Betonung der Aufgabe und des Zieles, nicht des Werkzeuges,
- effektive Auslastung der Ressourcen sowie
- Anregung kreativitätsfördernder Arbeitsweisen durch Einsatz von Werkzeugen.

3.2 Verteilte computerunterstützte Sitzungen

Unter der Nutzung von Internet-Technologien ist es im Gegensatz zu traditionellen Sitzungen möglich, die räumliche und zeitliche Verteilung zu realisieren. Eine Sitzung läuft dabei in sechs Phasen ab:

1. Terminfestsetzung
2. Ressourcenreservierung
3. Sitzungseinladung
4. Vordiskussion
- Meeting
5. Nachbearbeitung

---

[6] H. Krcmar (1989); H. B. Schwartzman (1989); J. Grudin (1994); R. O. Briggs, M. Adkins, et al. (1998); A. Klein, H. Krcmar, B. Schenk (2000).

Das Meeting i.e.S. ist ein iterativer Prozess, der wiederum in drei Phasen eingeteilt werden kann:

- Ideensammlung,
- Strukturierung, Bewertung und
- Entscheidungsfällung.
-
- Im Verlauf der Sitzung wird das Problem durch Informationsstrukturierung gelöst. Im Ideensammlungsprozess werden Gedanken und Problemlösungsmöglichkeiten ohne Rücksicht auf deren Qualität zusammengetragen. Anschließend erfolgt durch die Organisation und Bewertung dieser Ideen ein Verdichten der Informationen zu Problembereichen, die Grundlage für die Entscheidungsfindung sind.
- Mit der Nutzung eines internetbasierten sitzungsunterstützenden Systems erfolgt durch die Teilnehmer die gemeinsame Problembearbeitung von ihrem jeweiligen Arbeitsplatz bzw. Aufenthaltsort aus (vgl. Abb. 2).

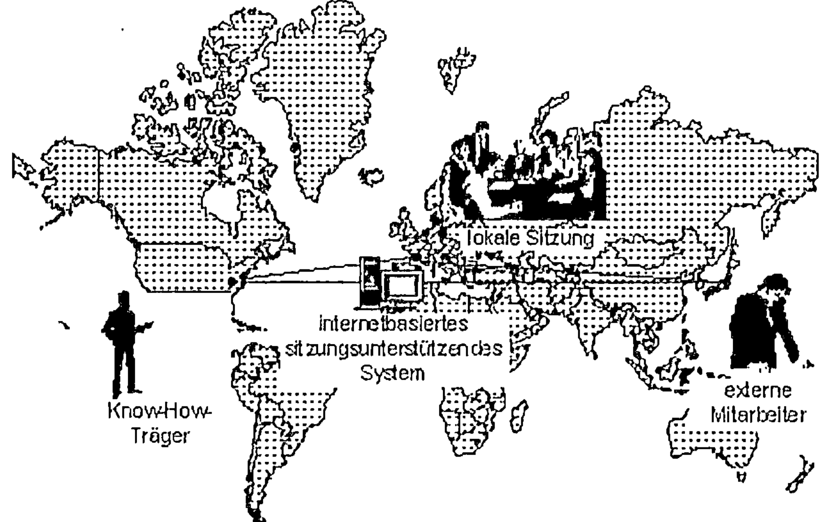

Abb. 2: Verteilte internetbasierte Gruppensitzung

Zu den einzelnen Phasen einer verteilten internetbasierten Sitzung können zusätzliche Ressourcen, wie externe Know-how-Träger oder Führungskräfte eines Unternehmens, von ihrem Arbeitsplatz aus in den Problemlösungsprozess einbezogen werden. Geleitet wird die Gruppe von einem Moderator (Facilitator), der die Sitzung organisiert und führt sowie fachlich an der Aufgabenstellung mitwirken kann. Die Teilnehmer dieser Sitzungen arbeiten mit einem WWW-Browser über das Internet an dem gemeinsamen Problem. Durch verschiedene Kommunikationsmedien, wie Audio- und Videokonferenz, wird die räumliche

Entfernung überbrückt. Zu Beginn der Veranstaltung „begeben" sich die Teilnehmer virtuell in einen gemeinsamen Diskussionsraum (vgl. Abb. 5), der durch Bildschirminhalte an jedem Arbeitsplatz repräsentiert wird. In diesem Diskussionsraum gibt der Moderator eine textbasierte Erläuterung der in der Sitzung gemeinsam zu bearbeitenden Problemstellung. Durch eine sinnvolle Kombination der Sitzungsaktivitäten Ideenfindung, -organisation und -bewertung erfolgt dann die Problemlösung (vgl. Abb. 3).

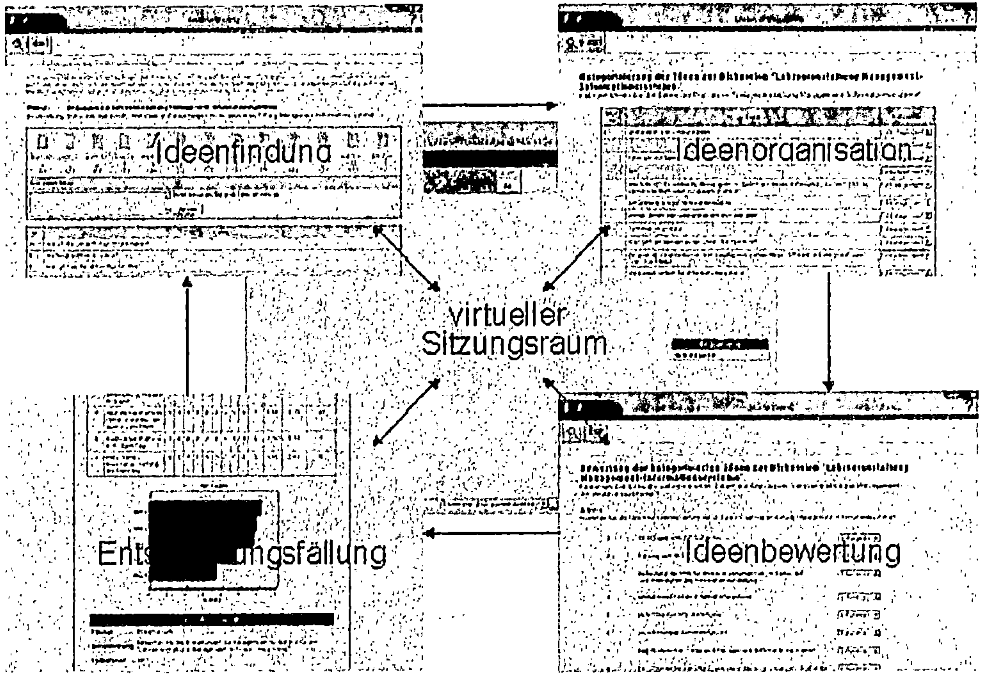

Abb. 3: Aktivitäten in verteilten computerunterstützten Sitzungen

3.3 webSCW-Architektur

Das vom IWi und der conFUTURE GmbH i.G. entwickelte Werkzeug webSCW soll Gruppensitzungen durch den Einsatz von Internettechnologien effektiv und ohne Beschränkungen unterstützen. Um die software- und systemtechnischen sowie benutzerspezifischen Anforderungen zu erfüllen, wurde die Client-Server-Architektur umgesetzt, die softwareseitig hauptsächlich aus Open-Source-Komponenten besteht. Ausschlaggebend waren:

- Verfügbarkeit des Quelltextes, um die Sicherheit und die Erweiterbarkeit zu ermöglichen,

- Gewährleistung der Heterogenität, um möglichst viele Plattformen zu unterstützen,
- Einbeziehung multinationaler und -kultureller Entwicklerteams, um nationale Beschränkungen zu umgehen und Kreativität zu fördern,
- breite Nutzung, um Stabilität und Anwendbarkeit zu erreichen,
- Modifizierbarkeit, um Erweiterungen zu realisieren sowie
- Kopier- und Verbreitbarkeit, um eine lauffähige Komplettlösung anbieten zu können.[7]

Mit webSCW wurde ein weitgehend plattform- und datenbankunabhängiges Werkzeug geschaffen, das auf Standardtechnologien aufbaut. Softwaretechnologisch basiert webSCW auf einer 3-Ebenen-Architektur. Die Trennung zwischen Benutzer-, Anwendungs- und Datendiensten entspricht den Forderungen verteilter Client/Server-Architekturen und der objektorientierten Softwareentwicklung. Systemtechnisch besteht webSCW aus Server- und Clientkomponenten, die für verschiedene Rechnerarchitekturen verfügbar sind. Die serverseitigen Bestandteile von webSCW in der Standardkonfiguration sind aus Abb. 4 ersichtlich.

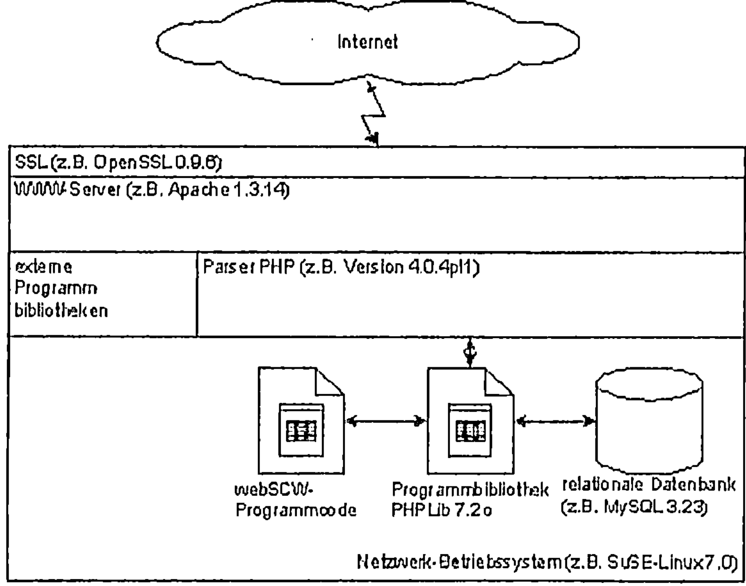

Abb. 4: Serverkomponenten von webSCW

Über das Intra-/Internet bearbeitet der WWW-Server verschlüsselte oder unverschlüsselte Anfragen der Clients, die das Frontend von webSCW darstellen. Die Anwendungslogik wurde in PHP implementiert und in Form von Scripten auf

---

[7] J. Sieckmann (2000).

dem Server abgelegt. Der über CGI oder API an den WWW-Server gekoppelte PHP-Parser interpretiert die Anweisungen, die aus dem webSCW-Programmcode und den Programmbibliotheken bestehen. Eine frei wählbare relationale Datenbank speichert die Konfigurations- und Anwendungsdaten. Als Datenbankstandard wird SQL-92 vorausgesetzt. Externe Programmbibliotheken ergänzen im Sinne der Wiederverwendung die Funktionalität des sitzungsunterstützenden Systems um bspw. grafische Auswertungen. WWW-Server und relationale Datenbank sind frei wählbar, d.h. bestehende Systeme in Unternehmen und Organisationen können genutzt bzw. eine bestehende Plattformstrategie weitergeführt werden.

Clientseitig wird ein webfähiges Endgerät, wie PC, PDA und Settop-Box, vorausgesetzt, welches das Internetprotokoll HTTP verarbeiten kann und über einen Frame- und JavaScript-fähigen WWW-Browser verfügt.

3.4 webSCW-Komponenten

Das sitzungsunterstützende System webSCW wurde vollständig modular konzipiert und implementiert. Das Werkzeug ist einfach und intuitiv zu bedienen und stellt je nach Anwendungskontext nur die erforderlichen Funktionen zur Verfügung.

Das System besteht aus mehreren Modulen, die den Ablauf (Workflow) der einzelnen Gruppenaktivitäten unterstützen (vgl. Abb. 5).

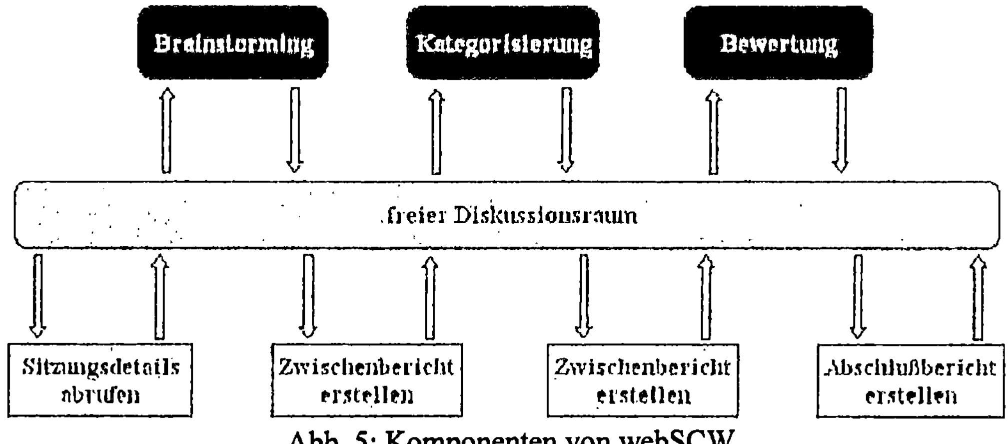

Abb. 5: Komponenten von webSCW

Im webSCW-Workflow stellt der freie **Diskussionsraum** die zentrale Komponente dar. Er ermöglicht den Teammitgliedern die räumliche Zusammenarbeit und „emuliert" die typische Sitzungsatmosphäre. Durch zentrale Kommunikationsfunktionen, wie E-Mail, Chat und WWW-Browsing, werden die einzelnen Aktivitäten unterstützt sowie Wartezeiten überbrückt.

Die wichtigste Komponente von webSCW ist das electronic **Brainstorming**, womit die Ideen zum bearbeiteten Problem gesammelt werden. Die zugrundeliegende Kreativtechnik ist Brainwriting-Pool[8]. Diese Methode beschreibt die anonyme schriftliche Erfassung von Gedanken und ist in Abb. 6 dargestellt.

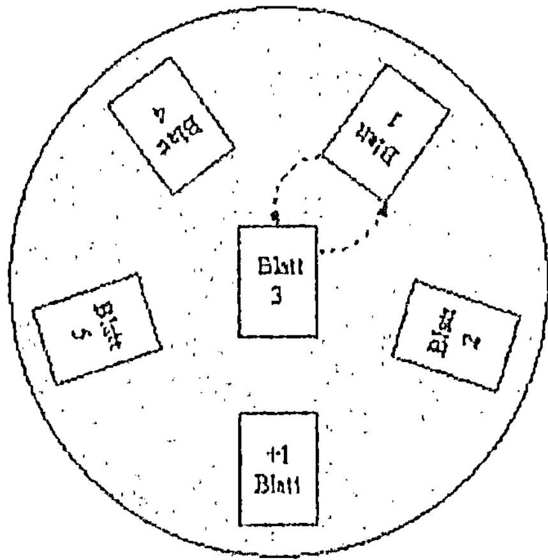

Abb. 6: Brainwriting-Pool (n=5)

Eine bestimmte Anzahl von Teilnehmern (**n**) findet sich in einem Raum gemeinsam ein. Zufällig gewählte Blätter (**n+1**) werden in der Mitte eines Tisches verdeckt verteilt. Die Teilnehmer entnehmen jeweils ein Blatt und notieren ihre Ideen. Bei nachlassender Kreativität tauschen sie das Blatt gegen das verbliebene in der Mitte des Tisches, können dieses einsehen und lassen sich ggf. so von vorhandenen Ideen inspirieren.
Bei webSCW wird diese Aktivität verteilt, parallel, offen und anonym durchgeführt. Alle Vorschläge (Ideen) werden automatisch protokolliert.
Die dritte Komponente realisiert die **Kategorisierung** von Ideen. Gesammelte Ideen können durch das Bilden einer Gruppenmeinung in bestimmte Themengruppen sortiert werden. Diese Tätigkeit ermöglicht eine einfachere Handhabung der Ideenmenge, was gleichzeitig die nachfolgenden Aktivitäten vereinfacht.
Mit der vierten Komponente können **Abstimmung**sprozesse realisiert werden. Diese Aktivität ermöglicht es allen Teilnehmern, die gesammelten Ideen und Vorschläge zu bewerten. Dazu füllt jedes Teammitglied einen vom Moderator frei konfigurierbaren Fragebogen am Bildschirm aus.
In der **Auswertung**skomponente werden die Ergebnisse aller Aktivitäten analysiert und übersichtlich ausgegeben. Dieser Reportgenerator unterstützt durch umfangreiche Exportfunktionen die Interoperabilität von webSCW mit anderen

---

[8] H. Schlicksupp (1998).

Anwendungssystemen und ermöglicht damit die weitere Verwendung der gewonnenen Daten.

Die einzelnen Komponenten von webSCW sind untereinander frei integrierbar und sichern eine große Anwendungsbreite des Werkzeuges.

Die beschriebenen Module bilden den Kern des webSCW-Serverkonzeptes. Um hohen Ansprüchen, wie Verfügbarkeit und Datensicherheit, zu genügen, kann das System um ein Cluster-Modul ergänzt werden, das Spiegelung und Load Balancing zur Verfügung stellt.

Neben den Sitzungsaktivitäten spielt die Kommunikation der Teilnehmer eine wichtige Rolle, die in traditionellen Sitzungen Face-to-Face stattfindet. Eine lockere Sitzungsatmosphäre wirkt sich positiv auf die Ergebnisse aus. Soziale und psychologische Aspekte haben einen großen Einfluss auf den Sitzungsverlauf. Um die daraus resultierenden Defizite aus räumlich verteilten Meetings zu minimieren, sollte Audio- bzw. Videokommunikation in Form von Konferenzsystemen oder Videoscreen parallel eingesetzt werden.

Grafische Kreativtechniken, wie Mind Mapping®, fördern die visuellen und assoziativen Eigenschaften des menschlichen Gehirns. In der nächsten Version von webSCW wird diese Funktionalität ebenfalls zu nutzen sein. Über die Multimediabibliothek können außerdem Verbindungs- und Kontaktinformationen, Datenstreams sowie Dokumente verwaltet und über den MIME-Type aufgerufen werden.

4 Anwendungsszenarien von webSCW

WebSCW als ein offenes sitzungsunterstützendes System, das auf Internet-Technologien basiert, bietet zahlreiche Anwendungsszenarien für Anwender, die in den nachfolgenden Abschnitten dargestellt werden sollen.

4.1 Anwendungsszenarien

Folgende Anwendungsszenarien werden durch das webSCW-System besonders gut unterstützt:

- traditionelle, computerunterstützte Sitzungen,
- räumlich verteilte Sitzungen,
- zeitlich verteilte Sitzungen,
- Kombination aus klassischer und computerunterstützter Sitzung sowie
- als Plattform zur Messung und Lösung psychologischer, kultureller und organisatorischer Probleme.
-

Für den Anwendungsfall der traditionellen, **computerunterstützten Sitzung** in einem speziellen Konferenzraum ist das Werkzeug gut geeignet, da alle Kommunikationsprozesse zwischen den Teilnehmern und dem Moderator in der gewünschten Form erfolgen können. Die Akzeptanz des Werkzeugs ist besonders groß, da die Benutzeroberfläche und die verwendeten Gestaltungsmittel intuitiv implementiert wurden.

Als weitere Möglichkeit kann die **Gruppensitzung räumlich verteilt** erfolgen. Dazu verfügt jeder Teilnehmer über einen PC mit Zugang zum Internet bzw. Intranet. Diese Art der Teamsitzung bietet einen erheblichen Kosten- und Zeitvorteil gegenüber den traditionellen, computerunterstützten Sitzungen. Jede Art der Kommunikation erfolgt mit Hilfe von Computern. Als besonders wichtig hat sich bei dieser Form des Einsatzes erwiesen, dass unter den Teammitgliedern Konsens über die Themenstellung herrscht. Wird das Thema nicht hinreichend beschrieben oder von den teilnehmenden Personen nicht akzeptiert, sind die Ergebnisse aller Aktivitäten unbefriedigend.

Im dritten Anwendungsgebiet werden Gruppensitzungen über **einen längeren Zeitraum** durchgeführt. Das Hauptmerkmal von diesen Konferenzen ist die hohe Zahl an Aktivitäten. Ausgehend von einem Brainstorming werden die „Blickrichtungen" schrittweise durch Selektion mit Organisations- und Abstimmungsprozessen verfeinert, so dass nach Ablauf einer größeren Zeitspanne ein qualitativ hochwertiges Ergebnis entsteht. Die Teilnehmer der Sitzung erhalten für jede Aktivität einen Zeitrahmen, innerhalb dessen sie mehrfach am System arbeiten können. Die Integration von externen oder begrenzten Personalressourcen ist somit auch partiell möglich.

Das vierte Einsatzszenario ist eine **Kombination aus computerunterstützter und klassischer Gruppensitzung**, die räumlich getrennt durchgeführt wird. Dabei werden mehrere kleine Arbeitsgruppen gebildet, die jeweils über einen PC mit Videoprojektor verfügen. Das Brainstorming wird in diesen Gruppen durchgeführt, der Gruppenleiter gibt die geäußerten Ideen in das System ein. Der Vorteil dieser Form der gemeinsamen Arbeit gegenüber einer klassischen Gruppensitzung besteht darin, dass die Teilnehmer während der Ideenfindung alle geäußerten Vorschläge lesen können und dadurch die Qualität der Ideen sich erheblich verbessern läßt. Mit einer Gruppenstärke von 5-10 Personen und mindestens 3 parallel arbeitenden Teams ist im allgemeinen die Ausbeute an sinnvollen Beiträgen sehr hoch. Die Beiträge haben auch eine sehr hohe Qualität, da sie innerhalb der Gruppe bereits diskutiert wurden. Als problematisch hat sich diese Form der Zusammenarbeit bei der Bewertung der Ideen erwiesen. Die Ergebnisse waren durch die wenigen „echten" Teilnehmer statistisch sehr zerstreut. Hierfür bietet sich an, die Abstimmung zeitlich versetzt durchzuführen, wobei dann jeder Teilnehmer über einen PC verfügen sollte.

Weitere Szenarien beschreiben den Einsatz von webSCW als **Barometer für soziale und psychologische Faktoren**. Beispielsweise kann in Unternehmen und Organisationen u.U. ein erhöhtes Konfliktpotenzial bei der Umgestaltung von Geschäftsprozessen bestehen. Um negative Auswirkungen zu vermeiden, kann das sitzungsunterstützende System als Plattform für Umfragen, Know-how-Transfer und Problemlösungen eingesetzt werden. Anonyme Fragebogenaktionen mit webSCW erfassen die Meinung von Mitarbeitern in einer Gruppe oder Organisation. Verbesserungsvorschläge werden vom Arbeitsplatz oder von Kiosk-Systemen aus gesammelt, um gebündelt als Grundlage für Problemlösungen zu dienen. Aktionen, wie „Problem der Woche", wären ohne großen Aufwand und mit schneller Ergebnisbereitstellung denkbar.

Aus diesen Anwendungsszenarien lassen sich für webSCW zahlreiche Einsatzgebiete für unterschiedliche Nutzergruppen in Unternehmen und Organisationen ableiten:

- Strategieberatungen,
- Kooperationsanbahnung,
- Produktentwicklung,
- Projektplanung/-controlling,
- Kundenbefragung,
- gemeinsames Problemlösen,
- Entscheidungsunterstützung,
- Ausbildung an Hochschulen/Universitäten usw.

4.2 Service- und Betreibermodelle

Aus den beschriebenen Eigenschaften ergeben sich für die Nutzung von webSCW verschiedene Service- und Betreibermodelle, die den Einsatz in fast allen Unternehmen und Organisationen gewährleisten.

Als **integriertes Komplettsystem** bildet webSCW ein eigenständiges Produkt, das von Unternehmen im Intra- und Internet eingesetzt werden kann. Durch die frei verfügbaren und kostenlos im kommerziellen Bereich einsetzbaren, um den PHP-Parser ergänzten Apache WWW-Server und MySQL Datenbank-Server ergeben sich noch weitere Anwendungsmöglichkeiten des Systems.

Da der PHP-Parser für fast alle WWW-Server-Plattformen erhältlich ist, bietet sich für Unternehmen eine **integrierbare Lösung** an, bei der die IV-Strategie beibehalten wird. Intra- bzw. Internet- und Datenbankserver werden von webSCW genutzt, so dass negative Beeinflussungen unterschiedlicher Systeme ausgeschlossen werden.

Internet-Technologien bieten die beste Grundlage für **Outsourcing** und **Application Service Providing**. Um den Verwaltungsaufwand für die IV zu minimieren, kann die Betreuung des webSCW-Systems einem Dienstleister übertragen werden. In diesem Fall wird ein komplettes System in einem externen Rechenzentrum installiert und von diesem betreut. Bei einer geringen Sitzungshäufigkeit oder fehlendem Know-how können Sitzungen von einem Application Service Provider gemietet werden. Installation, Betrieb und Wartung erfolgt dann in Eigenregie des Dienstleisters. Dem Kunden wird in jedem Fall ein sicherer Betrieb und die aktuellste Version gewährleistet. Für Rechenzentren und Dienstleister, wie Unternehmensberatungen, erschließen sich somit neue Geschäftsfelder.

WWW-Browser sind für eine Vielzahl von Geräten verfügbar. Handys unterstützen mit WML bspw. Mehrwertdienste, um Informationen aus dem Internet abzurufen. Mit der Bereitstellung kostengünstiger Dienste bieten sich zahlreiche Möglichkeiten, das Anwendungsspektrum der computergestützten Sitzungen zu erweitern. Durch **mobile Dienste** werden in naher Zukunft Aktivitäten aus Freizeit und Beruf verschmelzen, wozu webSCW entsprechende Anwendungen zur Verfügung stellen kann.

5 Ausblick

Aufbauend auf Untersuchungen der elektronischen Sitzungsunterstützung und Analysen implementierter Werkzeuge wurden Anforderungen an ein System abgeleitet, das Gruppensitzungen raum- und zeitunabhängig unterstützen soll. Unter Berücksichtigung verschiedener Trends der IV, wie Internet und Wiederverwendung von Softwarekomponenten, wurden diese Eigenschaften in einem Werkzeug umgesetzt. Als Vorteile des entwickelten Systems webSCW wurden Erhöhung der Effizienz, Verbesserung der Verfügbarkeit, Verringerung des Ressourceneinsatzes sowie Erweiterung des Anwendungsspektrums erkannt. Durch die veränderten Einsatzbedingungen erhöhen sich aber auch die Anforderungen des Moderators. Mit sozialen und IV-technischen Fähigkeiten ausgestattet, muss er über audiovisuelle Kommunikationsmöglichkeiten verfügen, um Verständnis und Vertrauen bei Teilnehmern verteilter Gruppensitzungen zu schaffen. Mit der Implementierung weiterer Kreativ- und Auswertungstechniken, wie Mind-Mapping®, in den nächsten Versionen von webSCW kann die Funktionsvielfalt und damit auch die Anwendungsbreite vergrößert werden.

Literatur

Bager, J., Krause, D. (2000): Verteilte internetgestützte Gruppenarbeit mit webSCW, in: Streitz, N. A. (Hrsg.): CSCW-Umgebungen im Spannungsfeld realer und virtueller Welten, Electronic Proceedings zur Deuschen Fachtagung zu Computer-Supported Cooperative Work, München

Briggs, R. O., Adkins, M., et al. (1998): A Technology Transition Model Derived From Qualitive Investigation of GSS Use Aboard the U.S.S. Corondo, in: Journal of Management Information Systems 15(1998)3, S. 151 - 195

Grudin, J. (1994): Groupware and Social Dynamics: Eight Challenges for Developers, in: Communications of the ACM 37(1994)1, S. 93 - 105

Klein, A., Krcmar, H., Schenk, B. (2000): Totgesagte leben länger- Electronic Meeting Systems und ihre Integration in Arbeitsprozesse, in: Reichwald, Ralf, Schlichter, Johann (Hrsg.): Verteiltes Arbeiten - Arbeit der Zukunft, Tagungsband der Deuschen Fachtagung zu Computer-Supported Cooperative Work, B. G. Teubner Verlag, Stuttgart, Leipzig, Wiesbaden, S. 217 - 229

Krcmar, H. (1991): Computer-supported cooperative work, in: Bullinger, H.-J. (Ed.): Human Aspects in Computing. Design and User of Interactive Systems and Information Management, Elsevier, Amsterdam

McGrath, J. E. (1991): Time, Interaction, and Performance (TIP) - A Theory of Groups. Small Group Research 22(1991)2, S. 147 - 174

Schlicksupp, H. (1998): Innovation, Kreativität und Ideenfindung, 5. Auflage, Verlag Vogel, Würzburg

Schwartzman, H. B. (1989): The Meeting, Gatherings in Organizations and Communities, Plenum, New York

Sieckmann, J. (2000): Bravehack, Technische, wirtschaftliche und gesellschaftliche Aspekte von freier Software und Open Source; ihr Wissen, ihre Geschichte, ihre Organisationen und Projekte, Bonn

Wagner, M. P. (1995): Groupware und neues Management, Einsatz geeigneter Softwaresysteme für flexiblere Organisationen, Vieweg Verlag, Braunschweig/Wiesbaden

Optimizing Business Processes with Generalised Process Networks

Günter Schmidt
Saarland University, Fachhochschule Liechtenstein

1 Introduction

Analysis and design of business processes can be discussed from different points of view and scientific backgrounds. In areas related to information systems most of the research seems to concentrate on the question of how to model such processes. The focus of these approaches is planning on the process type level, i.e. modelling a general pattern of a business process. With this contribution we want to broaden the scope of the investigation a little bit. We will focus also on process instances in terms of scheduling and show how modelling of process types and optimization of business process instances interrelate. In order to do this we apply Generalized Process Networks a graph-based language. It delivers a problem representation which is equally suited to answer planning and scheduling questions.

Modelling languages are required for building models in various application areas. We shall focus on the management of business processes which require the modelling of time-based activities for planning and scheduling purposes. A business process is a stepwise procedure for transforming some input into a desired output while consuming or otherwise utilising resources. Some generic examples are: "Product Development", "Procurement", or "Customer Order Fulfilment"; some more special examples would be "Claims Processing" in insurance companies or "Loan Processing" in banks. The output of a business process should always be some kind of achievement (good or service) which is required by some customer. The customer might be either inside or outside the organisation where the process is carried out [Sch97].

Two major tasks of business process management are planning and scheduling. Planning is concerned with determining the structures of processes before they are carried out the first time. Scheduling in turn is concerned with assigning resources over time to competing processes. Both planning and scheduling focus on dependencies among transformations within one process or between different processes. Malone and Crowston [MC94] formulated the need to merge the paradigms of business process planning and business process scheduling concerning the management of dependencies among transformations. The reason is not only to increase the potential of applying results from planning and scheduling theory to the management of business processes but also to consider the relevance of problems arising from business process management for a theoretical analysis within this area.

Planning and scheduling require a specialised model of the business process. To build the required process model we propose Generalised Process Networks (GPN) [Sch96], a graphical language related to CPM type of networks [SW89]. We will show that GPN are expressive enough to formulate problems related to planning and scheduling of business processes within the same model. Doing this we use a semi-formal kind of presentation of the syntax and the semantics of GPN.

We start with a short discussion of business processes. Then we introduce a framework for systems modelling to define requirements for business process models. Based on this we describe the GPN language and discuss its application to business process planning and scheduling. Finally, we use an example to demonstrate the modelling capabilities of the approach.

2   What is a Business Process?

A business process is a stepwise procedure for transforming some given input into some desired output. The transformation is consuming or using resources. A business process has some form of outcome, i.e. goods or services produced for a customer or customers either outside or inside the enterprise. There are two usual meanings attached to the term ``business process"; a business process may mean a process type or a process instance.

The process type can be described by defining the general structure of a process; the process instance is a real process following the rules and structure of a given process type. A process type can be interpreted as a pattern; the behaviour of a corresponding instance matches with the pattern. A process type might be a pattern called "Product Development", and the corresponding instance could be "Development of Product X" carried out according to the pattern of "Product Development". In the sequel a process instance will also be referred to as a job.

The process type is defined by its input and output, functions to be performed, and rules of synchronisation. The process input and output are related to tangible and intangible achievements. For example the major shop floor functions in production have as input different kinds of raw materials which are transformed into various types of output called processed material; office functions are mainly transforming data or information into new data or new information. In general input and output will consist of material and information simultaneously.

A function represents the transformation of some input into some output. Functions are related through precedence relations which constrain the possible ways a process can be executed. E.g. a precedence relation requires synchronisation if the output of a predecessor function is part of the input of the successor function. Before a function can be executed certain pre-conditions have to be fulfilled and after a function has been executed certain post-conditions are fulfilled.

Starting and ending a function is caused by events. In general an event represents a point in time when certain conditions come about, i.e. the conditions hold from that time on until the next event occurs. Conditions related to events are described by values of attributes characterising the situation related to the occurrence of an event.

These event values are compared to pre-conditions and post-conditions of functions. Before carrying out some function its pre-conditions must match with the conditions related to its beginning event and after carrying out a function the conditions related to its ending event must match with the post-conditions of the function. Synchronisation means that there must be some order in which functions might occur over time; in its simplest form a predecessor-successor relationship has to be defined.

To fully determine a process type a number of variables related to the input and output of functions need to be fixed. The input defines the producer who is responsible for carrying out a function, the required resources, and the required data; the output defines the product generated by a function, the customer of the product, and the data available after a function is carried out. Once a process type is defined its instances can be created. A process instance is performed according to the definition of the corresponding process type. The input, output, functions, and synchronisation of a process instance relate to some real job which has to be carried out. The input must be available, the output must be required. Functions that make up a process type have to be instantiated. A function instance is called task. It is created at a point in time as a result of some event and is executed during a finite time interval. To ensure task execution scheduling decisions need to be taken considering the synchronisation and the resource allocation constraints as defined by the process type and resource availability.

Scheduling process instances means to allocate all actual or predicted instances of different process types to resources over time. The process type represents constraints for the scheduling decision [BEPSW96}. In terms of scheduling theory an instance of a business process is a job which consists of a set of precedence constrained tasks. Additional attributes to tasks and jobs can be assigned [Sch96b}. Questions to be answered for process scheduling are: which task of which job should be executed by which resource and at what time. Typically, performance measures for business process instances are time-based and relate to flow time or completion time of jobs; scheduling constraints are related to due dates or deadlines.

3 What has to be Modelled?

Modelling is a major component in planning and scheduling of business processes. A framework for system modelling is given by an architecture. An architecture shows the requirements for building models and defines the necessary views on a system. Many proposals of architectures have been developed and evaluated with the objective to find a generic enterprise reference architecture [BN96]. An architecture which fits in such a framework is LISA [Sch96a]. LISA differs between four views on models:

1. the granularity of the model,
2. the elements of the model and their relationships,
3. the life cycle phase of the model, and
4. the purpose of modelling.

According to granularity models for process types and for process instances have to be considered. Concerning the elements and their relationships models of business processes should represent the inputs (data, resources), the outputs (data, products), the organisational environment (producer, customer), the functions, and the synchronisation (events, conditions, dependencies). According to life cycle phase models are needed for analysis, design, and implementation. Finally, concerning the purpose of modelling we need models for the problem description and for the problem solution. The problem description states the objectives and constraints and the problem solution is a proposal how to meet them. Figure 1 shows the different views to be represented by business process models in the framework of LISA.

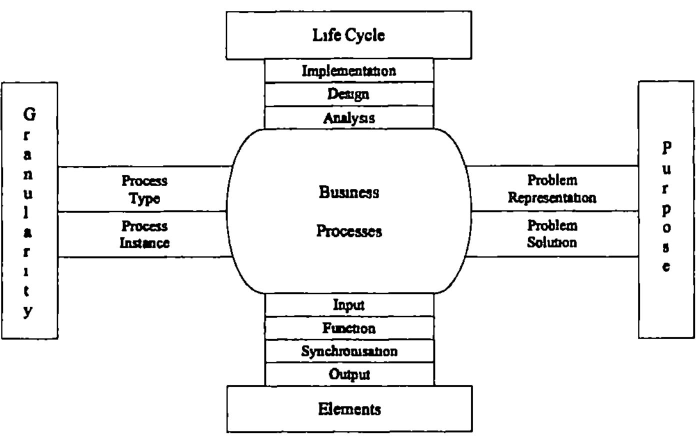

Figure 1: Views on business processes defined by LISA

The views thus identified need to be represented by an appropriate modelling language. First we concentrate on the views concerning the purpose of modelling. We will show that GPN supports the formulation of planning and scheduling models suited both for the problem description and for the problem solution.

4   Generalised Process Networks

There exist many modelling languages to describe business processes. Most of these languages have been developed for planning purposes with a focus on the problem description. Models suited for scheduling purposes in particular for optimisation require a representation which is suited for combinatorial problem solving. Existing modelling languages do not support process description which would be suitable for the modelling of the combinatorial structure of the problem, and therefore they are not well suited for the task of scheduling business processes [CKO92]. For this reason GPN was developed.

The modelling language has to fulfil two basic requirements:

- **Completeness and consistency.** All relevant views of a system must be covered and the various view definitions must be defined in a semantically consistent way,
- **Understandability.** The syntax and semantics must be easy to understand and easy to use by the target audience.

The relevant system views for business processes are modelled as defined in LISA.

We shall differentiate between a model for a process type (used for planning) and a model for a process instance (used for scheduling), i.e. descriptive modelling is used to represent process types and constructive modelling is used to represent process instances. However, both models are described using one language. The basic syntactical elements of GPN are nodes, arcs, and labels assigned to nodes and arcs (see Figure 2).

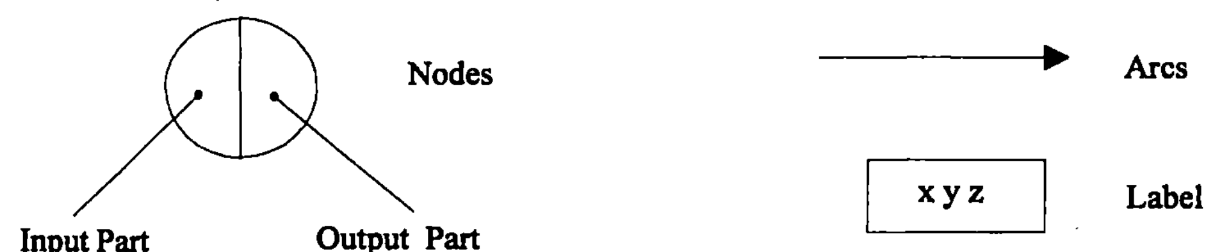

Figure 2: Basic elements of GPN

The semantics of GPN are defined in six layers. The first layer defines the meaning of the basic elements, the second layer is dedicated to the functional specifications, the third to synchronisation aspects representing relationships between functions, the fourth to input and output data, the fifth to required resources and generated products, and the sixth layer describes the customer-producer relationship as related to a function. These semantic layers are shown in Figure 3.

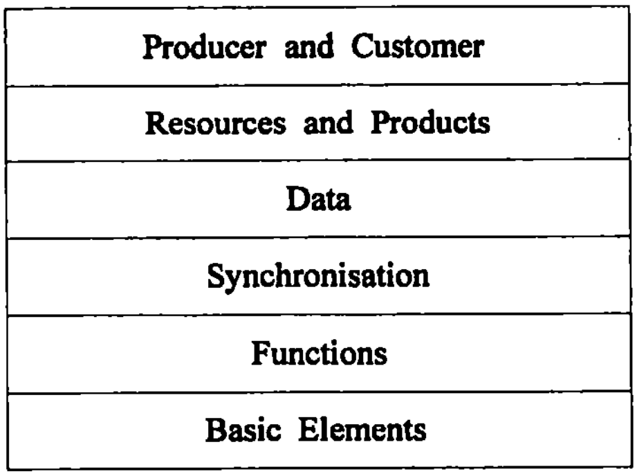

| Producer and Customer |
| Resources and Products |
| Data |
| Synchronisation |
| Functions |
| Basic Elements |

Figure 2: Semantic layers of GPN

Arcs represent functions. Connected to each function is a number of pre-conditions and a number of post-conditions. The pre-conditions must be satisfied for the function to be carried out; post-conditions are satisfied as a result of performing the function. Nodes represent events defining constraints for synchronisation of functions. An event separating two functions represents the constraint that the two functions cannot be carried out in parallel but only in a certain sequence. Functions which have no separating event can be performed in parallel. The occurrence of an event is a necessary condition to perform a function. Each event is described by a value list defining the environmental conditions represented by the event. The occurrence of an event is also a sufficient condition for performing a function if its value list meets the pre-conditions of the function adjacent to this event.

There are two events connected to each function; one represents its start and the other one its end. Figure 4 is a graphical representation of a function (i,j) with its beginning and ending events i and j, pre- and post-conditions and the value lists of the input and output parts of the associated events.

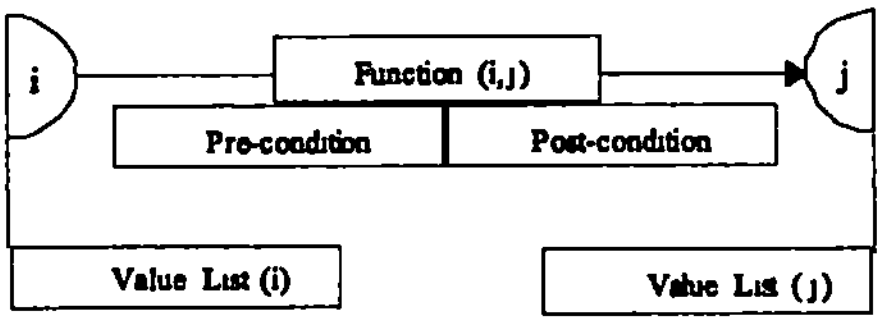

Figure 4: First three layers of GPN

Additional labels may be assigned to the arcs as shown in Figure 5.

- **Producer-Customer label:** The producer is responsible for carrying out some function and the customer needs the results from this function. The inputs of the function are transformed under the responsibility of the producers, and the output of the function is consumed by the customers.
- **Resource-Product label:** Resources are the physical inputs of the function, products are its physical outputs (resources required, products generated).
- **Data-Data label:** Input data represent the information required for performing a function and output data represent the information available after performing it (data needed, data generated).

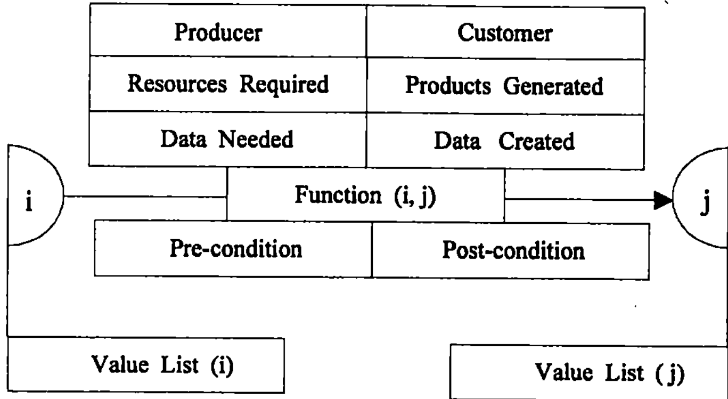

Figure 5: Labelling nodes and arcs of GPN

Nodes represent the dependencies in processing functions. We differentiate between six possible dependencies: three for beginning events and three for ending events (see Figure 6)

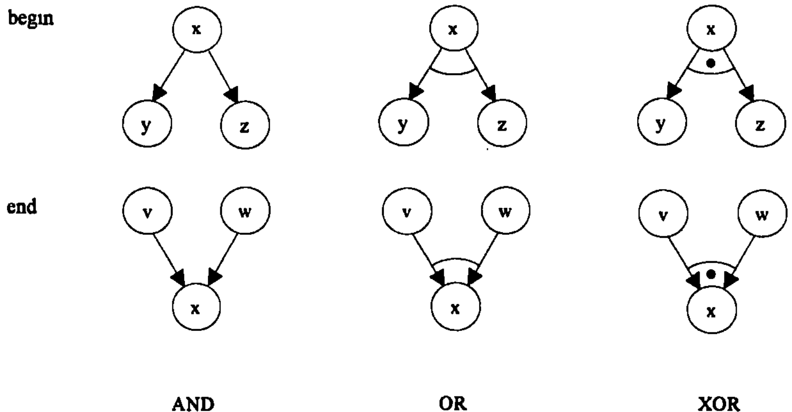

Figure 6: Beginning and ending events

- **begin-AND:** all functions triggered by this event have to be processed (all pre-conditions of all functions must be fulfilled by the value list of the triggering event),
- **begin-OR:** at least one function triggered by this event has to be processed (at least the pre-conditions of one function must be fulfilled by the value list of the triggering event),
- **begin-XOR:** one and only one function triggered by this event has to be processed (the pre-conditions of one and only one function must be fulfilled by the value list of the triggering event),
- **end-AND:** this event occurs only if all functions ending with this event have been processed (all post-conditions of all functions must be fulfilled by the value list of the ending event),
- **end-OR:** this event occurs if at least one function ending with this event has been processed (at least the post-condition of one function must be fulfilled by the value list of the ending event),
- **end-XOR:** this event occurs if one and only one function ending with this event has been processed (the post-condition of one and only one function must be fulfilled by the value list of the ending event).

We shall now discuss how GPN can be used to model process types and process instances for planning and scheduling purposes.

4.1 Process Types

When building a model for describing process types we represent the process structure on a level where all attributes are defined but their values are not given. To represent a specific process type in some application domain all nodes, arcs and all labels will refer to objects or object types of this application, e.g.

- a producer and a customer might be two distinct organisational units of an enterprise,
- resources might be specific machines or employees with certain qualifications as well as material or incoming products to be processed,
- products might be types of goods or services,
- business functions represent specific activities for the transformations of material and information,
- the value lists of the events, all pre- and post-conditions of the functions, and all input and output data are specific to the application domain.

An example of a process type represented as a GPN schema is shown in Figure 7. The function "Generate Purchase Order" can be interpreted as an activity of a procurement process. Pre-conditions represent the assumption that there must be some "Budget Available" for purchasing. The post-condition "Ready for Ordering" which should be fulfilled after the function "Generate Purchase Order" is processed. The meaning is that the purchase order is ready for sending out. Both conditions match with some values of the list of the beginning and the ending events. Data needed for preparing a purchase order are the "Vendor" (address of vendor) and the "Items" (list of s) to be purchased; data created are all purchase order related: "Total Sum" or "'Tax" (to be paid). Required resources might be a "Secretary" and a "'Computer"; the product generated is a "Purchase Order Document". The manufacturing department "MD" (the customer) asks the purchasing department "PD" (the producer) to process the function "Generate Purchase Order".

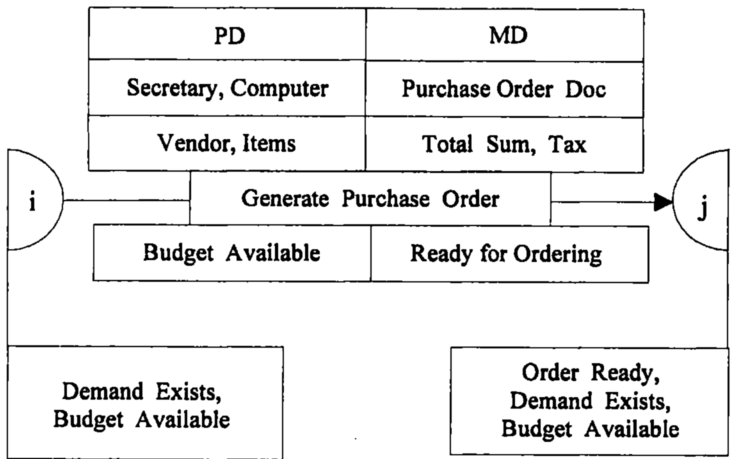

Figure 7: An example for process planning

4.2 Process Instances

In the planning phase the required attributes are defined; their values are determined once an instance of a business process is known. For example the data for "Vendor" or "Items" might be "Vendor ABC" and "Item 123". The emphasis of models for process instances\itmindex{process instance} is to find answers to scheduling questions, such as timing and resource allocation, taking into account competing process instances (jobs).

On an instance level a GPN will have detailed labels describing individual jobs, and there will be as many arcs (tasks) and nodes (events) as there are instances of the process. Events will be labelled by the value list describing the actual environmental situation which the event is representing for a particular process instance.

Correspondingly, the labels for the tasks refer to operational aspects essential for scheduling the process instances, such as processing times and actual required resources. Due to the competition for resources between jobs not all events can occur simultaneously. If two tasks require the same resource which cannot be shared only one of those tasks can proceed, i.e. the two tasks cannot be processed in parallel, i.e. neither the two beginning events nor the two ending events can occur at the same time. In case two or more tasks cannot be processed simultaneously, a hyperedge is introduced between the beginning events of the corresponding tasks. A hyperedge is an arc connecting events which cannot occur simultaneously but have to occur in some sequence (e.g., to be determined by the scheduler). In Figure \ref{gpn:fig8} there are four events which are connected by a set of five edges showing five pairs of events which may not happen simultaneously and the corresponding hyperedge consists of nodes 1, 2, 3, and 4 connected by the five edges (1,2), (1,3), (1,4), (2,3) and (2,4).

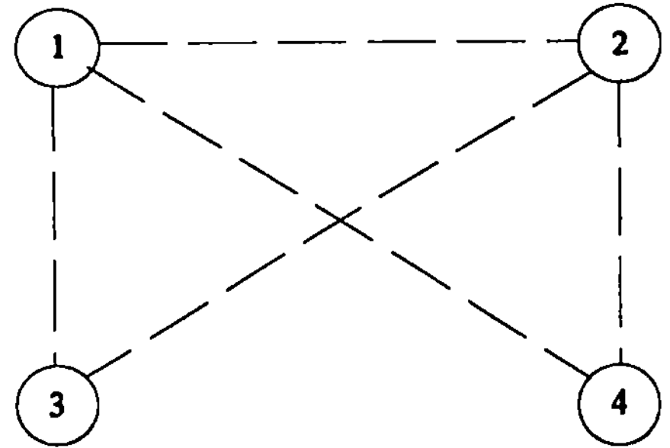

Figure 8: Nodes and edges forming hyperedges

In case of two events the hyperedge consists of one edge and two nodes only; if there are more than two events which are not allowed to occur simultaneously the hyperedge consists of all events and all edges connecting all pairs. Tasks associated with events representing nodes of a hyperedge create conflicts concerning the usage of resources. The scheduling decision has to resolve these conflicts such that a resource-feasible schedule can be generated (compare [Sch89] and [EGS97]).

A GPN schema representing the instance level is shown in Figure 9. There are two instances of the process type "Generate Purchase Order" which are "Generate Purchase Order 1" and "Generate Purchase Order 2"; both tasks have to be performed by the same resource, the employee "Smith". The producer and the customer are the same for both jobs. In order to resolve resource competition for the employee we have to introduce a hyperedge consisting of a single edge between the two beginning events triggering "Generate Purchase Order 1" and "Generate Purchase Order 2". The edges between the events represent the situation that there exists a resource conflict between the two tasks and this has to be resolved by a scheduling decision.

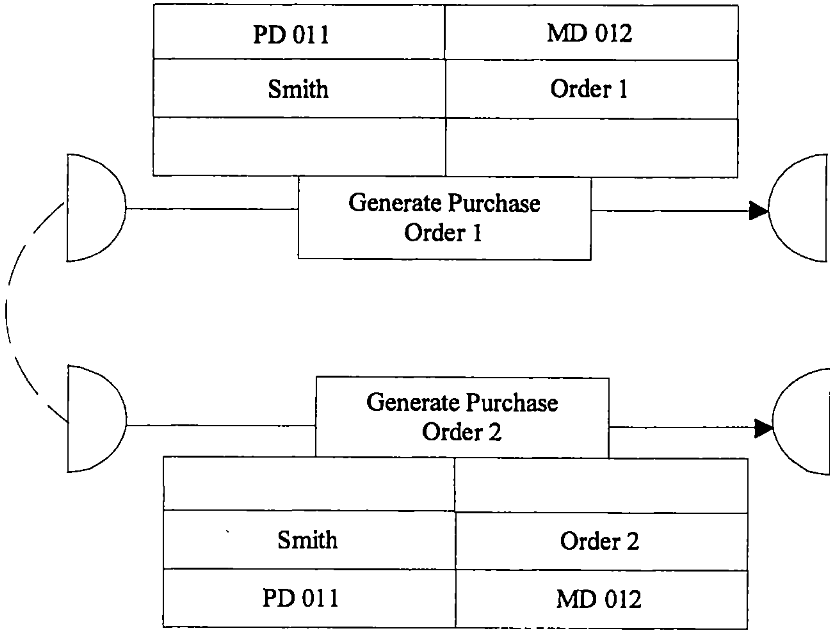

Figure 9: Edges representing a scheduling problem

The introduced edges represent the combinatorial structure of the scheduling problem on the instance level. To solve the problem all conflicting events have to be put in some sequence such that a resource-feasible schedule can be constructed. Algorithms to solve this kind of problem are given in [ES93].

5   Case Study

We shall now demonstrate how GPN can be used for integrated modelling of a business process on the planning and the scheduling levels. The example problem is related to procurement. This process deals with purchasing goods and paying corresponding bills. Let us start to explain how to build a model on the planning level considering the following setting.

If the manufacturing department (MD) of a company is running out of safety stock for some material it is asking the purchasing department (PD) to order an appropriate amount of s. PD fills in a purchase order and transmits it by mail or fax to the vendor; a copy of the purchase order is passed to the accounts payable department (APD). The vendor is sending the goods together with the receiving document to the ordering company; with separate mail the invoice is also sent.

Once the invoice arrives PD compares it with the purchase order and the goods
sent via the receiving document. The documents are checked for completeness
and for correctness. If the delivery is approved APD will pay the bill; if not PD
complains to the vendor. Invoices for purchased goods come in regularly and have
to be processed appropriately.

This process is shown in Figure 10. To be precise there are two processes shown
which belong to two different companies. Arcs leading from left to right represent
the functions of the purchaser's process and arcs leading from the top to the bot-
tom represent functions of the vendor's process. Each function mentioned above is
represented by an arc. The purchasing order can be sent either by fax or by mail.
This is represented by the two functions "Fax Order" and "Mail Order". Once the
order is confirmed by the vendor a copy of the order is also sent to APD represented by the function "Send Copy". If the ordered goods and the corresponding invoice have arrived the function "Check Invoice" can be carried out. Depending on
the outcome of the checking procedure the functions "Pay" or "Complain" are performed. In case there are complains only about part of the delivery both functions
are carried out.

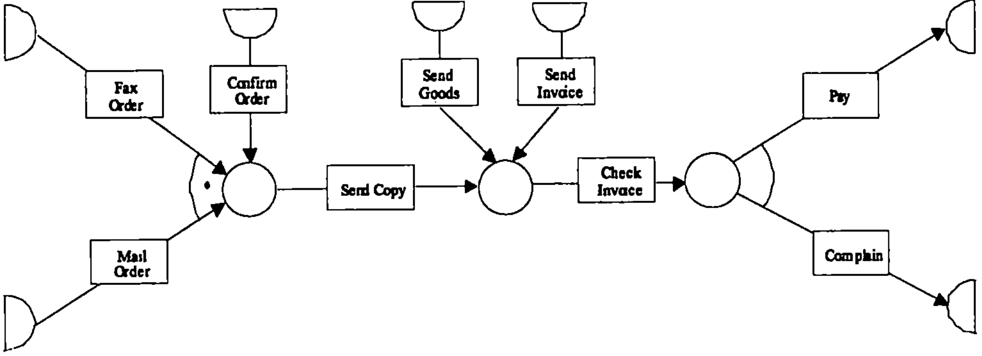

Figure 10: Procurement process

In Figure 10 the labels for most of the layers were omitted. In order to give a
small example how labelling is done we concentrate on the function "Check Invoice" using all six GPN layers. The result is shown in Figure 11. We assume that
PD has the responsibility for this function and MD and APD need the results. The
resource needed is an auditor who is generating a report. Data needed for the
"Check Invoice" function are the order and the invoice data; the function creates
"Annotated Invoice" data. Before the function can be carried out the ordered
goods and the invoice should have arrived; after carrying out the function the
condition holds that the invoice has been checked. The remaining parts of the process have to be labelled in an analogous way.

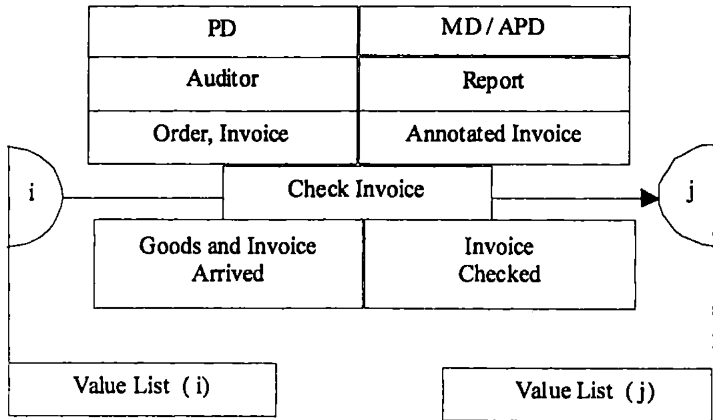

Figure 11: GPN representation of a selected function

Let us assume that the process structure which is defined on the planning level is agreed on. We now investigate the scheduling decisions considering various instances of the procurement process. We want to assume that with each individual invoice discount chances and penalty risks arise. A discount applies if the invoice is paid early enough and a penalty is due if the payment is overdue.

Now we show how GPN can be used to model this business process for scheduling purposes. Let us focus again on the function "Check Invoice". The corresponding tasks require some processing time related to the work required for checking a current invoice. Moreover, for each instance two dates are important. One relates to the time when the invoice has to be paid in order to receive some discount, the other relates to the time after which some additional penalty has to be paid. For the ease of the discussion we assume that discount and penalty rates are the same. Let us furthermore assume that there is only one auditor available to perform these tasks and that there are three invoices waiting to be processed. It is obvious that the sequence of processing is of major influence on the time of payment considering discount and penalty possibilities. Table 1 summarises the scheduling parameters showing invoice number (J_j) , total sum of the invoice (w_j) , time required to check an invoice (p_j) , discount date (dd_j) , penalty date (pd_j) , and the rate for discount and penalty (r_j) , respectively.

J_j	w_j	p_j	dd_j	pd_j	r_j
J_1	200	5	10	20	0.05
J_2	400	6	10	20	0.05
J_3	400	5	10	15	0.05

Table 1: Scheduling parameters for the example problem

In general there are n invoices with n! possibilities to process them using a single resource. The range of the results for the example is from net savings of 30 units of cash discount up to paying additional 10 units of penalty depending on the sequence of processing.

A GPN scheduling model is shown in Figure 12. All labels except resources, input data, and function are omitted. Events 1, 2, and 3 cannot occur simultaneously because there is only one "Auditor X" available for checking the invoices. To show the conflicts between the events a hyperedge is introduced which consists of the nodes 1, 2, and 3 and of the edges (1,2), (2,3), and (1,3). The data required for scheduling relate to the processing times p_j , the amount of the invoice w_j , the discount and penalty rates r_j , the discount dates dd_j , and penalty dates pd_j ; the scheduling objective is assumed to be to maximise the sum of cash discount minus the penalty to be paid.

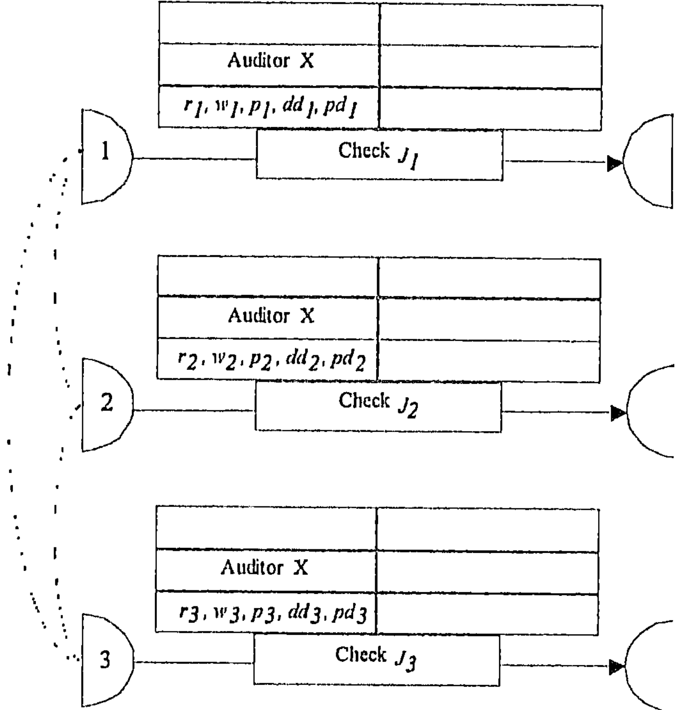

Figure 12: Scheduling model for problem representation

The scheduling decision has to determine the sequence of occurrences of the three events, i.e. the three edges have to be converted into arcs representing a predecessor-successor relationship of the events. The GPN representation is suited to apply directly a scheduling procedure which tries to find an optimal sequence by converting edges into arcs. This is a standard formalism for representing and solving scheduling problems [Pin95]. If the direction of the arcs is determined a complete schedule for the three instances can be generated. The optimal schedule is shown in Figure 13.

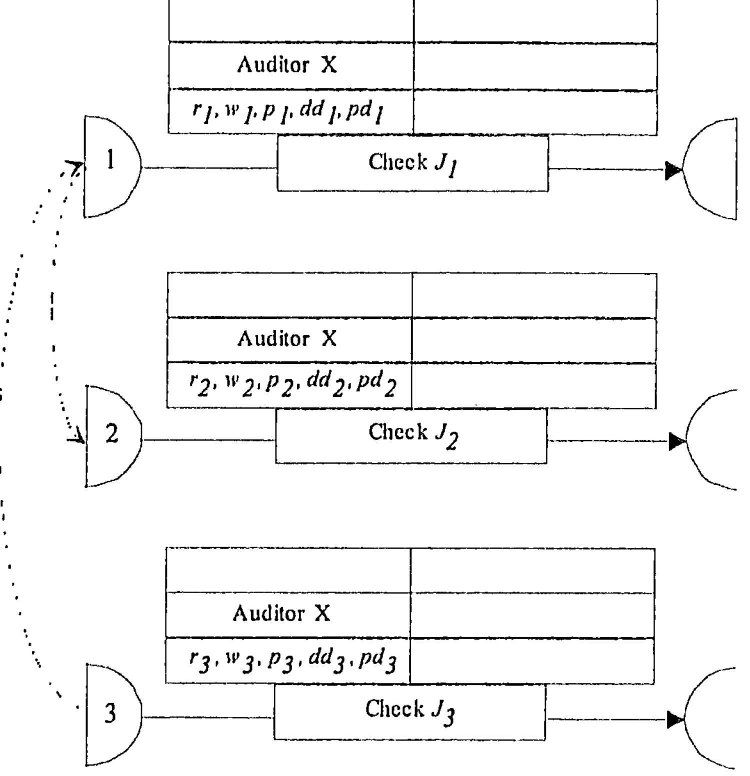

Figure 13: Scheduling model for problem solution

6 Conclusions

We have presented the language GPN to plan and schedule business processes within a single model. The language has the capabilities to structure problems from a descriptive point of view and to show how to optimise business processes when they have to be carried out. The language is easy to understand and easy to use and it is especially suited for modelling time-based assignment problems with a combinatorial structure.

We have not discussed how to evaluate process plans and have not presented algorithms to solve the arising scheduling problems. The scope of this contribution is to demonstrate that planning and scheduling problems can be modelled using a common and easy to use notational framework. We have illustrated this by an example case study. There are many business processes which can be analysed and optimised using the notational framework of GPN.

References

[BEPSW96] Blazewicz, J., Ecker, K., Pesch, E., Schmidt, G., Weglarz, J., Scheduling Computer and Manufacturing Processes, Springer, Berlin, 1996

[BN96] Bernus, P., Nemes, L., Modelling and Methodologies for Enterprise Integration, Chapman and Hall, London, 1996

[CKO92] Curtis, B., Kellner, M. I., Over, J., Process modeling, Communications of the ACM 35(9), 1992, 75-90

[EGS97] Ecker, K., Gupta, J., Schmidt, G., A framework for decision support systems for scheduling problems, European Journal of Operational Research, 101, 1997, 452-462

[ES93] Ecker, K., Schmidt, G., Conflict resolution algorithms for scheduling problems, in: K. Ecker, R. Hirschberg (eds.), Lessach Workshop on Parallel Processing, Report No. 93/5, TU Clausthal, 1993, 81-90

[SW89] Slowinski, R., Weglarz, J., (eds.), Recent Advances in Project Scheduling, Elsevier, Amsterdam, 1989

[MC94] Malone, T. W., Crowston, K., The interdisciplinary study of coordination, ACM Computing surveys 26(1), 1994, 87-119

[Pin95] Pinedo, M., Scheduling: Theory, Algorithms, and Systems, Prentice Hall, Englewood Cliffs, 1995

[Sch89] Schmidt, G., Constraint-satisfaction problems in project scheduling, in: [SW89], 135-150

[Sch96] Schmidt, G., Scheduling models for workflow management, in: B. Scholz-Reiter, E. Stickel (eds.), Business Process Modelling, Springer, 1996, 67-80

[Sch96a] Schmidt, G., Informationsmanagement - Modelle, Methoden, Techniken, Springer, Berlin, 1996

[Sch96b] Schmidt, G., Modelling production scheduling systems, Int. J. Production Economics 46-47, 1996, 109-118

[Sch97] Schmidt, G., Prozess management - Modelle und Methoden, Springer, Berlin, 1997

IMPACT: Instrument for Supporting Improvement Process Activities

Yven Schmidt
Universität des Saarlandes, Institut für Wirtschaftsinformatik

1 Einleitung

Die kontinuierliche Verbesserung von Geschäftsprozessen entbehrt gegenwärtig noch einer konsequenten instrumentarischen Unterstützung. Ziel des durch die Deutsche Forschungsgemeinschaft DFG geförderten Projektes IMPACT ist die Beseitigung dieses Defizits durch die Gestaltung eines Werkzeugs, das im Umfeld workflow-unterstützter Geschäftsprozesse die Planung und Steuerung von Verbesserungsprozessen ermöglicht. Das Projekt wurde in Kooperation mit dem Bereich Wirtschaftsinformatik I der Universität Erlangen-Nürnberg durchgeführt. Hinweise auf die im Rahmen des Vorgehens gemeinsam erarbeiteten Forschungsberichte finden sich im Literaturverzeichnis.

Als konzeptionelle Basis für das Werkzeug wird zunächst das zugrundeliegende Vorgehensmodell für die koordinierte Verbesserung von Geschäftsprozessen vorgestellt (Abschnitt 2). Dieses Vorgehensmodell ist in Abschnitt 3 Ausgangspunkt für die Definition entsprechender Komponenten, über die ein solches Werkzeug verfügen muss, um die ganzheitliche Unterstützung von Verbesserungsprozessen in allen Phasen sicherzustellen. Die prototypische Umsetzung dieses Werkzeuges wird in Abschnitt 4 vorgestellt. Abschnitt 5 stellt zusammenfassend die Erfolgsfaktoren des Ansatzes heraus.

2 Vorgehensmodell für die koordinierte Verbesserung von Geschäftsprozessen

2.1 Kontinuierlicher Verbesserungsprozess mit IMPACT

In Unternehmen finden nicht nur abrupte organisatorische Anpassungen statt, sondern auch zahlreiche, kontinuierliche, sich in kleinen Schritten vollziehende, graduelle Veränderungen. Mit IMPACT wird den Mitarbeitern ein Werkzeug zur Verfügung gestellt, mit dem die Initialisierung und Durchführung derartiger gradueller Veränderungen zielgerichtet erfolgen kann. Der Fokus liegt hierbei auf der kontinuierlichen Verbesserung von Geschäftsprozessen (KVP).

Mit IMPACT kann ein DV-gestütztes, betriebliches Vorschlagswesen eingeführt werden, bei dem es jedem Mitarbeiter möglich ist, eigenverantwortlich Verbesserungsvorschläge zu Geschäftsprozessen in elektronischer Form einzureichen. Die Zeit, die zwischen Verbesserungsidee und Umsetzung vergeht, lässt sich durch Übergang von einem papierbasierten Vorschlagswesen zu einem systematischen, DV-gestützten Verbesserungsmanagement unter Umständen drastisch verkürzen. Im folgenden Abschnitt wird das dem systematischen Verbesserungsmanagement mit IMPACT zugrundeliegende, an Habermann/Wargitsch[1] angelehnte, Vorgehensmodell für die koordinierte Verbesserung von Geschäftsprozessen vorgestellt.

2.2 Vorgehensmodell

Für die koordinierte Durchführung eines Verbesserungsprozesses werden vier Hauptphasen definiert: **Entstehung, Klassifizierung, Bewertung** und **Umsetzung**. Durch diese systematische Vorgehensweise wird die ganzheitliche Unterstützung des Verbesserungsprozesses durch IMPACT sichergestellt. Abbildung 1 visualisiert das Vorgehensmodell und gibt hierbei auch detailliertere Teilschritte innerhalb der Phasen mit ihren Reihenfolgebeziehungen wieder.

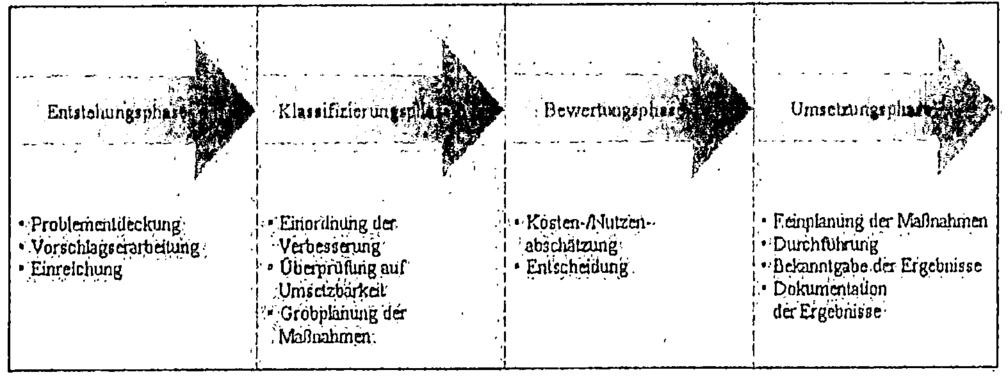

Abb. 7: Vorgehensmodell für die koordinierte Geschäftsprozessverbesserung

Die **Entstehungsphase** umfasst die ersten Schritte eines Verbesserungsprozesses angefangen von der Entdeckung eines Problems bzw. eines Verbesserungspotenzials über die Erarbeitung eines Verbesserungsvorschlages bis hin zur Weiterleitung desselben an den Prozessverantwortlichen. Die **Klassifizierungsphase** beinhaltet die Einordnung der vorgeschlagenen Verbesserung und Über-

---

[1] Vgl. F. Habermann; C. Wargitsch (1998), S. 25ff.

prüfung auf Umsetzbarkeit sowie eine Grobplanung der durchzuführenden Maßnahmen. In der **Bewertungsphase** erfolgt eine Kosten-/Nutzenabschätzung sowie, aus dieser resultierend, die Entscheidung über Annahme oder Ablehnung des Verbesserungsvorschlags. In der **Umsetzungsphase** wird die resultierende Verbesserungsinitiative koordiniert und durchgeführt. Dafür wird die Feinplanung der Verbesserungsinitiative vorgenommen, die einzelnen Verbesserungsmaßnahmen mit ihren Reihenfolgebeziehungen definiert und die zuständigen Mitarbeiter zugeordnet. Aus der abschließenden Bewertung der realisierten Verbesserungsleistung lässt sich die gegebenenfalls zugeteilte Prämie für den/die Einreicher des Verbesserungsvorschlags bemessen. Mit der Dokumentation der Verbesserungsinitiative und der Bekanntgabe der Ergebnisse wird die Umsetzungsphase abgeschlossen.

3 Komponenten von IMPACT

Um die Mitarbeiter in der **Entstehungsphase** zur Entdeckung von Verbesserungspotenzialen zu sensibilisieren, enthält IMPACT eine intranet-basierte Schulungskomponente, in der sich die Nutzer das notwendige Grundlagenwissen zur kontinuierlichen Verbesserung von Geschäftsprozessen und zur Nutzung von IMPACT als Werkzeug für die kontinuierliche Verbesserung von Geschäftsprozessen verschaffen können. Hierbei wird den Mitarbeitern auch methodisches Fachwissen zur Erkennung von Schwachstellen vermittelt. Auch Inhalte zum Thema Workflow-Management sind in dieser Schulungskomponente enthalten - diese sind insbesondere dann von Interesse, wenn die Verbesserung der Geschäftsprozesse im Umfeld workflow-unterstützter Unternehmungsabläufe stattfindet. Hier werden den Mitarbeitern relevante Informationen zur Nutzung von Workflow-Management-Systemen und zur Verbesserung von Geschäftsprozessen bereitgestellt. Bei der Erarbeitung eines Verbesserungsvorschlages wird zwischen gemeinsamer und einzelner Erarbeitung differenziert und für beide Fälle Unterstützungsmöglichkeiten angeboten. Damit Verbesserungsideen, die im laufenden Tagesgeschäft auftreten, diesem wegen Zeitmangel nicht zum Opfer fallen, ist integriert in die Arbeitsumgebung eine Möglichkeit vorgesehen, sich zunächst eine kurze elektronische Notiz zur Verbesserungsidee zu erstellen. Sie kann später ausgearbeitet und im Anschluss eingereicht werden. Bei der Ausarbeitung können auch weitere Mitarbeiter einbezogen werden, indem zum Beispiel die Anregung in ein Diskussionsforum eingestellt wird. Über das Diskussionsforum ist es somit möglich, andere mit der Thematik ebenfalls beschäftigte Mitarbeiter zu lokalisieren und gegebenenfalls auch mit diesen gemeinsam Verbesserungsvorschläge auszuarbeiten. Diese können dann analog zu im Alleingang erstellten Verbesserungsvorschlägen einem Prozessverantwortlichen zugestellt und die Initialisierungsphase somit abgeschlossen werden.

In der **Klassifizierungsphase** überprüft der Prozessverantwortliche den Verbesserungsvorschlag auf Sinn und Machbarkeit. Faktoren, die gegen die Machbarkeit eines Verbesserungsvorschlages sprechen könnten, sind rechtliche oder betrieblich-organisatorische Beschränkungen. Ist eine Umsetzung nicht machbar oder auf den ersten Blick nicht sinnvoll, wird der Verbesserungsprozess an dieser Stelle abgebrochen und den Beteiligten des Verbesserungsvorschlages ein entsprechender Bescheid zugesendet. Ansonsten erfolgt eine Grobplanung der im Rahmen der Verbesserungsinitiative durchzuführenden einzelnen Verbesserungsmaßnahmen sowie eine Einschätzung der ungefähren Zeitbedarfe für deren Durchführung. In der Klassifizierungsphase kann zur Überprüfung, ob es sich um einen relevanten Verbesserungsvorschlag handelt, auf das Klassifizierungsschema von Habermann/Wargitsch zurückgegriffen werden.[2]

Der in der Klassifizierungsphase entstandene grobe Projektplan für die Verbesserungsinitiative kann in der **Bewertungsphase** als Grundlage für eine Kosten-/Nutzenabschätzung herangezogen werden, indem die einzelnen Verbesserungsmaßnahmen kostenmäßig bewertet und die summierten Gesamtkosten der Verbesserungsmaßnahme berechnet werden. Durch Gegenüberstellung mit dem Nutzen der Verbesserungsinitiative resultiert die Entscheidung über die Durchführung der Verbesserungsinitiative. Übersteigen die Kosten für die Umsetzung den Nutzen des eingereichten Verbesserungsvorschlages, wird der Vorschlag nicht umgesetzt und der Verbesserungsprozess an dieser Stelle unter der Kenntnisnahme der Beteiligten abgebrochen. In der Klassifizierungsphase und auch hier kann der Entscheidungsträger auf die Wissensbasis zu Verbesserungsvorschlägen und -initiativen zugreifen und Daten vergleichbarer, vergangener oder noch aktuell laufender Verbesserungsprozesse suchen.

Auch in der **Umsetzungsphase** unterstützt IMPACT den Prozessverantwortlichen mit der Bereitstellung von Wissen zu vergangenen Verbesserungsinitiativen. Der Prozessverantwortliche kann vergleichbare Verbesserungsprozesse selektieren und gegebenenfalls Maßnahmen und/oder Kosten-/Nutzendaten auf aktuelle Verbesserungsinitiativen übertragen. Die Daten der aktuell bearbeiteten Verbesserungsinitiative sollen in dieser Phase ebenfalls in der Wissensbasis eingepflegt werden, damit diese allen Mitarbeitern transparent zur Verfügung stehen. Sowohl die Dokumentation der durchgeführten Maßnahmen als auch des Ergebnisses mit gegebenenfalls erfolgter Prämierung kann über die Intranetplattform und die hinterlegte Datenbank vorgenommen werden.

Zur Erhöhung der Transparenz über den Status Quo der laufenden Verbesserungsprozesse und zur Verbesserung der Steuerung des gesamten Verbes-

---

[2] Vgl. F. Habermann; C. Wargitsch (1998), S. 4ff.

serungswesens werden zusätzliche phasenübergreifende Funktionalitäten implementiert. So wird der Fortschritt des Verbesserungsprozesses, der sich in der Abfolge der vier genannten Phasen manifestiert, per virtuellem Schwarzen Brett und durch E-Mails an die Beteiligten dargelegt. Hierzu wurden verschiedene Stati von Verbesserungsprozessen definiert, die eine nachvollziehbare Aussage über deren Stand innerhalb des Phasenmodells ermöglichen. Über das virtuelle Schwarze Brett erhalten die Mitarbeiter dann Transparenz über den aktuellen Status der laufenden Verbesserungsprozesse. Auch die Schulungskomponente von IMPACT kann als phasenübergreifend betrachtet werden, da sie Wissen zu allen Phasen vermittelt. Die Benutzungsdokumentation umfasst darüber hinaus ein durchgängiges Beispiel eines Verbesserungsprozesses.

Abbildung 2 visualisiert die Einordnung der Komponenten von IMPACT in das Vorgehensmodell für die koordinierte Verbesserung von Geschäftsprozessen.

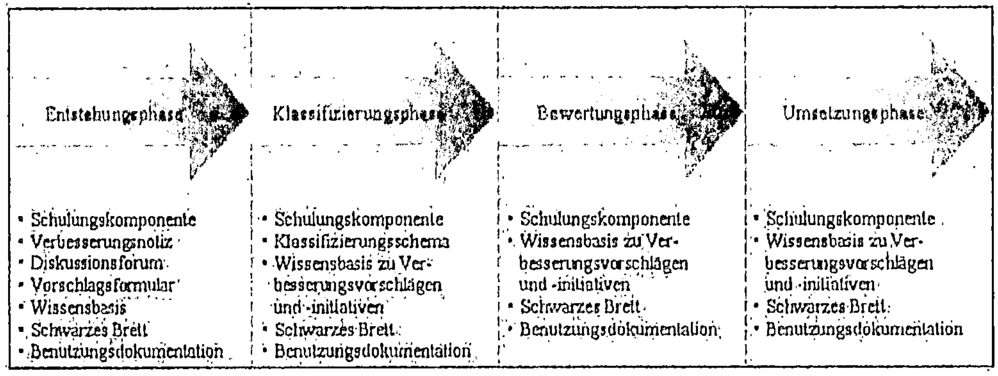

Abb. 8: Komponenten von IMPACT

4 Prototypische Umsetzung

Den zugrundeliegenden Phasen des Vorgehensmodells für die koordinierte Verbesserung von Geschäftsprozessen (Entstehung, Klassifizierung, Bewertung und Umsetzung) können wie im vorhergehenden Abschnitt erwähnt, entsprechende Stati von Verbesserungsprozessen bzw. Verbesserungsvorschlägen zugeordnet werden. Unterschieden werden die Stati „abgegeben", „in Bearbeitung", „angenommen", „abgelehnt", „erfolgreich abgeschlossen" sowie „nicht erfolgreich abgeschlossen".

Den Status „abgegeben" erhält ein Verbesserungsvorschlag direkt nach seiner Einreichung. Nachdem zuvor die Phase der Ideengenerierung durch die Schulungskomponente, eventuell auch durch Nutzung der Verbesserungsnotiz oder des Diskussionsforums unterstützt wurde, stellt IMPACT hierfür in der

Komponente „Verbesserungsmanagement" ein elektronisches Formular bereit. In diesem werden zunächst der Name des Einreichenden, dessen E-Mail-Adresse sowie organisatorische Zugehörigkeit aufgenommen. Für den Verbesserungsvorschlag werden Titel, Problembeschreibung (also Ist-Situation und beobachtete Probleme), daraus abgeleiteter Verbesserungsvorschlag, durchzuführende Maßnahmen sowie eine grobe Einschätzung von Aufwand und Nutzen erfasst. Auch die Referenzierung auf vergleichbare, bereits durchgeführte Verbesserungen, die Nennung weiterer Ansprechpartner sowie die Eingabe sonstiger Bemerkungen ist möglich.

Ein Klick auf den Button am Formularende löst das Absenden des Formulars und damit die Abgabe des Vorschlags aus. Hierbei wird automatisch das Abgabedatum festgehalten und dem Einreicher die Verbesserungsvorschlagsnummer mitgeteilt, unter der sein Verbesserungsvorschlag geführt ist. Der zugehörige Hyperlink für den Verbesserungsvorschlag in der Intranetplattform wird dem Einreicher in einer Bestätigungsmail mitgeteilt. Der ganzheitlich für das Verbesserungsmanagement verantwortliche IMPACT-Administrator erhält auf diesen Vorschlag ebenso einen Hinweis wie der gegebenenfalls im Formular genannte Prozessverantwortliche (sofern dieser dem Einreicher bekannt war).

In der hinterlegten Datenbank wird der Verbesserungsvorschlag mit den eingegebenen Daten sowie dem Vorschlagsabgabedatum angelegt. Der Status für diesen neu abgegebenen Verbesserungsvorschlag wird dort automatisch auf „abgegeben" gesetzt. Nimmt sich der Administrator oder ein Prozessverantwortlicher mit entsprechenden Zugriffsrechten dieses Verbesserungsvorschlages an, hat er die Möglichkeit, den Status auf „in Bearbeitung" zu setzen. Dies bedeutet, dass er den Vorschlag prüft und diesen dann entweder annehmen oder verwerfen wird. Bei Annahme eines Vorschlages wird eine Verbesserungsinitiative gestartet, der Status auf „angenommen" gesetzt, eine Verbesserungsinitiativennummer angelegt und das Datum der Annahme gespeichert. Bei Ablehnung des Verbesserungsvorschlages muss der Prozessverantwortliche dafür eine Begründung angeben, um den Status auf „abgelehnt" zu setzen. Der Einreicher wird in jedem Fall durch eine E-Mail auf die Statusänderung aufmerksam gemacht. Generell werden bei jeder Statusänderung Administrator, Prozessverantwortlicher und Einreicher des Verbesserungsvorschlags über diese informiert.

Insgesamt gibt es vier Komponenten (Vorschlagsübersicht, Initiativenübersicht, Schwarzes Brett und Verbesserungshistorie), mit denen sich alle am Kontinuierlichen Verbesserungsprozess beteiligten Mitarbeiter einen Überblick über laufende und abgeschlossene Verbesserungen verschaffen können. Fokus und Zielsetzung dieser vier Sichten auf Verbesserungsprozesse sind unterschiedlich.

Die **Vorschlagsübersicht** gibt einen chronologisch absteigend sortierten Überblick über alle eingereichten Verbesserungsvorschläge und deren Stati (vgl. Abbildung 3). Auch eine gezielte Suche nach innerhalb der Verbesserungsvorschläge enthaltenen Stichworten ist möglich. In dieser Sicht werden lediglich grobe Informationen zu den Verbesserungsvorschlägen sichtbar. Durch Klick auf einen entsprechenden Verbesserungsvorschlag wird die Detailansicht aktiviert.

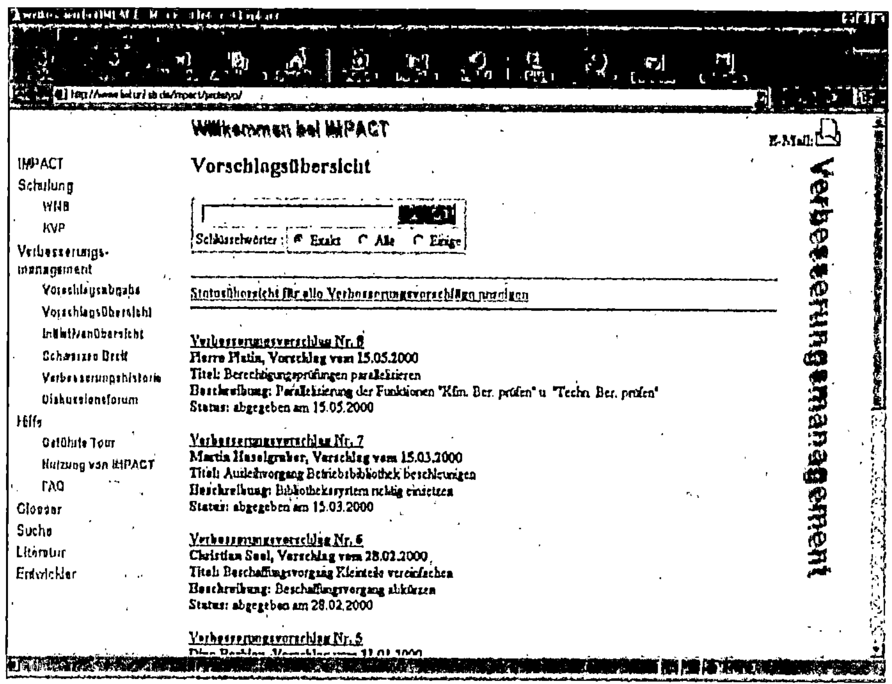

Abb. 3: Verbesserungsvorschlagsübersicht

Während in der Vorschlagsübersicht alle eingereichten Vorschläge ohne eine Filterung, ob diese auch angenommen wurden, angezeigt werden, sind in der **Initiativenübersicht** nur gezielt die Verbesserungsvorschläge einsehbar, die zu Verbesserungsinitiativen geführt haben, also angenommen wurden. Die Darstellungsform ist analog zur Vorschlagsübersicht, Details werden durch Klick auf eine einzelne Verbesserungsinitiative sichtbar (vgl. Abbildung 4). Sofern für die Initiativen bereits die erforderlichen Maßnahmen definiert bzw. eingepflegt wurden, kann von der Detailsicht auch noch in eine Ansicht dieser Maßnahmen verzweigt werden. Für jede einzelne Maßnahme können als beschreibende Attribute das zugehörige Verbesserungsobjekt (z. B. Prozess und/oder Teilprozess), Bezeichnung und Beschreibung der Maßnahme, Koordinatoren, resultierende Verbesserungsleistungen sowie eine Nutzen- und Kosteneinschätzung eingesehen werden.

Während die Vorschlagsübersicht alle Verbesserungsvorschläge in allen Umsetzungsphasen aufzeigt und die Initiativenübersicht alle Verbesserungsinitiativen wiedergibt, filtert das **Schwarze Brett** gezielt aktuelle Informationen zu Verbesserungsvorschlägen und -initiativen heraus. Der Fokus des Schwarzen

Brettes liegt auf der Darstellung der Dynamik der laufenden Verbesserungsprozesse. Zu diesem Zwecke werden Statusänderungen chronologisch absteigend sortiert wiedergegeben. So finden sich auf dem Schwarzen Brett Hinweise auf neu abgegebene Verbesserungsvorschläge, neuerdings in Bearbeitung befindliche Verbesserungsvorschläge, aktuell verworfene oder angenommene Vorschläge und gerade erfolgreich oder nicht erfolgreich umgesetzte Initiativen.

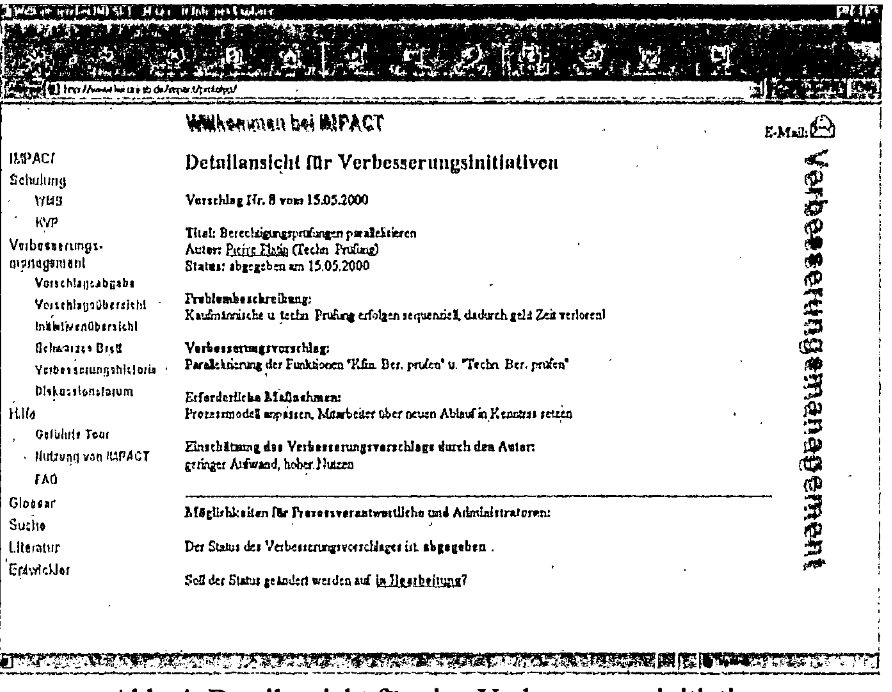

Abb. 4: Detailansicht für eine Verbesserungsinitiative

Durch Auswahl des Punktes **Verbesserungshistorie** in der Menü-Leiste der Komponente Verbesserungsmanagement können Informationen zum Ablauf von Verbesserungsprozessen eingesehen werden (vgl. Abbildung 5). Die Verbesserungshistorie umfasst für einen konkreten Verbesserungsvorschlag alle Daten und Stati der Phasen, die dieser bisher durchlaufen hat und gibt somit Auskunft darüber, wie die Verbesserung verlaufen ist, wer wann eine Statusänderung veranlasst hat und gibt damit implizit auch Auskunft über die Bearbeitungsdauer in den einzelnen Phasen. Während man aus den drei vorgenannten Übersichtskomponenten nur die jeweils letzte Statusänderung ersehen kann, erhält man dort, bezogen auf den Ablauf des Verbesserungsprozesses, einen kompletten Überblick. Auch hier ist wieder die Verzweigung zu den Detailinformationen durch einen Klick auf den Link mit dem entsprechenden Verbesserungsvorschlag möglich. Auch eine Verzweigung in die Maßnahmensicht ist realisierbar, sofern diese für eine Verbesserungsinitiative gepflegt wurde.

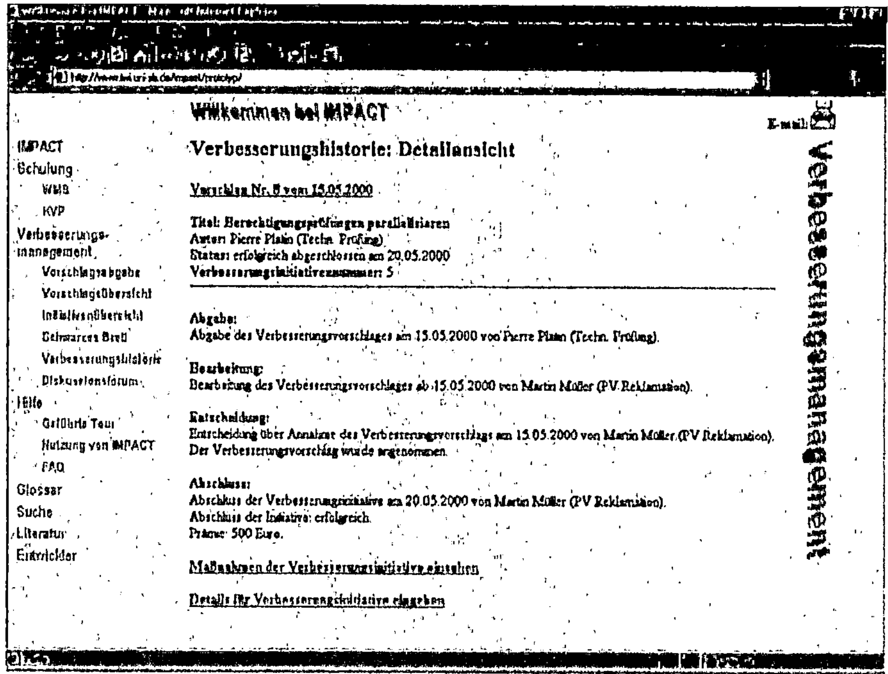

Abb. 5: Verbesserungshistorie

Der Menüpunkt Verbesserungshistorie ist somit insbesondere für Prozessverantwortliche interessant, die im Nachhinein den Ablauf eines Verbesserungsprozesses noch einmal in seiner zeitlichen Abfolge beleuchten können. Diese Komponente könnte auch eine Ausgangsbasis für die Verbesserung von Verbesserungsprozessen darstellen. Deren Ablauf kann auf diese Weise analysiert und z. B. Potenziale für eine Verkürzung der Durchlaufzeiten aufgedeckt werden.

5 Ausblick

IMPACT ermöglicht ein systematisches, intranetbasiertes Verbesserungsmanagement. Dies wird durch die ganzheitliche Unterstützung des vorgestellten Vorgehensmodells für die koordinierte Verbesserung von Geschäftsprozessen erreicht. Informationen über aktuelle Prozessverbesserungen stehen in allen Verbesserungsphasen transparent zur Verfügung. Zusätzlich werden die beteiligten Akteure per E-Mail auf Statusänderungen von laufenden Verbesserungsprozessen hingewiesen. Die Intranetplattform verfügt darüber hinaus über eine Schulungskomponente zur konzeptionellen und methodischen Schulung der Benutzer, einem zielgerichteten Sichtenkonzept auf Verbesserungsvorschläge sowie einem virtuellen Schwarzen Brett zu laufenden Verbesserungsaktivitäten. Entscheidet sich ein Mitarbeiter für das Einreichen eines Verbesserungsvorschlages, kann er den gesamten Vorgang ausgehend vom Zeitpunkt des Einreichens bis zur Annahme bzw. Ablehnung durch den Prozessverantwortlichen im Intranet verfolgen. Auch die Prämierung von Verbesserungsvorschlägen und die Umsetzung von Anreizsystemen ist möglich. Durch die Bereitstellung der benötigten Funktionalitäten für ein virtuelles betriebliches Vorschlagswesen kann die Beteiligung der Mitarbeiter am Kontinuierlichen Verbesserungsprozess somit unmittelbar vom Arbeitsplatz aus erfolgen.

Literatur

Habermann, Frank, Wargitsch, Christoph (1998): IMPACT: Workflow-Management-System als Instrument zur koordinierten Prozessverbesserung - Anforderungen, in: Scheer, August-Wilhelm (Hrsg.), Veröffentlichungen des Instituts für Wirtschaftsinformatik, Nr. 150, Saarbrücken 1998.

Schmidt, Yven, Barbian, Dina (2000): IMPACT: Workflow-Management-System als Instrument zur koordinierten Prozessverbesserung - WMS-Komponenten, in: Scheer, August-Wilhelm (Hrsg.), Veröffentlichungen des Instituts für Wirtschaftsinformatik, Nr. 159, Saarbrücken 2000.

Schmidt, Yven, Barbian, Dina (2000): IMPACT: Workflow-Management-System als Instrument zur koordinierten Prozessverbesserung - IV-Konzeption und Implementierung, in: Scheer, August-Wilhelm (Hrsg.), Veröffentlichungen des Instituts für Wirtschaftsinformatik, Nr. 161, Saarbrücken 2000.

Schmidt, Yven, Barbian, Dina (2000): IMPACT: Workflow-Management-System als Instrument zur koordinierten Prozessverbesserung - Anwendung und Fallstudie, in: Scheer, August-Wilhelm (Hrsg.), Veröffentlichungen des Instituts für Wirtschaftsinformatik, Nr. 164, Saarbrücken 2000.

Informationssysteme für „schlecht strukturierbare Anwendungsgebiete"

Stephan Geberl
Fachhochschule Liechtenstein

1 Ausgangslage

Die Hauptaufgabe des Informationsmanagements ist nach Stahlknecht[1] die Entwicklung und Bereitstellung von Managementinformationssystemen oder kurz von Informationssystemen. Wenn Manager, Informatiker und Wirtschaftsinformatiker an Informationssysteme denken, meinen Sie dabei meist ein technisches (wenn auch nicht immer computergestütztes) System. Einige gängige Definitionen zeigen dies, indem sie fast ausschliesslich auf den Output des Informationssystems abstellen z.B „Als Management-Informationssystem wird ein System zur Bereitstellung von Führungsinformationen gekennzeichnet."[2] oder kurz „.... Richtige Information zur richtigen Zeit in der richtigen Form am richtigen Platz!"[3]. In der Praxis führt dieser Weg immer dann zu (relativem) Erfolg, wenn es sich um Systeme handelt, die sogenannte „harte" Daten aus dem betrieblichen Rechnungswesen oder allgemeiner dem Geld- bzw. Güterkreislauf verarbeiten.[4] Schwierigkeiten ergeben sich dagegen immer dann, wenn es um sogenannte „weiche Daten" wie beispielsweise Marktinformationen, Wissen in einem Betrieb etc. handelt. Die Begriffe „weiche Daten" und „harte Daten" bedürfen ebenfalls einer Präzisierung da in der Literatur eine Definition meist nur anhand einer nicht abschliessenden Aufzählung erfolgt[5].

Besonders wenn sich die Wirtschaftsinformatik mit den sogenannten „schlecht strukturierbaren" Gebieten der Betriebswirtschaft wie Martketing oder Wissensmanagement befasst wird offensichtlich, dass eine rein technisch-kybernetische Sichtweise (Arbeitsweise) nicht mehr ausreicht. Dieser Artikel soll den Begriff des Informationssystems aus einer systemischen Perspektive beleuchten und

---

[1]   Stahlknecht P., Hasenkamp U.; 1999

[2]   Scheer A.-W.; 1998; S 4

[3]   Stahlknecht P., Hasenkamp U.; 1999; S. 410

[4]   vgl. dazu Fletcher K., Buttery A., Deans K.; 1988; S 27 (Bemerkung des Autors: wobei die prinzipielle Aussage nach wie vor aktuell ist).

[5]   vgl. dazu eine Definition von „soft" Data von Lock A.R., Hughes D.R.; 1989; S 25

insbesondere eine Diskussionsgrundlage für die Beantwortung folgender Fragen schaffen:

- Was ist Wissen, was sind Daten, was ist Information?
- Kann ein (technisches) Informationssystem grundsätzlich Informationen generieren, verarbeiten etc.?
- Was kennzeichnet „harte Daten" und „weiche Daten"?

Letztendlich geht es darum, die Frage zu beantworten, was unter dem Begriff des Informationssystems zu verstehen ist, und inwieweit Informationssysteme in den verschiedenen Bereichen einer Organisation (eines Unternehmens) sinnvoll zu verwirklichen sind.

2 Wissen - Daten - Information - Informationssytem

Aus vielen veröffentlichten Definitionen ist leider faktisch kein Unterschied zwischen Daten, Wissen und Information herauszulesen. Der Ansatz: Information = Codiertes Wissen oder beispielhaft für viele bei Beat. F. Schmid „Wir bezeichnen mit persistenter Information, die Information, die ein Informationssystem enthält, und mit virtueller Information die Information, die aus persistenter Information bei Bedarf hergeleitet wird."[6] ist symptomatisch. Er überspringt einerseits die subjektive Handlungskomponente, die im Begriff Information und andererseits die Überzeugungskomponente, die im Begriff Wissen innewohnt.

Mit diesem Ansatz wird der Anschpruch erhoben, dass die maschinelle Informations- (Wissens-) Sammlung, Speicherung und Verarbeitung in jedem denkbaren Anwendungsgebiet möglich ist. Im Extremfall lässt sich aus vielen Definitioen die (zirkuläre) Aussage ableiten: Information ist das, was im Informationssystem gespeichert ist. Der Schwerpunkt liegt in der Praxis dementsprechend (auch gefördert durch die inzwischen enormen technischen Möglichkeiten) zunehmend auf der Speicherung und Verwaltung/Organisation grosser Datenmengen und immer ausgefeilteren Auswertesystemen. Die folgenden Absätze sind ein Versuch, die Begriffe in einen systemtheoretischen Kontext zu bringen und begriffliche Unterschiede herauszuarbeiten.

Das System wird als operational und ausser bei rein physikalischen Systemen auch informatorisch geschlossene Einheit mit Strukturen und systemeigenen Operationsweisen (bei sozialen Systemen sind hier immer Kommunikationen gemeint) verstanden. Der Bezug zur Umwelt erfolgt durch strukturelle

---

[6] Beat F. Schmid; 1999

Ankoppelung wobei einerseits wichtig ist, dass (soziale) Systeme immer selbst bestimmen was für sie Umwelt ist (siehe auch Wissen und symbolische Generalisierung) und ein „Anstoss" aus dieser Umwelt nie direkt wahrgenommen werden kann, wie die klassische Informationstheorie postuliert, sondern immer über den Umweg der Veränderung von systemeigenen Prozessen.

Information wird „als ein Ereignis definiert, das Zustände eines Systems auswählt - ein Ereignis also, das einen selektiven Einfluss auf die Strukturen eines Systems ausübt und dadurch Veränderungen auslöst."[7] Als Ereignisse werden Kommunikationen in sozialen und Gedanken in psychischen Systemen bezeichnet[8], die keine Dauer besitzen und deshalb nur in der Differenz von Vorher und Nacher erfasst werden können. Diese Ereignisse können durch **Nachrichten** aus der Umwelt ausgelöst werden. Wichtig ist dabei, dass im Gegensatz zum klassischen Begriff der Nachricht hier die Nachricht keinesfalls die Information „transportiert". Die Nachricht wird als „Störung" von aussen verstanden, **Information wird aufgrund dieser Störung vom System selbst produziert** und kann als Differenz zu dem was erwartet war interpretiert werden. Verschiedene Systeme können aus diesem Grund je nach ihrem Steuerungscode bei ein und derselben Nachricht durchaus mit unterschiedlichen Informationen „reagieren" ohne dass man zur Erklärung auf das Konstrukt des „Übertragungsfehlers" zurückgreifen müsste. Diese Zusammenhänge sind in Abbildung 1 stark schematisiert verdeutlicht. In sozialen Systemen sind Strukturen Erwartungsstrukturen, also „Kondensate von Sinnverweisungen, die zeigen, wie eine gewisse Situation beschaffen ist und was in Aussicht steht."[9]. Erwartungsstrukturen können mit dem Begriff **Wissen** gleichgesetzt werden. Wissen stellt nach Lehner ein „... Gewebe von Überzeugungen dar, die sich begründen lassen müssen."[10]. Die Forderung nach (minimaler) Intersubjektivität von Wissen ist dabei aus systemtheoretischer Sicht in jedem Fall durch den Prozess der Kommunikation und dabei explizit in der Forderung nach Anschlussfähigkeit der Kommunikation sichergestellt. Wissen besitzt also im Gegensatz zur Information Dauer, was allerdings nicht heisst, dass Wissen endgültig und absolut ist. Die Erwartungsstrukturen können sich durch den Einfluss von Nachrichten (Störungen von aussen) ändern. Die Funktion von Erwartungsstrukturen haben im sozialen (Kommunikations-) System symbolische

---

[7] Claudio Baraldi, Giancarlo Corsi, Elena Esposito; 1998; S. 76
[8] Wobei ich hier nicht auf die Auseinandersetzung inwieeit Sprache für die Operationsweise des psychischen Systems Voraussetzung ist eingehe.
[9] Claudio Baraldi, Giancarlo Corsi, Elena Esposito; 1998; S. 45 (Bemerkung des Autors: Wissen wird hier absichtlich nicht wie in technisch kybernetischen Systemen in Fakten und Regeln zerlegt)
[10] Lehner; 1999

Generalisierungen (oder auch Sinneinheiten)[11]. Beispielsweise erwartet ein Unternehmen, dass Geld (=symbolische Generalisierung) im Normalfall als Zahlungsmittel seinen Wert behält usw. Die symbolische Generalisierung reduziert systemexterne Komplexität durch die Bildung interner Komplexität.

Durch die „symbolische Generalisierung erinnern sich gleichsam die Dinge an sich selbst und bleiben mehr oder weniger an ihre früheren Formen gebunden."[12]

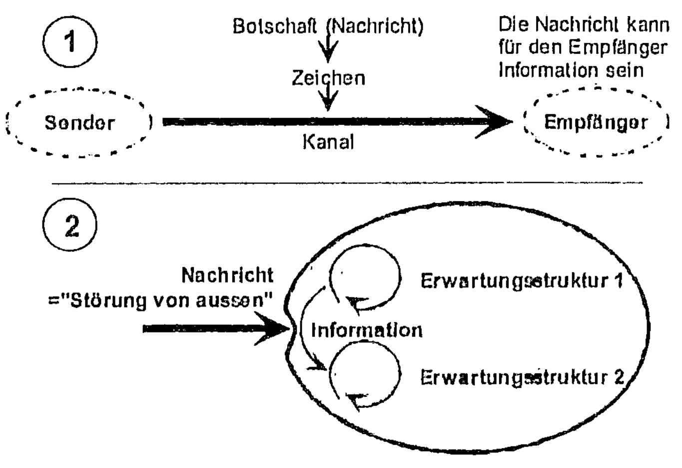

Abbildung 1: Unterschied zwischen dem klassischen (1) und
dem systemtheoretischen (2) Informationsbegriff

Informationssysteme und auch die interne Struktur (Organisation) eines Unternehmens können als (Teil der) symbolische(n) Generalisierung verstanden werden. Die Datenkategorien (Entitätstypen) und deren Verknüpfungen (Relationen) sind symbolische Generalisierungen egal ob sie maschinell oder manuell verarbeitet werden. Informationen sind in diesem Sinn nicht die verschiedenen Ausprägungen der Datenkategorien (Daten im üblichen Sinn) sondern Ereignisse, welche die damit verbundenen Erwartungen (Strukturen, Daten) verändern. Wenn beispielsweise die Erwartung eines Unternehmens für die symbolische Generalisierung „Umsatz Produkt A zwischen 20 und 30 Mio. Geldeinheiten" liegt, ist die Nachricht „Umsatzeinbruch" und das im System ausgelöste Ereigniss „Umsatz Produkt A = 10 Mio. Geldeinheiten" dann (und nur dann) eine Information wenn es die Erwartungsstrukturen ändert, also Strukturanpassung auslöst.

Der Begriff „**Daten**" ist als technisch geprägter Begriff im System nicht zu lokalisieren sondern als Teil der symbolischen Generalisierungen eines Systems zu verstehen und angesichts der vorhergehenden Ausführungen am ehesten als

---

[11] vgl. dazu David J. Krieger; 1996; S. 70 ff

[12] David J. Krieger; 1996; S. 71

mögliche stoffliche Ausprägung (Zeichen[13]) von Systemprozessen zu beschreiben. Es ist dabei wiederum wichtig zu bemerken, dass Daten niemals von aussen in ein System kommen können, sondern immer vom System selbst erzeugt werden. Daten sind Zeichen, die im Kommunikationsprozess verwendet werden und beispielsweise in einem sozialen System auf Sinn[14] als letztendlichen Steuerungscode des Systems verweisen.

3 Systemtypen

Informationssysteme (Erwartungsstrukturen) in sozialen und psychischen Systemen können als isomorphe Abbilder von Umsystemen betrachtet werden. Die Forderung nach einer adäquaten Abbildung ist, wenn wir davon ausgehen, dass Information immer vom System selbst „erzeugt" wird, eine der wichtigsten Aufgabenstellungen des Informationsmanagements. Der folgenschwerste Fehler, der bei der Gestaltung von Informationssystemen gemacht wird, ist die Falschzuschreibung von Systemeigenschaften. Einerseits werden sozialen Kommunikationssystemen oder psychischen Systemen häufig mechanistische oder genetische Codes zugrundegelegt, andererseits mechanistischen Systemen Sinncodes zugeschrieben[15]. Nach herrschender Auffassung (wobei dies u. U. nach Meinung des Autors sicher nicht die letztendliche „Wahrheit" ist) gibt es vier mögliche Modelltypen und drei Steuerungsprinzipien für Systeme. Die Steuerungsprinzipien werden auch als Code bezeichnet. „Als Code kann diejenige Idee (der Konstruktionsplan) verstanden werden, welche die verschiedenen Teile des Systems aus dem "Urmeer" der Umwelt als Systemteile identifiziert, diese Teile zueinander in Beziehung setzt und ihre Austauschbeziehungen definiert"[16].

---

[13] Zeichen ist hier im semiotischen Sinn als Verweis auf etwas anderes gebraucht.

[14] Auf Überlegungen zur Einheit von Sinn und Zeichen wird hier nicht eingegangen, da dies den Rahmen sprengen würde und wenig zur Beantwortung der Fragestellung beiträgt; siehe dazu aber Krieger D.J.; 1996; S 62 ff

[15] Menschen tendieren manchmal dazu, Dingen oder Tieren sinnhaftes Verhalten zuzuschreiben. Ein bekanntes Beispiel dafür, dass durchaus auch wissenschaftlich gebildeten Menschen dieser Fehler unterlaufen kann ist in Watzlawick P.; 1978; S 41 ff („Der Kluge Hans" und „Das Kluge-Hans-Trauma") beschrieben. Auf der anderen Seite wird z.B. von Maturana (1987) die Existenz von Sinn-basierten Codes angezweifelt und Sprache als sinnleeres konsensuales Verhalten gedeutet.

[16] Nach Krieger D.J.; 1996; S 22

Der Code bestimmt also sowohl die Innen- als auch die Aussenbeziehungen eines Systems (was das System als Umwelt definiert, welche Nachrichten aus der Umwelt das System verarbeiten kann und welche Informationen daraus generiert werden). Die Abbildung 2 zeigt Systemmodelle und Steuerungsprinzipien. Beispiele für technische Systeme sind Klimaanlagen, Computer etc.; biologische Systeme können Lebewesen, Pflanzen sein während Kommunikationssysteme (also soziale und psychische Systeme) Kulturen, Organisationen etc. aber Einzelindividuen als psychische Systeme[17] sein können.

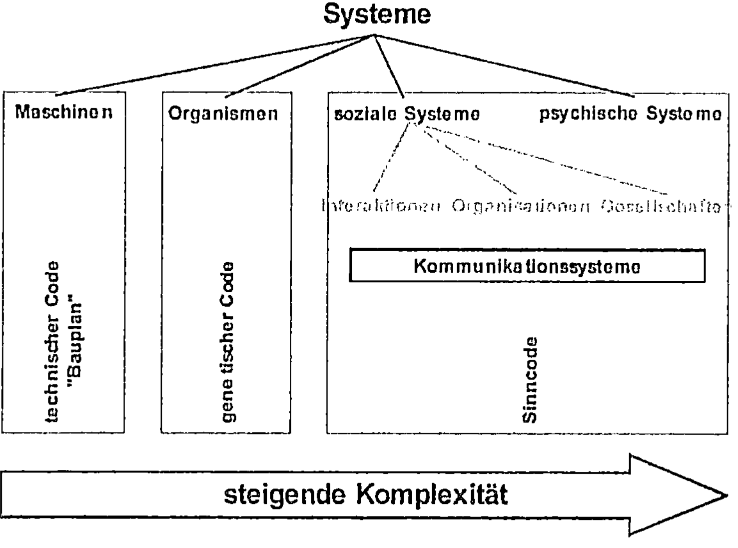

Abbildung 2: Systemmodelle und Steuerungsprinzipien[18]

Das zugrundeliegende Organisationsprinzip eines **technischen Systems** ist ein sog. „technischer Code" (synonym auch „physikalischer Code"). Durch „technische Codes" konstituierte Systeme sind informatorisch offen. Das bedeutet, der Sollwert wird von aussen vorgegeben (Sollwertvorgabe) und Systemzweck ist eine aktive Veränderung der Umwelt, um den vorgegebenen Sollwert wieder zu erreichen. Veränderung, die über reines Regelverhalten oder die Änderung des Sollwertes von aussen hinausgeht, ist innerhalb dieser Struktur nur durch externe Codeänderung (Umprogrammieren, Berater, Management)

---

[17] Ein interessanter Aspekt ist dabei inwieweit Sprache für das gedankliche Prozessieren eines psychischen Systems unabdingbar ist. Ansätze dazu sind u. a. in Damasio A.R.; 1997; S152 ff und Jaynes J.; 1997; S 65 ff zu finden.

[18] Die Grundlagen zu diesem Schema stammen aus Claudio Baraldi, Giancarlo Corsi, Elena Esposito; 1998; S. 177 und Krieger D.J.; 1996; S 22 ff

möglich. Zur Modellierung derartiger Systeme stehen zahlreiche Methoden zur Verfügung. Mechanistische Modelle lassen sich als Modelle innerhalb von Unternehmen dann einsetzen, wenn der Schwerpunkt auf dem Verständnis der Geld- und Güterströme liegt. Sie erreichen aber dort ihre Grenzen, wo es darum geht, das Kommunikationsgeflecht eines Marktes bzw. der Wirtschaft als Ganzes abzubilden oder zu verstehen. Dieses Modellabbild hat trotz mangelhafter Abbildung Bedeutung erlangt, weil es als Erwartungsstruktur in viele Systeme eingebaut wurde und wird. Der Mensch richtet seine Entscheidungen nach dem Modellbild „homo ökonomicus", weil er sich vom „Funktionieren" des Modells Vorteile vor allem in Bezug auf Planungssicherheit erwartet. In manchen Bereichen ist das Modell zudem auch Gesetz im juristischen Sinn oder allgemein anerkannte Gepflogenheit geworden. Hier ist vor allem an den Bereich der Unternehmensrechnung und des Reportings zu denken. Auch hier wird sichtbar, dass die Modelle dann gut abbilden, wenn sie auf der „materiellen" Ebene der Geld und Güterströme bleiben während kommunikatorische Details (z.B. Bewertungsproblematik) nur durch von aussen kommende Konventionen zu lösen sind.

Die Sollwertvorgabe **biologischer Systeme** erfolgt nicht von aussen, sondern liegt im Organisationsprinzip „genetischer Code" selbst begründet. Die Reaktion eines biologischen Systems auf einen Umwelteinfluss hat primär keine Beeinflussung der Umwelt zum Ziel, sondern die Beibehaltung des eigenen Gleichgewichts. Der Zweck eines nach dem genetischen Ordnungsprinzip arbeitenden Systems ist nicht die Veränderung der Umwelt, sondern einzig und allein die Selbsterhaltung und Selbstreproduktion. Genetisch codierte Systeme sind informell geschlossen. Sie besitzen keinerlei „Konzept von sich selbst" und handeln nach mehr oder weniger einfachen Reiz-Reaktions-Mechanismen. Seitdem die Idee des genetischen Codes und das Verständnis für die Begriffe Vererbung, Mutation und vor allem Selektion Gestalt angenommen hat, ist die Wirtschaftswissenschaft immer wieder versucht, das biologisch/genetische Modell auf Vorgänge in der Wirtschaft anzuwenden. Das Aufkommen der Gentechnik und einem tieferen Verständnis der „mechanistischen" Funktionsweise des Vererbungsmechanismus und seinem Zusammenspiel mit Mutation und Selektion[19] hat zudem dazu geführt, dass verschiedene computergestützte Modelle entstanden und entstehen, die zu Simulations- und Prognosezwecken eingesetzt werden können. Es gibt allerdings starke Zweifel, ob die zugrundeliegenden Annahmen tatsächlich haltbar sind. Dabei geht es nicht darum, die Qualität von Simulations- oder Prognoseer-

---

[19] Auch von einschlägigen Fachautoren (z.B. Heistermann J.; 1994; S 143) wird übrigens immer wieder betont, dass in ihren Modellen dem Mutationsmechanismus ein ungleich grösseres Augenmerk als dem Selektionsmechanismus zu schenken ist

gebnissen zu bewerten, sondern grundsätzliche Überlegungen bezüglich der Adäquatheit des Modells anzustellen[20].

Technische und biologische Modelle können nur unzureichend die Vorgänge innerhalb eines **sozialen oder psychischen Systems** erklären. Es spricht vieles dafür, dass bei steigender Komplexität eines Systems die Produktion und Reproduktion von Sinn als Code an die Stelle der Überlebensformel oder des rein physikalischen Prozessierens tritt. Das System nimmt sein Verhalten einerseits in Form von „Bildern" und, andererseits diese „Bilder" als seine eigenen wahr, hat also eine Wahrnehmung von sich selbst. Zudem können diese „Bilder" gespeichert und beliebig abgerufen sowie anderen Systemen vermittels einer Sprache mitgeteilt werden. Bedingung dafür ist die Fähigkeit des Systems zur Kommunikation, genauer zur „sinnhaften" Zeichenverarbeitung. Damit werden Selbst- bzw. Fremdbild und damit Selbstreferenz und Reflexion möglich[21]. Das Kommunikationssystem (sei es nun ein Mensch oder ein soziales Gebilde) betrachtet dabei alles, was es über „Messfühler" (= eigene Umweltdefinition des Systems!) von seiner Umwelt erfahren hat, als eigene Wahrnehmung. Lernen wird unter diesen Voraussetzungen zu Erkenntnis und die Kommunikation zum entscheidenden Merkmal eines sozialen Systems. Wie das biologische System am Überleben (dem Weiterbestand des eigenen genetischen Codes) ist ein Sinnsystem primär an der Aufrechterhaltung seines Sinncodes interessiert.

4 Schlussfolgerungen

Informationssysteme sind als ein Teil der komplexitätsvermindernden symbolischen Generalisierung des sozialen Systems „Unternehmung" anzusehen. Hier wird einsichtig, dass ein Informationssystem in jedem Fall Informationen selbst aus externen Störungen produziert. Ein Informationssystem, sei es nun technisch oder nichttechnisch gestützt, ist immer eine Ausdifferenzierung des Systems um **vom System definierte Umwelt** abhandeln zu können. Das Unternehmen kann, anders ausgedrückt, Umwelt nur über und mit dem Kommunikationspotential seiner ausdifferenzierten Subsysteme wahrnehmen.

- Um so wichtiger ist es, „Reduktionismus" bei der Modellierung zu vermeiden und differenzierte Modelle anzuwenden.

---

[20] Die genaue wissenschaftliche Begründung dieser Aussage würde hier den Rahmen sprengen. Es sei auf Koslowski P. 1989 verwiesen.

[21] vgl. dazu. Krieger D.J.; 1996; S 60 ff oder Gripp-Hagelstange H.; 1995; S 46 ff

- In diesem Sinne gibt es keine „harten" oder „weichen" Daten sondern nur adäquate und inadäquate Systemmodelle.
- Aufgabe des Informationsmanagements ist es, über das rein technisch-physikalische Modell hinausgehende Modelle zu entwickeln und einzusetzen.
- Informationssysteme sind weiters immer speziell auf das jeweilige System zugeschnittene Modelle. Es kann im Bereich der sinncodierten Systeme prinzipiell keine Standardlösungen geben.

Eine zusätzliche Problematik, insbesondere bei der Abbildung von Kommunikationssystemen (Sinnsystemen), liegt darin, dass diese nur von einem internen Beobachter erfasst werden können, da die Kenntnis des sprachlichen Modells Voraussetzung ist. Die Forderung nach einer prinzipiellen Fähigkeit des Beobachters, an der Kommunikation teilnehmen zu können (die Sprache zu beherrschen), macht diesen zwangsläufig zu einem Teil des Systems.

- Die Trennung zwischen (beobachtendem) Subjekt und (beobachtetem) Objekt kann nicht mehr aufrechterhalten werden.
- Damit stellt sich in diesem Bereich die Frage nach adäquaten Analyse- und Modellierungstechniken.

Jede Beobachtung wird zur Selbstbeobachtung. „Sinnsysteme" kann es für einen externen Beobachter nicht geben, da von aussen fast jedes Verhalten als Kommunikation interpretiert werden kann. Die Reduktion von Sinnsystemen auf physikalische oder biologische Modelle führt zwangsläufig zur Problematik die Entstehung von Sinn aus Unsinn erklären zu müssen[22] und ist damit keine Lösung. Aus diesem Grund sind Modelle, die Marktverhalten oder Wissen abbilden sollen, schwieriger zu erstellen als Modelle für einen definierten, rein nach mechanistischem Code funktionierenden System. Für den Bereich des Knowledge-Engeneering bedeutet dies konkret: Das Wissen eines Unternehmens kann, wenn man die vorhergehenden Ausführungen akzeptiert, niemals als Sammlung von Fakten und Produktionsregeln repräsentiert werden, sondern das Wissen eines Unternehmens ist in seiner Struktur, seinen Erwartungshaltungen und die letztendlich durch die so gefilterte Kommunikation ermöglichten Veränderungen gespeichert. Selbst wenn es gelingen würde, die Erwartungsstrukturen vollständig abzubilden und zu duplizieren, wäre das immer nur eine zeitlich punktuelle Abbildung, die zukünftige Veränderungen (da diese ja von spezifischen Ereignissen abhängig ist) nicht determiniert.
Prägnant gesagt: Das Wissen eines Unternehmens ist das Unternehmen.

---

[22] vgl. dazu Krieger D.J.; 1996; S 48 ff

Literatur

Beat F. Schmid; 1999: A Glossary for the NetAcademy: Issue 1999; Institute for Media and Communications Management University of St. Gallen

Claudio Baraldi, Giancarlo Corsi, Elena Esposito; 1998: GLU - Glossar zu Niklas Luhmanns Theorie sozialer Systeme; Suhrkamp Verlag; 1998

Damasio A.R.; 1997: Descartes'Irrtum - Fühlen, Denken und das menschliche Gehirn; Deutscher Taschenbuch Verlag München; 1997

David J. Krieger; 1996: Einführung in die allgemeine Systemtheorie; Wilhelm Fink Verlag München; 1996

Fletcher K., Buttery A., Deans K.; 1988: The Structure and Content of the Marketing Information System: A Guide for Management; in Marketing Intelligence & Planning; Band 6 1988

Gripp-Hagelstange H.; 1995: Eine Einführung; Verlag Wilhelm Fink München; 1995

Heistermann J.; 1994: Genetische Algorithmen - Theorie und Praxis evolutionärer Optimierung; Teubner Verlag Stuttgart - Leipzig; 1994

Jaynes J.; 1997: Der Urschprung des Bewusstseins; Rowohlt Taschenbuch Verlag Reinbek bei Hamburg; 1997

Koslowski P.; 1989: Evolution und Gesellschaft - Eine Auseinandersetzung mit der Soziobiologie; Verlag J.C.B. Mohr Tübingen; 1989

Lock A.R., Hughes D.R.; 1989: "Soft" Information Systems for Marketing Decision Support; in Marketing Intelligence & Planning; Band 11/12 1989

Lehner, Ch.; 1999: Beitrag zu einer holistischen Theorie für die Informationswissenschaften; in Fortschritte der Wissensorganisation; ISKO Hamburg; 1999

Maturana H.R.; 1987: Kognition; in Siegfried J. Schmidt (Hrsg.); Der Diskurs des Radikalen Konstruktivismus; Frankfurt a.M.; 1987

Scheer A.-W.; 1998: Wirtschaftsinformatik - Referenzmodelle für industrielle Geschäftsprozesse; Springer Verlag Berlin; 1998

Stahlknecht P., Hasenkamp U.; 1999: Einführung in die Wirtschaftsinformatik; Springer Verlag Berlin; 1999

Watzlawick P.; 1978: Wie wirklich ist die Wirklichkeit - Wahn Täuschung Verstehen; Piper Verlag München; 1978

Das CommunityItemsTool – Interoperable Unterstützung von Interessens-Communities in der Praxis

Michael Koch, Martin Lacher, Wolfgang Wörndl
Technische Universität München

1 Einleitung

Bei Anwendungen zur Unterstützung von Wissensmanagement in Unternehmen richtet sich das (Forschungs-)Interesse in letzter Zeit immer mehr auf die (Rechner-)Unterstützung von Communities. Grund dafür ist, dass Wissen meist nur schwer externalisierbar ist, und so das Finden von Wissensträgern und die direkte Interaktion von Mensch zu Mensch eine wichtige Rolle beim Wissensmanagement spielt. Gerade für den direkten Informationsaustausch und das Finden und Kennenlernen von Wissensträgern können Communities dabei den notwendigen Kontext zur Verfügung stellen.
Eine wichtige Forderung für den Einsatz von Community-Unterstützungssystemen ist eine hohe Interoperabilität zwischen verschiedenen Systemen. Diese Interoperabilität wird von heutigen Systemen aber nur selten bereitgestellt:

- Benutzer müssen sich explizit bei verschiedenen Community-Unterstützungssystemen registrieren und ihre Profilinformationen wie z.B. demographische Informationen und Interessen immer wieder angeben.
- Es gibt keine Möglichkeit, neue Information automatisch an verschiedene Communities zu verteilen bzw. Information automatisch bei verschiedenen Communities abzufragen.

Hier besteht ein großer Bedarf an Standards und einer gemeinsamen, skalierbaren Architektur für Community-Unterstützungssysteme.
In diesem Beitrag stellen wir unseren Ansatz vor, interoperable Community-Unterstützungssysteme zu bauen. Dazu gehen wir zuerst kurz auf Anforderungen der Community-Unterstützung ein (Abschn. 2). Dann stellen wir eine generische Anwendung zur Unterstützung von Interessens-Communities vor, das **CommunityItemsTool** (Abschn. 3) und erklären schließlich noch unsere Architektur für Community-Unterstützungssysteme (Abschn. 4).

2   Community-Unterstützung

Wörtlich bedeutet der Begriff Community Gemeinschaft. Dies kann geographisch interpretiert werden als eine Gruppe von Menschen, die in derselben Region oder am selben Ort leben, oder sich auf Menschen beziehen, die gemeinsame Interessen haben oder an einer gemeinsamen Aufgabe arbeiten. Mynatt et al. fassen das noch etwas spezieller:
„[A community] is a social grouping which exhibit in varying degrees: shared spatial relations, social conventions, a sense of membership and boundaries, and an ongoing rhythm of social interaction." (Mynatt 1997, S. 211)
Wie in der Einleitung beschrieben, stellen (virtuelle) Communities eine gute Quelle für das Kennenlernen von Partnern für den Informationsaustausch und zur Informationsbeschaffung dar. Um diesen Informationsfluss zu unterstützen, kann man Community-Unterstützungssysteme nutzen.
Solche Systeme bieten allgemein folgende grundlegenden Funktionalitäten:

- Bereitstellung eines Mediums für die direkte Kommunikation und den Austausch von Informationen und Kommentaren innerhalb des Kontextes der Community,
- Aufdeckung und Visualisierung von Beziehungen (Mitgliedschaft in derselben Community, Existenz gemeinsamer Interessen). Dies kann Personen helfen, potentielle Kooperationspartner für direkte Interaktion zu entdecken (Awareness, Matchmaking, Expertensuche).
- Nutzung des Wissens über Beziehungen, um (halb-)automatische Filterung und Personalisierung von Informationen durchzuführen.

Es gibt bereits eine Menge von Systemen, die diese Basiskonzepte umsetzen. News- und Chat-Systeme stellen einen Treffpunkt und ein Kommunikationsmedium bereit. Buddy List Systeme wie ICQ oder AOL Instant Messenger liefern detaillierte Awareness-Information (Michalski 1997). Online-Communities bieten einen Ort zum Kommunizieren und eine breite Palette an Funktionalität, um Community-Information zu publizieren und abzufragen. Recommender-Systeme wie Movie-Critic, Knowledge Pump (Glance 1998) oder Jester (Goldberg 1999) nutzen Benutzerprofile und Bewertungen, die Benutzer vergeben haben, um Empfehlungen zu berechnen. Andere Systeme wie Referral Web (Kautz 1997) oder Yenta (Foner 1997) konzentrieren sich auf das Finden von Experten oder auf explizites Matchmaking.
Ein Problem bei allen genannten Systemen ist, dass sie keine Standardschnittstellen zur Interaktion bereitstellen und dass Daten weder zwischen Systemen ausgetauscht noch gemeinsam genutzt werden können. Üblicherweise interagiert ein Benutzer direkt mit verschiedenen Community-Anwendungen. Dazu muss

man heute Profilinformation wiederholt eingeben und über unterschiedliche Benutzerschnittstellen explizit mit den verschiedenen Anwendungen kommunizieren.

Unser Ansatz zur Lösung dieser Probleme ist, im Projekt Cobricks[1] eine allgemeine Architektur mit erweiterbaren Schnittstellen und Datenstrukturen bereitzustellen und aufbauend auf dieser Architektur wiederverwendbare Komponenten für Community-Unterstützungssysteme zu erstellen.

Im folgenden Abschnitt stellen wir eine basierend auf dieser Architektur mit generischen Komponenten geschaffene Anwendung zur Community-Unterstützung vor. In Abschnitt 4 werden wir dann noch die wichtigsten Aspekte der Plattform selbst herausarbeiten.

3 Das CommunityItemsTool

Das Ziel des **CommunityItemsTools** ist die Unterstützung des Wissensmanagements in einer Forschergruppe oder einer vergleichbaren Interessens-Community. Das CommunityItemsTool unterstützt dazu die Forschergruppe beim Sammeln und Austauschen von Bookmarks, Literaturreferenzen sowie Kommentaren zu den jeweiligen Einträgen. Zusätzlich bietet das CommunityItemsTool Personalisierungsdienste wie die Generierung von Empfehlungen und das automatische Versenden von Mitteilungen über für den Benutzer interessante neue Items. Durch diese Mitteilungen und andere Awareness-Funktionen wird neben dem reinen Informationsaustausch auch das Finden von Wissensträgern unterstützt.

3.1 Aufbau und Grundfunktionalität des CommunityItemsTools

Das CommunityItemsTool ist aus einer Menge von Komponenten aufgebaut, die eine Anpassung an verschiedene Einsatzbereiche erlauben. Kern des Systems ist dabei eine Komponente zur Speicherung der Beiträge der Mitglieder.

Um eine allgemeine Anwendbarkeit sicherzustellen, speichert diese Komponente generische Datenobjekte, sogenannte **Items**. Konfiguriert wird die Item-Komponente durch eine Ontologie, die Struktur und Attribute der Item-Klassen festlegt. Im CommunityItemsTool sind momentan die Klassen Bookmark und bibliographische Referenz definiert. Die grundlegenden Attribute aller Datentypen sind Titel, Autor, URL und Zusammenfassung. Die Items werden inhaltlich klassifiziert anhand eines Klassifikations-Schemas für die gesamte Community.

---

[1] Cobricks = Software bricks for supporting communities, siehe auch: http://www11.in.tum.de/proj/cobricks/

Zusätzliche Attribute, wie das Herkunftsland einer Referenz, der Typ eines Dokuments etc., können als Meta-Daten zur späteren Abfrage hinzugefügt werden.

Abb. 1: CommunityItemsTool - Startseite

Die Items können neben den Attributen auch noch mit Benutzer-spezifischen Anmerkungen versehen werden, die aus einer Bewertung und Kommentaren bestehen. Zusätzlich können die Items in passende Benutzerordner abgelegt werden, welche im Prinzip ein persönliches Klassifikations-Schema darstellen. Jeder Benutzer kann eine eigene Hierarchie von Benutzerordnern schaffen und die Items einem oder mehreren Ordnern zuweisen.

Im Gegensatz zum Community-Klassifikations-Schema ist die persönliche Kategorisierung nicht auf Klassifizierung über den Inhalt beschränkt. In der Praxis hat sich gezeigt, dass die Kombination einer inhaltsbasierten Klassifikation mit anderen Arten der Einteilung, z.B. nach Projekten, sehr nützlich ist. Die Benutzerordner sind auch wichtig für die Kollaboration der Mitglieder einer Community, weil beim Durchsehen der Ordner anderer Benutzer wichtige Erkenntnisse über Zusammenhänge der Items gewonnen werden können.

Während Items und Kommentare dazu in der Item-Komponente gespeichert sind, werden Bewertungen zu Items und andere benutzerspezifische Information in einer Benutzerprofil-Komponente verwaltet.

Aus den Bewertungen im Benutzerprofil berechnet eine Korrelations-Komponente regelmäßig Benutzerkorrelationen, und eine Empfehlungs-Komponente nutzt diese Korrelationen und die Bewertungen, um mit automatischen kollaborativen Filterverfahren (Grasso 1999, Resnick 1997) Empfehlungen zu berechnen.

Die Funktionalität aller Komponenten wird von einer Portalkomponente mit einem HTML-basiertem Benutzerinterface bereitgestellt (Abb. 1 und 2). Die Portalkomponente ist dabei die einzige Komponente, die speziell für das CommunityItemsTool geschaffen worden ist. Alle anderen Komponenten sind generisch und können ohne Änderung in verschiedenen Anwendungen genutzt werden.

3.2 Benutzungsschnittstellen

Wie schon von Grudin (1994) festgehalten, ist es für ein Werkzeug zur Unterstützung von Gruppen wichtig, entweder einen unmittelbaren Vorteil für den Benutzer oder einen anderen Anreiz zur Benutzung zu liefern. Dies gilt in besonderem Maße auch für Community-Unterstützungssysteme.
Beim Entwurf des CommunityItemsTools wurde deshalb zuerst darauf geachtet, dass die Nutzung der Anwendung für den Nutzer von direktem und sofortigem Vorteil ist. Die Anwendung bietet dem Benutzer eine Möglichkeit, seine Bookmarks und bibliographischen Referenzen komfortabel abzulegen, zu kategorisieren und wieder aufzufinden. Die Daten können weiterhin in verschiedene Formate exportiert werden. So ist es möglich, BibTeX-Datenbanken und Literaturverzeichnisse für Artikel direkt aus dem Datenbestand zu erzeugen.
Zusätzlich zu dem unmittelbaren Nutzen, sollte ein Werkzeug so einfach wie möglich in der Bedienung sein, was durch eine Web-basierte Benutzerschnittstelle erreicht wird. Auf diese Weise können Benutzer das Suchformular oder die Liste ihrer privaten Ordner in ihre eigenen (Intranet-)Web-Seiten integrieren, was in der Praxis auch gemacht wird.

Eintragen von Daten
Zunächst einmal ist es für alle Community-Mitglieder möglich, mit Hilfe ihres Web-Browsers neue Items einzutragen. Man kann unter verschiedenen Datentypen - in unserem System sind das Bookmarks oder bibliographische Referenzen mit Untertypen - wählen und über entsprechende Web-Formulare die Attribute eines neuen Items eingeben.
Beim Eintragen eines Items muss es in die globale Klassifizierung eingeordnet werden, die pro Community nur einmal existiert und durch die Community-Ontologie definiert ist. Zusätzlich können und sollten Anmerkungen eingetragen werden, die aus einer Bewertung oder einem Freitext-Kommentar bestehen können.

Suchen und Browsen
Es wird Funktionalität für inhaltsbasiertes oder kollaboratives Filtern zur Verfügung gestellt. Items können nach dem Typ und den Attributen, z.B. Titel oder

Autor, oder auch anhand ihrer Klassifizierung gefunden werden (Abb. 2 links). Als kollaborativer Aspekt ist eine Suche nach Benutzerbewertungen oder Benutzerkommentaren möglich: So können alle Items ausgewählt werden, die von einem bestimmten (oder allen) Benutzer(n) mit mindestens einem vorgegebenen Wert bewertet wurden.

Neben der direkten Suche ist es auch möglich, in den Benutzerordnern anderer Community-Mitglieder zu browsen (Abb. 2 rechts).

Zusätzlich zu der Such- und Browsefunktionalität gibt es schließlich noch Mechanismen zur automatischen Benachrichtigung. Man kann sich entweder Mitteilungen beim Neueintrag von Items oder Empfehlungen auf Basis kollaborativer Filterung schicken lassen.

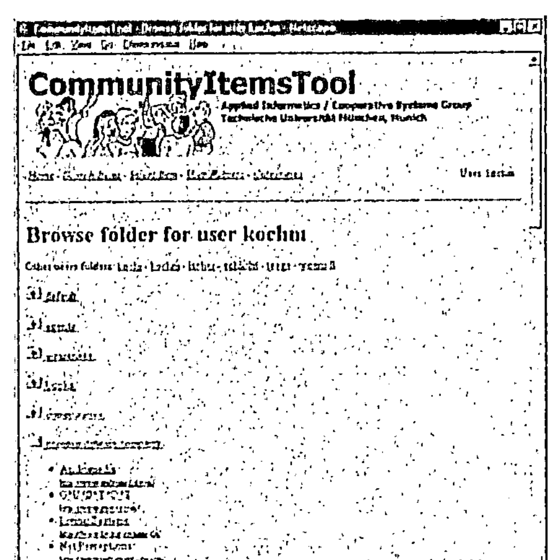
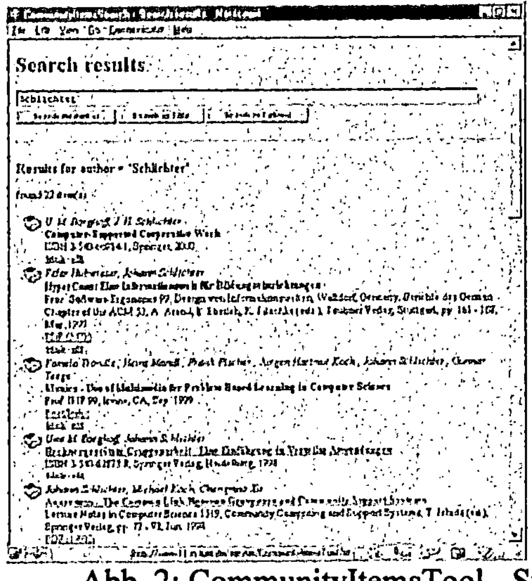

Abb. 2: CommunityItemsTool - Suchergebnisse und Benutzerordner

3.3 Erste Ergebnisse

Eine erste Version des CommunityItemsTools wurde Ende 1999 fertiggestellt. Das Werkzeug wird von zehn Mitgliedern einer Forschungsgruppe seit November 1999 benutzt und wird seitdem ständig verbessert. Seit der Einführung wurden über 3000 Items gesammelt, wobei ca. 2000 davon aus einer vorhandenen Bibliographie-Datenbank importiert wurden, welche von den Benutzern in den vorhergehenden Jahren gefüllt worden ist. Weitere Instanzen der Anwendung mit angepasster Benutzeroberfläche und auch anderen Informationstypen werden seit Mitte 2000 parallel für andere Communities im Universitäts-Umfeld genutzt.

Eine der Funktionalitäten des Werkzeugs, die von Benutzern am meisten geschätzt wird, ist die Möglichkeit, Items in Benutzer-spezifischen Ordnern zu sortieren (Abb. 2 rechts). Dies erlaubt es den Benutzern, eine private Kategorisierung und eine persönliche Sichtweise der Items zu erzeugen und in den Ordnern anderer Community-Mitglieder zu blättern.

Insgesamt hat die Verwendung des CommunityItemsTools die Awareness zu aktuellen Arbeitsinteressen in der Community erhöht und den Informationsfluss verstärkt. Dazu haben vor allem die automatische Notifikation von Neueinträgen und die Sichtbarkeit der Benutzerordner beigetragen.

Ein weiteres Ergebnis der bisherigen Nutzung ist, dass eine globale Kategorisierung für inhaltsbasiertes Suchen nur sehr schwer zu realisieren ist, insbesondere wenn man eine Interoperabilität der Anwendung gewährleisten will. Die derzeitige Verwendung zeigt, dass den Einträgen nur spärlich Kategorien zugeordnet werden, welche auch sehr wenig zum Suchen verwendet werden. Eine bessere Integration der Benutzerordner mit dem Community-Klassifizierungs-Schema ist notwendig.

4 Eine generische Architektur für Community-Unterstützung

Wie in der Einleitung und in Abschnitt 2 angesprochen, ist für Community-Anwendungen eine Interoperabilität wichtig. Für das CommunityItemsTool bedeutet das, dass verschiedene Instanzen des Tools Informationen austauschen können sollten und über Standardschnittstellen erreichbar sein sollten. Weiterhin sollten verschiedene Instanzen der Anwendung Benutzerprofil- und Login-Information teilen, so dass es möglich ist, ohne lange Registrierung sofort mit einer Anwendung zu arbeiten. Unsere Lösung für diese und weitere Anforderungen beruht auf der Verwendung einer allgemeinen Community-Unterstützungs-Architektur.

Dabei handelt es sich um eine Agenten-basierte Architektur, deren Agenten sich in **persönliche Informationsbereiche** (User Agencies) und **Community-Informationsbereiche** (Community Agencies) einteilen lassen. Alle Informationen und Dienste, die den Benutzer betreffen, werden in einem persönlichen Informationsbereich gesammelt, während Team- und Community-Informationen im Community-Informationsbereich verwaltet werden.

Diese Trennung der Benutzer- und Community-Informationen ist ein entscheidender Schritt um Interoperabilität in der Benutzung und eine gemeinsame Nutzung von Benutzerprofil- und Login-Information zu erreichen. Neben einer guten Skalierbarkeit gibt es folgenden Gründe für die Aufteilung:

- Größeres Vertrauen der Benutzer, wenn die Benutzerinformationen „unter der Kontrolle des Benutzers" bleiben und nicht in den Communities gespeichert werden,
- Wiederverwendung der Benutzerinformationen für mehrere Communities,
- Möglichkeit, die Verwendung der Profilinformation überwachen zu können.

Abb. 3 verdeutlicht die Idee dieser Aufteilung in persönliche und Community-Informationsbereiche. Agenten im persönlichen Informationsbereich tauschen mit Agenten im Community-Informationsbereich Benutzerprofilinformationen und öffentliche Community-Informationen aus. Die Agenten im Community-Informationsbereich tauschen untereinander Community-Informationen aus.

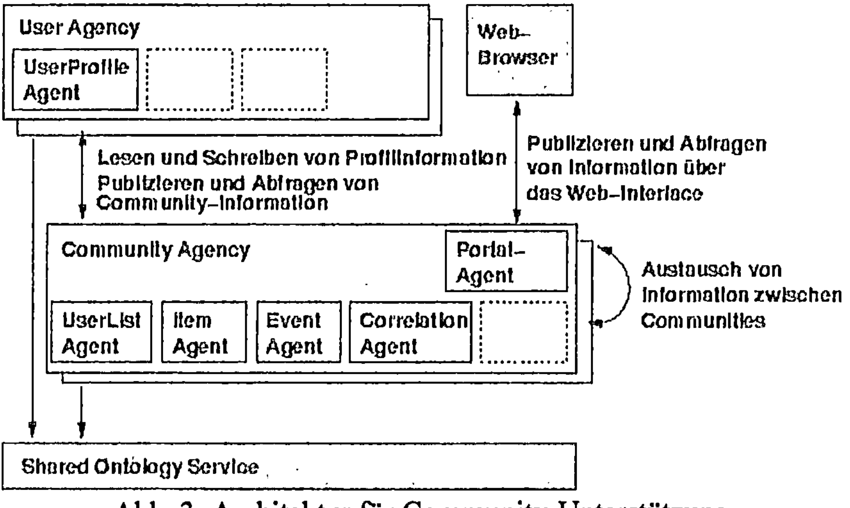

Abb. 3: Architektur für Community-Unterstützung

Basis unserer Architektur ist eine **Software-Agenten-Plattform** auf der die eigentlichen Community-Dienste durch einen oder mehrere Agenten realisiert sind. Das Agentenparadigma bietet ein komfortables Schema für die Modularisierung von Diensten und die lose Kopplung unabhängiger Komponenten. Dies ermöglicht eine offene Architektur und eine leichte Integration zukünftiger Komponenten (Bayardo 1997).

Für die Kommunikation zwischen den Agenten wird die von FIPA[2] definierte Agent Communication Language (ACL) verwendet. Eine ACL wie FIPA ACL (FIPA 1999) oder KQML (Finin 1997) definiert ein Schema zum Austausch von Nachrichten zwischen Agenten hinsichtlich Syntax, Semantik und Pragmatik und basiert auf der Sprechakt-Theorie. Dies erlaubt die Verwendung einer Sprache zur

---

[2] Foundation for Intelligent Physical Agents; siehe http://www.fipa.org/

Kommunikation zwischen unabhängig voneinander entwickelten Software-Agenten. Um den Inhalt von Sprechakten semantisch zu charakterisieren, ist eine Einigung auf ein gemeinsames Vokabular nötig, das in einer sogenannten Ontologie festgelegt wird.

Die Aufgaben der Agenten im **persönlichen Informationsbereich** sind die Verwaltung von Benutzerprofilen und die Behandlung von Anfragen der Community-Agenten zum Lesen und Schreiben von Profilinformation. Der Benutzerprofilagent speichert hier als zentrale Komponente demographische Daten, Informationen über Beziehungen zu anderen Benutzern, Bewertungen und Verweise auf Information, die in Communities publiziert wurden.

Die Trennung in persönliche und Community-Informationsbereiche ermöglicht die Verwendung von Benutzerprofilinformation über Community-Grenzen hinweg, erfordert aber eine Identifikation von Benutzern zwischen mehreren Communities.

Die Hauptaufgabe der Agenten im **Community-Informationsbereich** ist es, den Austausch von Information zwischen Benutzern zu unterstützen. Es werden daher Funktionen zur Publikation und Kommentierung von Informationen und zum Abruf publizierter Information zur Verfügung gestellt, welche Dienste zur Informationsgewinnung („pull") und Informationsverteilung („push") integrieren. Die Information besteht dabei aus Inhalten, Meta-Daten zu den Inhalten und Informationen über die Benutzer.

Genauso wichtig wie die Speicherung von Community-Information ist die Verwaltung der Mitglieder der Community. Ein Benutzerlistenagent übernimmt dies und stellt dabei verschiedene Zugangspolitiken zur Verfügung.

Zusätzlich zur Inhaltsverwaltung, der Mitgliederverwaltung und verschiedenen Diensten wie Benutzerkorrelation oder Benachrichtigungsdienst gibt es im Community-Informationsbereich in der Regel noch einen Portalagenten, der eine Web-basierte Schnittstelle zu den Community-Diensten bereitstellt. Zusätzlich zur Benutzerschnittstelle des Portalagenten stellen die Agenten im Community-Informationsbereich ihre Dienste auch über die ACL-Schnittstelle anderen Agenten zur Verfügung.

5 Zusammenfassung und Ausblick

Das CommunityItemsTool ist ein interessantes Beispiel für ein Community-Unterstützungssystem. Die Hauptneuerung unserer Arbeit liegt dabei aber nicht in dieser isolierten Anwendung. Hier wären andere Werkzeuge wie die Knowledge-Pump vom Xerox Research Centre Europe oder verschiedene Web-basierte Shared-Bookmark-Systeme als vergleichbar zu nennen. Die Hauptneuerung liegt in der generischen Architektur, auf der die Anwendung aufbaut. Mit Hilfe dieser

Architektur können verschiedene Anwendungen gebaut werden, denen es möglich ist, Information gemeinsam zu nutzen (beim Benutzerprofil) oder Information auszutauschen. Ein großer Vorteil für den Benutzer ist hierbei, dass seine Benutzerprofildaten an einer einzigen Stelle und unter seiner exklusiven Kontrolle gespeichert sind. Zur Anmeldung bei verschiedenen Communities muss der Benutzer immer auch nur mit Agenten im persönlichen Informationsbereich interagieren.

Die aktuellen Erfahrungen beim Austausch zeigen, dass alleine die gemeinsame Nutzung von Benutzerinformation und die damit verbundene gemeinsame Benutzerverwaltung als eine große Hilfe empfunden wird. Weitere Anwendungen der Austauschbarkeit zeigen sich bisher bei verschiedenen Instanzen desselben Tools, die für leicht unterschiedliche Communities arbeiten (z.B. für verschiedenen Forschungsgruppen an einer Fakultät), und bei der Überwindung des Kaltstartproblems beim Kollaborativen Filtern.

Aktuell arbeiten wir an verschiedenen Verbesserungen rund um das CommunityItemsTool, an Erweiterungen der allgemeinen Architektur und an weiteren Anwendungen in Cobricks. Am wichtigsten sind dabei die stärkere Berücksichtigung von Privatheits-Aspekten und die Anwendung von Ontologien und Kommunikationssprachen für die Kommunikation zwischen den Community-Komponenten. Bei den weiteren Anwendungen der Architektur arbeiten wir neben dem CommunityItemsTool noch an der Informationsdrehscheibe und am CoMovie Tool. Während sich das CommunityItemsTool auf den Informationsaustausch in kleinen (Arbeits-)Gruppen konzentriert, widmet sich die Informationsdrehscheibe größeren Communities, z.B. einer kompletten Fakultät einer Universität. Das CoMovie Tool ist ein Film-Recommender, also eine Anwendung, die Kinofilme empfehlen kann. Alle diese Anwendungen können Daten austauschen oder gemeinsam nutzen.

Literatur

Bayardo, R. J.; Bohrer, W.; Brice, R.; Cichocki, A.; Fowler, J.; Helal, A.; Kashyap, V.; Ksiezyk, T.; Martin, G.; Nodine, M.; Rashid, M.; Rusinkiewicz, M.; Shea, R.; Unnikrishnan, C.; Unruh, A.; Woelk, D. (1997): InfoSleuth: Agent-Based Semantic Integration of Information in Open and Dynamic Environments. In Proc. ACM SIGMOD International Conference on Management of Data, Tucson, AZ. S. 195-206.

Finin, T.; Labrou, Y.; Mayfield, J. (1997): KQML as an agent communication language. In: Bradshaw, J.: Software Agents. MIT Press. S. 291-316.

FIPA (1999): FIPA 99 Specification. Technical report, FIPA.

Foner, L.N. (1997): Yenta: A Multi-Agent, Referral-Based Matchmaking System. In: First International Conference on Autonomous Agents.

Glance, N.; Arregui, D.; Dardenne, M. (1998): Knowledge Pump: Supporting the Flow and Use of Knowledge in Networked Organizations. In: U. Borghoff, R. Pareschi (eds.): Information Technology for Knowledge Management. Berlin: Springer Verlag.

Goldberg, K.; Gupta, D.; Digiovanni, M.; Narita, H. (1999): Jester 2.0: Evaluation of a New Linear Time Collaborative Filtering Algorithm. In: Intl. ACM SIGIR Conf. on Research and Development in Information Retrieval.

Grasso, A.; Koch, M.; Rancati, A. (1999): Augmenting Recommender Systems by Embedding Interfaces into Practices. In: Proc. GROUP'99 - Intl. Conf. on Supporting Group Work, Phoenix, AZ.

Grudin, J. (1994): Groupware and Social Dynamics: Eight Challenges for Developers. In: Communications of the ACM, 37(1), S. 93-105.

Kautz, H.; Selman, B.; Shah, M. (1997): Referral Web: Combining Social Networks and Collaborative Filtering. In: Communications of the ACM, 40(3), S. 63-65.

Michalski, J. (1997): Buddy Lists. Release 1.0, (6), Jul. 1997.

Mynatt, E. D.; Adler, A.; Ito, M.; Oday, V.L. (1997): Design for Network Communities. In: Proc. ACM SIGCHI Conf. on Human Factors in Comp. Systems.

Resnick, P.; Varian, H. R. (1997): Recommender Systems. Communication of the ACM 3(40), Mar. 1997, S. 56-58

Informationsmanagement und E-Government - Ein Praxisbericht

Regina Polster
Fachhochschule Schmalkalden, Fachbereich Informatik

1 Einleitung

Die Institutionen der öffentlichen Verwaltung in Deutschland befinden sich in einem umfassenden Reformprozeß. Die durch sinkende Steuereinnahmen und wachsende Ausgaben zunehmende Knappheit der finanziellen Mittel und die Forderung der Bürger nach mehr Kundenorientierung und Qualität sind auslösende Kraft der Reformbewegung. Schnelle Informationen und attraktiver Service - das sind Leistungen, die der Bürger heute und noch mehr in Zukunft von der Verwaltung erwartet.

Betrachtet man die Aufgabe des Informationsmanagements im Kontext E-Government, so ergeben sich besondere Anforderungen hinsichtlich der Beschaffung des Produktionsfaktors Information und der Bereitstellung in einer geeigneten Informationsstruktur.

Durch den Einsatz von Informations- und Kommunikationstechnologien sollen die Qualität und die Effizienz des Verwaltungshandelns erhöht werden. E-Government-Initiativen gibt es u.a. in den USA, Großbritannien und Österreich. In Deutschland soll dies durch die Initiative des Bundesinnenministeriums "Moderner Staat" forciert werden. Die Realität in deutschen Verwaltungen sieht jedoch anders aus.

Gemeinsame Geschäftsordnungen, Beamtenrecht und Verwaltungsvorschriften in Bundes- und Landesverwaltungen stellen Rahmenbedingungen dar, die bei der Einführung eines effizienten Informationsmanagements berücksichtigt werden müssen. Beispielsweise behindert bzw. verlangsamt die häufige organisatorische Trennung von Organisation und IT die Einführung einer IT-gestützten Vorgangsbearbeitung. Auch beim notwendigen Business Process Reengineering müssen häufig sachlogische Kompromisse aufgrund politischer Beweggründe eingegangen werden.

2 Die Initiative "Moderner Staat"

Die Bundesregierung hat am 18. Juli 1995 den Sachverständigenrat "Schlanker Staat" als unabhängiges und externes Gremium eingesetzt. Dieser hat in seiner zweijährigen Arbeit zu den zentralen Themen der Verwaltungsmodernisierung Empfehlungen für die praktische Umsetzung ausgesprochen und Denkanstöße für weitere Maßnahmen gegeben.[1] Nannte man die Initiative zuerst noch "Schlanker Staat", so wurde sie bald umbenannt, um negative Assoziationen zu Diäten oder Abspecken, speziell Personalabbau bzw. Reduzierung öffentlicher Aufgaben, zu vermeiden.

In der Koalitionsvereinbarung vom 20.10.1998 "Aufbruch und Erneuerung - Deutschlands Weg ins 21. Jahrhundert" hat sich die Bundesregierung das Leitbild des aktivierenden Staates zum Ziel gesetzt. Ein wichtiger Bestandteil dieses Konzeptes ist E-Government. E-Government steht für "Electronic Government". Gemeint ist die Abwicklung von staatlichen Verwaltungsakten und Dienstleistungen mit elektronischen Mitteln. E-Government ist eine Sonderform des E-Business mit dem Unterschied, daß auf der einen Seite nicht eine Firma sondern ein Amt oder eine Behörde steht und auf der anderen der Bürger statt eines Kunden.

Grundsätzlich ist zwischen drei generellen Zielsetzungen zu unterscheiden: Transparenz öffentlicher Dienstleistungen durch Information für den Bürger[2], Effizienzsteigerung durch Vereinfachen und Beschleunigen von Verwaltungsprozessen und Erweiterung der Partizipation der Bürger durch Beteiligung am Prozeß der Verwaltungsentscheidungen.

Für die einzelnen Behörden resultieren die folgenden Vorteile bzw. erwachsen daraus die Aufgaben: Rationalisierung und Reengineering von Verwaltungsvorgängen, Bürgernähe durch Service außerhalb der Öffnungszeiten, Verringerung des Formularaufkommens durch IT-gestützte Arbeitsabläufe, Minimierung manueller Dateneingabe durch Vernetzung und Anbindung an das behördeninterne IT-Netz sowie Beschleunigung durch IT-gestützte Vorgangsbearbeitung. Als Sekundäreffekt ist natürlich auch der dadurch erzielbare Imagegewinn zu berücksichtigen.

---

[1]   R. Scholz, (1998), S. 4
[2]   Bertelsmann Stiftung (1998), S. 9

3 Einflußgrößen für Organisation und IT

Drei wichtige Institutionen, die im Bereich der bundesdeutschen Behördenland-schaft auf die Gestaltung von Organisation und Informationstechnik und somit auf die Einführung von E-Government Einfluß nehmen sind:

- KBSt (Koordinierungs- und Beratungsstelle der Bundesregierung für Infor-mationstechnik in der Bundesverwaltung)
- BSI (Bundesamt für Sicherheit in der Informationstechnik)
- KGST (Kommunale Gemeinschaftsstelle für Verwaltungsvereinfachung)

3.1 KBSt

Die KBSt im Bundesministerium des Innern ist eine im Jahre 1968 gegründete, ressortübergreifend tätige Einrichtung der Bundesregierung.[3] Sie wirkt darauf hin, daß die Informationstechnik (IT) in der Bundesverwaltung aus fachlicher, organi-satorischer, wirtschaftlicher und technischer Sicht optimal eingesetzt wird.

Die von der KBSt erarbeiteten Regelungen für die Bundesverwaltung betreffen unter anderem die Ausschreibung und Bewertung von Leistungen auf dem Gebiet der IT, die Durchführung von Wirtschaftlichkeitsbetrachtungen beim Einsatz der IT, die Aus- und Fortbildung für IT-Fachkräfte und -Anwender, die IT-Sicherheit sowie die Softwareerstellung.

Die KBSt ist auch mit der Planung und Realisierung des IVBB (Informationsver-bund Bonn-Berlin) beauftragt. Vor dem Hintergrund des Umzugs des Deutschen Bundestages und Teilen der Bundesministerien nach Berlin kommt der Sicher-stellung der Funktionsfähigkeit und Zusammenarbeit eine strategische Bedeutung zu. Der IVBB liefert die organisatorischen und technischen Voraussetzungen für den Informationsaustausch zwischen den Ressorts und mit dem Bundestag, dem Bundesrat, dem Bundespräsidialamt und anderen Kommunikationspartnern an den Standorten Berlin und Bonn. Der Aufbau des Informationsverbunds soll - unab-hängig von der konkreten Aufgabe im Zusammenhang mit der Verlagerung des Regierungssitzes auf zwei Standorte - dazu beitragen, den Einsatz moderner Techniken in der Verwaltung zu beschleunigen.[4]

---

[3] www.kbst.bund.de/wir/
[4] KBSt (1998)

3.2 BSI

Das Bundesamt hat zur Förderung der Sicherheit in der Informationstechnik u.a. folgende Hauptaufgaben[5]:

1. Untersuchung von Sicherheitsrisiken bei Anwendung der Informationstechnik sowie Entwicklung von Sicherheitsvorkehrungen, insbesondere von informationstechnischen Verfahren und Geräten für die Sicherheit in der Informationstechnik
2. Entwicklung von Kriterien, Verfahren und Werkzeugen für die Prüfung und Bewertung der Sicherheit von informationstechnischen Systemen oder Komponenten,
3. Prüfung und Bewertung der Sicherheit von informationstechnischen Systemen oder Komponenten und Erteilung von Sicherheitszertifikaten.

Für den Bereich E-Government sind beispielsweise die vom BSI durchgeführten Studien über Firewalls und Intrusion Detection Systeme, die Warnung vor dem Einsatz von Javascript oder die Risikoanalyse ausführbarer Web-Contents von Relevanz.

3.3 KGST und "Neues Steuerungsmodell"

Die KGSt ist der Verband für kommunales Management. Sie wurde am 01. Juni 1949 in Köln als Kommunale Gemeinschaftsstelle für Verwaltungsvereinfachung gegründet und ist eine dienstleistungsorientierte Fachorganisation der Städte, Gemeinden und Kreise, die unabhängig vom Staat und den politischen Parteien arbeitet. Die KGSt hat rund 1600 Mitglieder - Kommunen aus Deutschland, Österreich, der Schweiz und Italien. Bekannt ist die KGSt vor allem als Initiatorin des sogenannten "Neuen Steuerungsmodells" (NSM), das in den 90er-Jahren bundesweit der Startschuss für die Reform der Kommunalverwaltungen war.
Die Abwicklung von staatlichen Verwaltungsakten und Dienstleistungen mit elektronischen Mitteln erfordert noch stärker als bisher ein umfassendes Steuerungsinstrumentarium, so daß die Bedeutung des NSM auch für Bundesbehörden immer größer wird. Grundgedanke des NSM ist die Umgestaltung der zentralistisch, bürokratischen Verwaltung zu dezentralen unternehmensähnlichen Strukturen. Im Mittelpunkt der Dezentralisierung der Verwaltungsstrukturen und -abläufe steht dabei das Verwaltungsprodukt. Unter einem Produkt wird im folgenden eine Leistung oder eine Gruppe von Leistungen verstanden, die in

---

[5] www.bsi.de/aufgaben/index.htm

Stellen außerhalb der jeweiligen Organisationseinheit benötigt und angefordert werden.

Produkte können zum Steuerungsinstrument weiterentwickelt werden, indem sie mit dem Haushalts- und Personalmanagement verbunden werden. Sie dienen so der Gestaltung einer dezentralen Verwaltungsstruktur und damit dem Aufbau eines Kontroll- und Steuerungssystems als Grundlage betriebswirtschaftlichen Handelns in der öffentlichen Verwaltung.[6] Auf die besondere Problematik der Definition von geeigneten Produkten wird an späterer Stelle noch einmal gesondert eingegangen.

3.4 V-Modell[7]

Ein weiterer wichtiger Einflußfaktor für die Gestaltung der IT-Infrastruktur ist das V-Modell. Das Vorgehensmodell (V-Modell) regelt im Bereich der Bundesverwaltung die Entwicklung sowie die Pflege und Änderung von IT-Systemen. Dies geschieht durch die einheitliche und verbindliche Vorgabe von Aktivitäten und Ergebnissen, die bei der IT-Systemerstellung und den begleitenden Tätigkeiten für Qualitätssicherung, Konfigurationsmanagement und technisches Projektmanagement anfallen. Dieses komplexe Regelwerk muß zwingend bei allen IT-Projekten, speziell bei Softwareentwicklungsprojekten, angewendet werden.

4 Problembereiche für eine Verwaltungsmodernisierung

4.1 Fehlende Leitbilder

Ein wichtiger Bestandteil des Reengineerings von Verwaltungsabläufen ist der Abgleich der Prozesse mit den Unternehmenszielen auf Paßgenauigkeit bzw. bestmögliche Unterstützung. Die traditionellen Unternehmensziele wie Gewinnmaximierung oder Unternehmenswachstum lassen sich selbstverständlich nicht 1:1 auf Behörden übertragen. Doch auch Behörden bzw. Ministerien haben Ziele. Diese können im allgemeinen in einem Leitbild formuliert werden. Doch auch hier besteht bei bundesdeutschen Behörden ein erheblicher Nachholbedarf und nur vereinzelt sind Ansätze für ein umfassendes Leitbild als Zielgröße für eine Geschäftsprozeßmodellierung zu finden.

Leitbilder umfassen die Merkmale und Eigenschaften, die eine Institution zukünftig auszeichnen sollen und spiegeln somit die Vorstellung über ein „realisierbares

---

[6] Breitling, M.; Heckmann, M.; Luzius, M.; Nüttgens, M. (1998)
[7] V-Modell (1997)

Ideal" dieser Institution wider. Das Leitbild schafft so einen Orientierungsrahmen, an dem der Erfolg der Institution zukünftig zu messen ist. Als Basis für die Weiterentwicklung einer Institution ist das Leitbild daher wesentliche Grundlage für eine Verwaltungsmodernisierung. Verfolgt eine Behörde das Leitbild einer kundenfreundlichen Verwaltung und eines zeitgemäßen Einsatz der IT, so ist die Abwicklung von staatlichen Verwaltungsakten und Dienstleistungen mit elektronischen Mitteln eigentlich zwangsläufig.

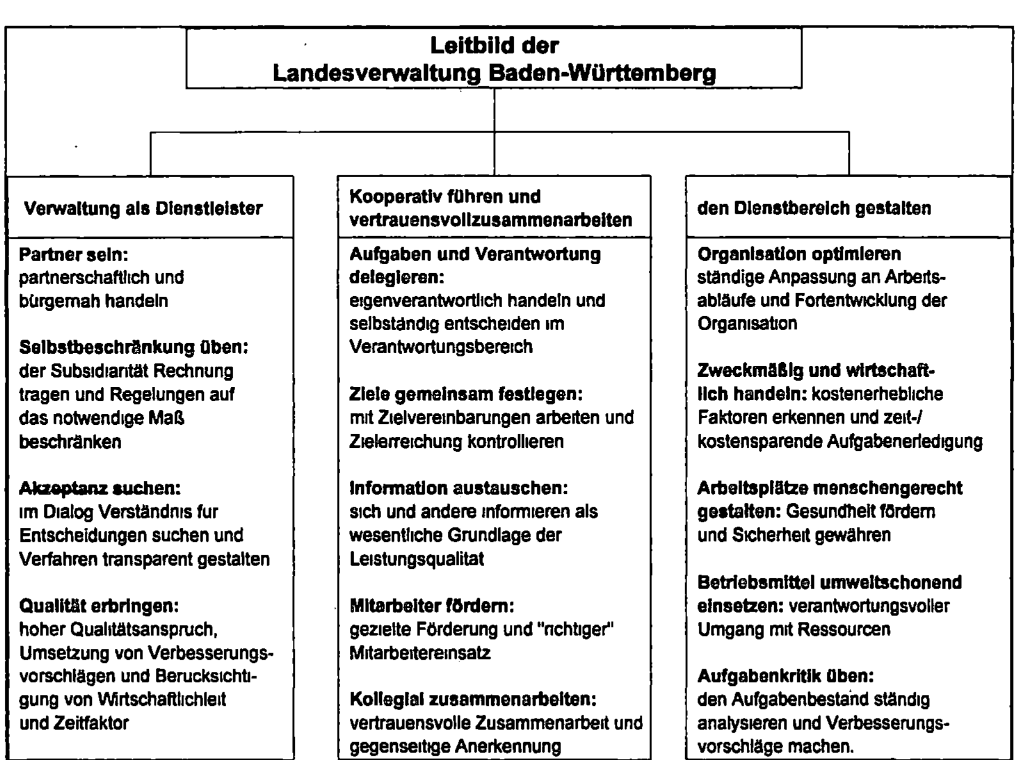

Abb. 1: Rahmenleitbild der Landesverwaltung Baden-Württemberg:

Reorganisationsprojekte in bundesdeutschen Verwaltungen müssen somit, wenn sie erfolgreich sein sollen, in den meisten Fällen im Vorfeld eine Leitbilddiskussion beinhalten. Die Entwicklung eines Leitbildes ist im Regelfall durch einen sukzessiven Prozeß gekennzeichnet, der sich in der Regel über mehrere Monate erstreckt und durch die Einbindung der gesamten Mitarbeiterschaft der Institution gekennzeichnet ist. Mitarbeiter der gesamten Institution müssen die Gelegenheit bekommen, Anregungen, Verbesserungen und Ergänzungen beizutragen. Ziel muß es zumindest sein, einen ersten Entwurf für ein Leitbild des Hauses zu entwickeln.

4.2 Inflexible Aufbauorganisation

Bei der Gestaltung von Organisationseinheiten müssen häufig rechtliche Rahmenbedingungen wie z.B. gemeinsame Geschäftsordnungen mit berücksichtigt werden. Sie schränken die Flexibilität hinsichtlich der Gestaltung von Organisationseinheiten erheblich ein. Teamorientierte Ansätze lassen sich kaum verwirklichen.

---

§ 8 Gliederung in Organisationseinheiten
(1) .... Die Zahl der Mitarbeiter in einem Referat soll in der Regel mindestens vier betragen.
(2) .... Eine Abteilung besteht in der Regel aus mindestens fünf Referaten, deren Aufgaben in einem Sachzusammenhang stehen, der eine gemeinsame Führung durch einen Abteilungsleiter ermöglicht. Mehrere Aufgabengruppen können in einer Abteilung zusammengefasst sein.
(4) .... Die Errichtung einer neuen Abteilung und die Auflösung einer bestehenden Abteilung bedürfen der Zustimmung der Landesregierung.

Auszug aus der Gemeinsamen Geschäftsordnung der Ministerien in Mecklenburg-Vorpommern.

Führungskonzepte wie "primus inter pares" (Leaderkonzept) werden häufig mit dem Hinweis auf diese Rechtsvorschriften verworfen und althergebrachte Vorgesetztenkonzepte beibehalten, anstelle den mühsamen aber gangbaren Weg einer Gesetzesänderung anzustreben.

4.3 Ablauforganisation/Geschäftsprozesse

Auch die Ablauforganisation einer Verwaltung ist stark an rechtliche Vorschriften gebunden. So sind verschiedene Personen involviert, um die rechtliche Korrektheit von konkreten Verwaltungsprozessen sicherzustellen. Vorhandene Rationalisierungspotentiale wie Dienstwegsabkürzung oder Dezentralisierung von Entscheidungsbefugnissen werden von Seiten der Behörden kaum genutzt. Gegenargumente richten sich häufig an den rechtlichen Vorbehalten aus, aber auch an Tradition und Statusdenken.

Zitate aus einer ministeriellen Abteilungsleiterrunde in einem Reorganisationsprojekt: **"Solange ich beim Minister für meine Abteilung und die dort erbrachten Leistungen den Kopf hinhalten muß, kann ich keine Aufgaben delegieren."** und **"Wenn Sie die Referatsleiter zu einfachen Referenten degradieren, kann ich sie nicht mehr zu innerministeriellen Arbeitskreisen schicken. Mit denen unterhält sich ja keiner mehr!"**

Bestehende Rationalisierungspotentiale im Bereich von Dezentralisierung und/oder Hierarchieabbau werden deshalb häufig nur halbherzig genutzt mit dem Hinweis, daß eine Abstimmung mit politisch bzw. strategisch motivierten Zielen des Hauses erfolgen muß.

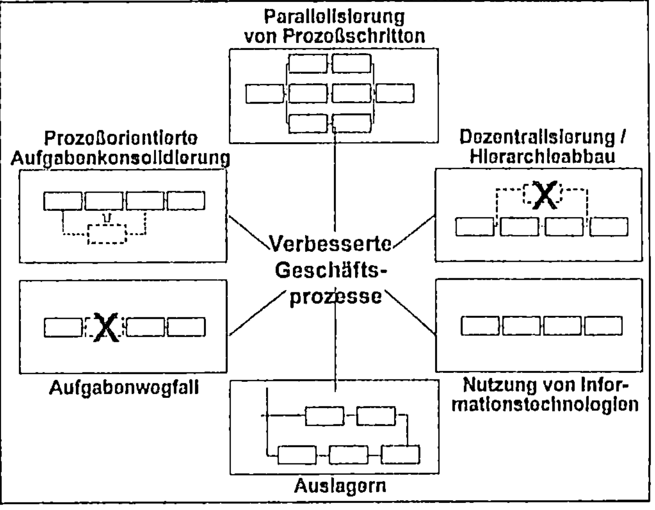

Abb. 2: Rationalisierungspotentiale

Ein besonderes Problem besteht auch in der Organisation von IT-Abteilungen. Häufig findet man sie im Bereich der Zentralverwaltung, getrennt von Organisationsreferaten/-abteilungen. Gerade der verstärkte Einsatz IT-gestützter Vorgangsbearbeitung, wie er bei E-Government zwingend ist, erfordert aber eine intensive Zusammenarbeit dieser beiden Bereiche. Aus der organisatorischen Trennung entstehen jedoch im Regelfall erhebliche Reibungsverluste und Kompetenzprobleme.

4.4 Kernprozesse und Produktdefinitionen

Eine erste wichtige Aufgabe der Prozeßanalyse besteht in der Identifikation von Kernprozessen, dabei beschreibt der Kernprozeß den Weg vom Kundenbedürfnis zur Erfüllung als Produkt- bzw. Dienstleistung. Er durchläuft die Organisation und verbindet somit in der Regel mehrere Funktionen und Organisationseinheiten. Grundvoraussetzung für die Prozeßanalyse ist somit die Definition von Produkten. Als Produkt bezeichnet man nach ISO 8402: Das Ergebnis von Tätigkeiten und Prozessen. Nach dem Handbuch der Standard-KLR des Bundes: "...das Ergebnis einer bestimmten Abfolge von vorher definierten Aktivitäten ...mit einem definierbaren Wert oder Nutzen für den Empfänger. Zusätzlich soll ein Produkt für die Steuerung der Wirtschaftlichkeit der jeweiligen Behörde sinnvoll und geeignet sein." Im weitesten Sinne: Die nach außen abgegebene Leistung, die nach Art und Menge beschrieben werden kann, deren Erbringung der festgelegte Zweck des Betriebes/der Verwaltung/der jeweiligen Organisationseinheit ist. Produkt kann ein Gut, eine Ware (Buch, Auto), eine Dienstleistung (Transport von Personen,

Beratungsleistung eines Fachmannes, Informationen) oder eine Information (Bescheid, Verwaltungsakt) sein.

Doch welche Produkte gibt es konkret z.B. in einem Wirtschaftsministerium? Hier reicht die Produktpalette von Fach- und Rechtsaufsicht über nachgeordnete Behörden, Kontrolle von Verkehrseinrichtungen, Genehmigung von Prüfungsordnungen, Ausübungsberechtigungen nach Handwerkrecht, Bestellung von Sachverständigen und Prüfungsräten, Energie- und Tarifpreisaufsicht, Anerkennung technischer Prüfstellen, Planfeststellungsverfahren, Beantwortung bzw. Bearbeitung von Anfragen der Staatskanzlei und Petitionen, Erarbeitung und Novellierung von Landesgesetzen, Mitwirkung bei Rechtssetzungsverfahren (Bund, Länder, EU), Erstellung von Fachstatistiken, gewerbliche und infrastrukturelle Wirtschaftsförderung usw. usw. usw.

Bei dieser Vielzahl von einzelnen Produkten[8] stellt sich im Rahmen von Reorganisationsprojekten die Frage, in welchem Detaillierungsgrad eine Kernprozeßanalyse erfolgen muß. Hier muß aus Wirtschaftlichkeitsgründen häufig eine Klassifikation von vergleichbaren Produkten zu Produktgruppen erfolgen.

4.5 Aufgabenkritik

Im System des sozialen Rechtsstaates gibt es prinzipiell keinen qualitativen Abgrenzungsmaßstab des Inhalts, daß bestimmte Aufgaben der Gesellschaft und andere Aufgaben definitiv dem Staat vorbehalten sind. Dem Staat vorbehalten sind die klassischen Hoheitsaufgaben. Allerdings besteht auch hier Gestaltungsfreiheit, die sich daran zeigt, daß selbst in Aufgabenbereichen, in denen durch Gesetz öffentlich-rechtliches Handeln in öffentlich rechtlicher Organisationsform vorgeschrieben ist, der Gesetzgeber Änderungen herbeiführen kann. Bei der Aufgabenwahrnehmung im öffentlichen Bereich ist zwischen freiwillig wahrgenommenen und per Rechtsnorm übertragenen Aufgaben zu unterscheiden. Speziell freiwillig wahrgenommene Aufgaben müssen auf ihre Notwendigkeit überprüft werden. Vor einer Entscheidung hinsichtlich eines Wegfalls von Aufgaben muß jedoch die Wirtschaftlichkeit gegenüber Bürgerfreundlichkeit/bestehende Erwartungen abgewogen werden. Evtl. besteht jedoch ein Rationalisierungspotential in der Auslagerung von Aufgaben.

---

[8] Allein für die sog. Querschnittsaufgaben im allgemeinen Verwaltungsbereich (sog. AV-Produkte) unterscheidet das BMI für seinen Geschäftsbereich zwischen 49 Produkten.

Grundsätzlich sind hier die folgenden drei Formen zu unterscheiden:

- Privatisierung
- beliehenes Unternehmen
- Geschäftsbesorgungsvertrag

4.6 Gesamtsteuerung/Kosten- und Leistungsrechnung

Dienstleistungen von Behörden mit betriebswirtschaftlichem Anspruch zu messen, ist meistens schwierig, bei der Einführung von E-Government jedoch unverzichtbar. Noch schwieriger ist es, die Arbeit unterschiedlicher Verwaltungen zu vergleichen und ihre Kosten gegenüberzustellen. Das Bundesministerium des Innern hat zur Unterstützung ein Rahmenkonzept zur Kosten- und Leistungsrechnung (KLR) erstellt, um zu gewährleisten, daß die KLR in den betroffenen Behörden einheitlich eingesetzt wird. Ziel ist, daß die Projektmitarbeiter jetzt mit einigen einfachen Befehlen am Computer im KLR-System arbeiten können und ein einheitliches Controlling gewährleistet ist.

Kosten- und Leistungsrechnung wird bisher nur in 125 Bundesbehörden praktiziert, bis 2002 werden es über 300 Behörden sein. Damit werden dann insgesamt knapp 82 % des Planstellen- und Stellenbestandes der Bundesverwaltung von der Kosten- und Leistungsrechnung erfasst sein. 1998 war dies erst bei 8,5% der Stellen der Fall.[9]

5 Fazit

Trotz aller Probleme bei den notwendigen Vorarbeiten zur Einführung und Etablierung eines E-Governments optimiert die Verwaltung in Deutschland ihre Leistungsfähigkeit mit Hilfe intelligenter Softwarelösungen, dem Einsatz von Internet und Intranet sowie verstärktem Personal- und Finanzmanagement. Die "Online-Behörde", das "virtuelle Rathaus" oder die "digitale Signatur" sind nicht mehr nur Wunschvorstellung, sondern in zahlreichen Modellprojekten konkrete Realität.

E-Government ist jedoch noch in weiter Ferne. Immerhin bietet das Bundesinnenministerium über die Homepage www.staat-modern.de den elektronischen Zugang zu sämtlichen Bundesbehörden. Alle Bürgerinnen und Bürger haben die Möglichkeit, über das Internet Internetadressen und die Anschriften, Telefon-, Faxnummern und E-Mail-Adressen zu erhalten. Über die Adressen kann man direkt zum jeweiligen Internet-Angebot der Behörden gelangen. Doch

---

[9] O. Schily, (2000)

Interaktivität, verstärkte Partizipation der Bürger, Abwicklung von Verwaltungsprozessen über das Internet bleiben noch Vision.

Literatur

Bertelsmann Stiftung (1998): Computer für die Stadt der Zukunft, Gütersloh

Breitling, M.; Heckmann, M.; Luzius, M.; Nüttgens, M. (1998): Service Engineering in der Ministerialverwaltung. In: Information, Management & Consulting 13, Saarbrücken.

KBSt (1998): Informationsverbund Bonn-Berlin, Bonn

Schily, Otto (2000): Messbare Erfolge bei der Modernisierung der Bundesverwaltung, Presseerklärung vom 22.11.2000

Scholz, Rupert (1998): Abschlußbericht Sachverständigenrat "Schlanker Staat", Bonn

V-Modell (1997): Entwicklungsstandard für IT-Systeme des Bundes (ESTdIT), Allgemeiner Umdruck 250, Vorgehensmodell, Teil 1, Bonn

myContract.de - Document Design online oder individuelle Verträge aus dem Internet

Peter Bellmann, Sebastian Gottschall, Sebastian Haufe, Jürgen Schwarz
Kanzlei Dr. Schwarz & Partner, Dresden

1 Einleitung

Verträge werden im allgemeinen ausschließlich unter juristischen Gesichtspunkten betrachtet, daß es sich aber auch um Aufgaben des Informationsmanagements handelt, tritt regelmäßig in den Hintergrund.
Aus diesem seien sie nun in das helle Licht unserer Betrachtung gezogen anhand zweier Beispiele:

Beispiel 1: Ein Gebrauchtwagenverkauf
Sie haben dieser Tage einen neuen Wagen gekauft und möchten nunmehr ihren alten veräußern. In diesem Zusammenhang möchten sie drei Punkte geregelt haben:

- Ihre Haftung für etwaige Mängel soll nach Übergabe des Wagens ausgeschlossen sein.
- Sie möchten dem Käufer bei der Übergabe keine unnötigen Schwierigkeiten im Hinblick auf Nummernschilder verursachen. Andererseits wollen sie aber auch keine Schwierigkeiten mit den Behörden z. B. wegen eines Strafzettels.
- Schließlich soll der Käufer bei einem etwaigen Unfall nach Übergabe nicht ihre Versicherung in Anspruch nehmen können.

Konventionell gibt es zwei Möglichkeiten, zu einem passenden Vertrag zu kommen:

- Sie können aus einer Formularsammlung einen entsprechenden Vertrag entnehmen.
- Sie können sich den Vertrag von einem Rechtsanwalt ausarbeiten lassen.

Beide Möglichkeiten haben gravierende Nachteile. Formularsammlungen sind unflexibel, meist schwierig zu verstehen und oft veraltet, zudem müßten sie zunächst einmal beschafft werden. Eine Konsultation ist teuer und zeitaufwendig, weiterhin müßten sie erst einmal ermitteln, wer in diesen Fragen kompetent ist.
Sie fragen sich, ob es nicht einen besseren Weg gibt?

Beispiel 2: Der „Vielvertragsschließer"

Die AC/DC AG ist ein großer Telekommunikationsausrüster, der sein Geschäft mit Komponenten und Software über zahlreiche Filialen abwickelt.

Dieses Unternehmen steht in Geschäftsverbindung mit einigen tausend Lieferanten und einigen 10.000 Kunden, jährlich werden folglich einige hunderttausend Verträge geschlossen.

Das Vertragsmanagement dieses Unternehmens wird regelmäßig von erheblichen Kopfschmerzen heimgesucht, weil es vier schwer miteinander vereinbare Ziele gleichzeitig verfolgen muß:

- Die Verträge müssen vollständig sein. Dies bedeutet zum einen, daß sie alle getroffenen Absprachen mit den Vertragspartnern möglichst korrekt wiedergeben. Zum andern sollen sie inhaltlich ausgereift sein, also eine Vielzahl von typischerweise auftretenden Konstellationen durch entsprechende Klauseln regeln.
- Die Verträge sollen einfach, also ohne die teure und zeitaufwendige Unterstützung des zentralen Vertragsmanagements von den Mitarbeitern vor Ort sicher auf den jeweiligen Fall modifizierbar sein.
- Die gesamten Vertragsangelegenheiten sollen übersichtlich bleiben, die Verträge also möglichst einheitlich sein.
- Es soll jeweils die aktuelle Version verwendet werden, d. h., alle eingesetzten Verträge sollten dem neuesten vom Vertragsmanagement entwickelten Muster entsprechen.

Beide Beispiele zeigen, daß die juristische Seite eines Vertrages Hand in Hand geht mit einer Reihe organisatorischer Fragen.

Besonders relevant wird der organisatorische Aspekt bei den Beschaffungs- oder Veräußerungsgeschäften (Kauf, Miete, Werkvertrag, Leasing, u. ä.).

Einige dieser Geschäfte sind zwar hochkomplex, weil viele und schwierige Zusammenhänge geregelt werden müssen (z. B. Unternehmenskäufe, Verträge im Anlagengeschäft oder Just-in-time-Absprachen), aber rein zahlenmäßig spielen sie eine untergeordnete Rolle.

Die Regel ist das „daily business", für das sich die Ausarbeitung durch einen Spezialisten nicht lohnt, das aber auf der anderen Seite nicht so unkompliziert und rechtlich einfach ist, daß es lediglich auf Zuruf oder mittels eines selbst entworfenen Zweizeilers abgewickelt werden könnte.

Das Problem dieser Verträge ist mithin weniger ein juristisches, als vielmehr ein organisatorisch-betriebswirtschaftliches.

Es tritt bei Behörden, Unternehmen oder Privatleuten in verschiedenen Ausgestaltungen auf, ist aber im Kern identisch; das Know-how für eine rechtlich sichere und schnelle Dokumentenerstellung liegt bei einem Kompetenzzentrum (Vertragsmanagement, Ministerium, Anwalt), die konkreten Daten aber befinden sich beim regelmäßig weit entfernten Anwender (Filiale, Ortsamt, Privatmann).

Wie fügt man nun beides schnell und kostengünstig zusammen?
Es handelt sich um eine Aufgabe, für die sich unseres Erachtens der kombinierte Einsatz von Expertensystemen und online-Datenübertragung geradezu anbietet.
Aus dieser Überlegung heraus haben wir mit der Entwicklung von myContract begonnen. myContract ist ein Werkzeug für document design online, also für die onlinegestützte Erstellung von Dokumenten aller Art, insbesondere von Verträgen.
Soweit uns bekannt ist, gibt es derzeit - jedenfalls im deutschsprachigen Raum - nichts vergleichbares.

2 Die Verwendung von myContract

Der Nutzer wählt zunächst auf der Homepage den von ihm benötigten Vertragstyp aus, dadurch wird das für diesen Vertrag programmierte Expertensystem aktiviert. Dieses ermittelt sodann durch entsprechende Fragen (je nach Vertrag zwischen 10 und 40) die konkreten Bedürfnisse des Nutzers und erstellt daraufhin einen entsprechenden Vertrag. Auf Wunsch können auch die konkreten Vertragsdaten (z. B. Name und Adresse der Vertragsparteien, Produktspezifikationen, Termine) mit eingegeben werden, so daß der Vertrag unterschriftsreif fertiggestellt wird. Dokumente, die im Zusammenhang mit dem Vertrag stehen, können auf Wunsch gleich mit erstellt werden (z. B. Anzeige der Veräußerung an die Zulassungsstelle).
Die komplette Bearbeitung dauert dabei bei normalen Verträgen weniger als 15 Minuten.
Ein Informationsblatt, das Tips und Hinweise für die erfolgreiche Durchführung des geplanten Geschäfts enthält, rundet die Leistung ab.

Beispiel: Substruktur Gebrauchtwagen

    Bereich Privat
        Gebiet Auto und Verkehr
            Thema Gebrauchtwagen
                Kaufvertrag über einen Gebrauchtwagen
                Anschreiben an Zulassungsstelle
                Anschreiben an Versicherung
                Checkliste Besichtigung und Probefahrt

Hinweise zur Vertragsdurchführung

Mit Fertigstellung der Dokumente aktiviert myContract den Standardbetrachter des Nutzers (regelmäßig MS-Word) und übergibt die Dokumente an diesen. Auf diese Weise können die Dokumente unmittelbar weiter bearbeitet werden.

myContract ist auf Normalkonstellationen ausgerichtet, es ist nicht gedacht für den „big deal" und es hat auch Grenzen bei ungewöhnlichen Sachlagen.

Seine Zielrichtung sind Standardgeschäfte, also jene Millionen von ähnlichen, aber nicht identischen Vereinbarungen, über die der überwiegende Teil aller Transaktionen in einer Volkswirtschaft abgewickelt wird.

Der Nutzen des Systems für den Anwender ist unseres Erachtens erheblich. Es gibt für ihn keine bessere Lösung zur Befriedigung seines Informationsbedarfes als ein solches System. Der Zugriff erfolgt vom Schreibtisch aus, auf dem die Aufgabe gerade liegt, via Internet - sofort - kompetent an jedem Ort und zu jeder Zeit.

3 Konzeption und Programmierung

3.1 Überblick

Die wesentliche Funktion von myContract besteht darin, Informationen im Dialog mit dem Nutzer zu sammeln, diese auszuwerten und für die entsprechende Sachlage passende Dokumente automatisch zu generieren. Dabei müssen sich Eingaben sofort auf den weiteren Verlauf des Dialoges auswirken. Durch deklarierbare logische Bezüge zwischen einzelnen Elementen sind zum Beispiel widersprüchliche Fragestellungen auszuschließen oder logische Folgefragen zu stellen.

Nachdem der Dialog vollständig beendet ist, soll ein Dokument erstellt werden, das von möglichst vielen Textverarbeitungsprogrammen gelesen werden kann. Des weiteren sollte der Nutzer auch befähigt sein, Änderungen an seinen Dokumenten nachträglich auszuführen. Um gewissen Komfort durch einige Formatierungen mit weitgehender Kompatibilität zu vereinen, entschieden wir uns für die Ausgabe der Dokumente im Rich Text Format (*.rtf).

3.2 Der myContract Quellen - Editor

Eine wesentliche Vorgabe war, daß die einzelnen Verträge auch von Laien im System installiert werden können. Daher kam der Entwicklung des Editors besondere Bedeutung zu. Dieser soll zum einen ermöglichen, die Textbausteine, Fragen und vorgegebenen Antworten einzugeben und zum anderen eine möglichst einfache Handhabung der bedingten Verknüpfungen zwischen Fragenbeantwortung und resultierender Ablaufänderung bereitstellen. Der Überlegung folgend, daß gleichermaßen Fragen, Antworten und Textbausteine eines Dokumentes in anderen Dokumenten wieder benötigt werden könnten, einigten wir uns auf den Weg, diese in „Containern" abzulegen und lediglich durch „Anker" zu referenzieren. Somit kann ein Dokument auf beliebig viele vordefinierte Elemente zurückgreifen, was den Arbeitsaufwand erheblich senkt.

Zunächst wurde daher ein Datenformat benötigt, welches alle notwendigen Informationen der Dokumentquellen speichern kann und grenzenlos erweiterbar ist. Der Editor sollte unter jedem Windows-32bit-System lauffähig sein, ohne daß Datenbank-Dienste installiert sind. Daher sollten alle Daten in Dateiform auf Festplatte abgelegt werden, das Datenformat hält sich an XML-Standards.

Bei der Erstellung eines Dokumentes gibt man zunächst den Teil des Textes ein, der sich niemals ändert. In diesen werden Verknüpfungen eingefügt, die wiederum andere Dokumente bedingen oder unbedingt referenzieren. Man definiert alle Fragen und Antworten, die als Bedingungsgegenstand benötigt werden und erstellt dann anhand dieser die Bedingungen. In den eingefügten Dokumenten geht man entsprechend vor; dieser Prozeß ist beliebig kaskadierbar.

Nachdem ein Dokument fertig erstellt ist, wird dieses lediglich mit tatsächlich benutzten Daten zu einer einzigen Datei zusammengefügt. An dieser Stelle wird aus mehreren Gründen auf eine standardisierte Datenhaltung verzichtet. Erstens sollten wegen der oft langsamen Internetverbindungen die Daten möglichst klein gehalten werden, zweitens sollten die Datenstrukturen durch den Nutzer nicht einfach nachvollziehbar sein und drittens erleichtert dies, Komprimierungs- und Verschlüsselungsroutinen auf die Daten anzuwenden.

3.3 Das myContract Download Programm

Ein weiterer Teil unserer Aufgabe bestand in der Konzeption und Umsetzung der Interaktion mit dem Nutzer. Hier faßten wir zunächst zwei Lösungsmöglichkeiten ins Auge.

Zum einen kam eine servergesteuerte Abfrage aller Daten via HTML front end in Betracht, wobei für jede Frage/Interaktion eine Webpage aufgebaut werden muss. Zum anderen bot sich die Erstellung eines Anwendungsprogramms an, das nach Download lokal auf dem Rechner des Nutzers automatisch startet. Wir entschieden uns, vorerst alle Entwicklungsarbeit in die lokale Anwendung zu investieren. Dies hat mehrere Vorteile.

Das Anwendungsprogramm bezieht alle notwendigen Daten via HTTP von einem gewöhnlichen Webserver. Es erfolgt lediglich ein normaler Download, Verarbeitungsleistungen muß der Server aber nicht erbringen.

Im anderen Fall müßte eine Applikation zur Beantwortung der Anfragen auf dem Webserver selbst gestartet werden. Dies würde bei hoher Belastung die Anfragezeiten erheblich verlängern. Mithin sind die Hardwarevoraussetzungen des Servers für die Weblösung um ein Vielfaches höher.
Hinzu kommt, daß bei dem lokalen Programm jegliche logische Steuerung auf dem Rechner ausgeführt wird. Das bedeutet, daß der Download des gesamten Dokumentes bei Programmstart erfolgt und danach keine Verbindung mehr benötigt wird. Daher entfallen lästige Wartezeiten beim Seitenaufbau. Zudem bestehen keine Bedenken in Hinblick auf Datensicherheit, denn alle persönlichen Vertragsdaten werden ausschließlich lokal beim Nutzer verarbeitet.
Die Nachteile dieser Downloadlösung zeigen sich in stark abgesicherten Firmennetzen. Hier haben die meisten Benutzer keine Befugnisse, ein Programm aus dem Internet herunterzuladen (Administratorrechte). Aus diesem Grunde werden wir mittelfristig auch eine reine Weblösung für myContract entwickeln (vgl. unter 2.4.).
Eine weitere wesentliche Anforderung an die Software war, die Anwendung relativ klein zu halten, um vernünftige Downloadzeiten zu erreichen. Auf der anderen Seite muß aber die gesamte Verarbeitung lokal vorgenommen werden, das Programm also einen erheblichen Leistungsumfang bewältigen.
Um diese Aufgabe effizient lösen zu können, wurde zunächst eigens für dieses Projekt ein Autorensystem entwickelt, welches grafische Anordnung von komprimierten Bitmaps und eigenen Objekten (Buttons, Checkboxes, Listen usw.) per Skript ausführt. Ebenfalls werden die projektspezifischen Funktionen im Skript definiert und aus DLL-Dateien (dynamic link libraries) geladen.
Die Bildschirmdarstellung wird über Direct Draw realisiert. Dies ermöglicht eine sehr flexible Gestaltung der Dialogfenster bei akzeptabler Geschwindigkeit. So sind auf einfachstem Weg jegliche Änderungen am Layout möglich, da selbst das Aussehen eines Buttons im Skript umdefiniert werden kann. Dadurch bekommt die myContract-Anwendung neben der inhaltlichen auch eine optisch eigene Note (vgl. Abb. 1).

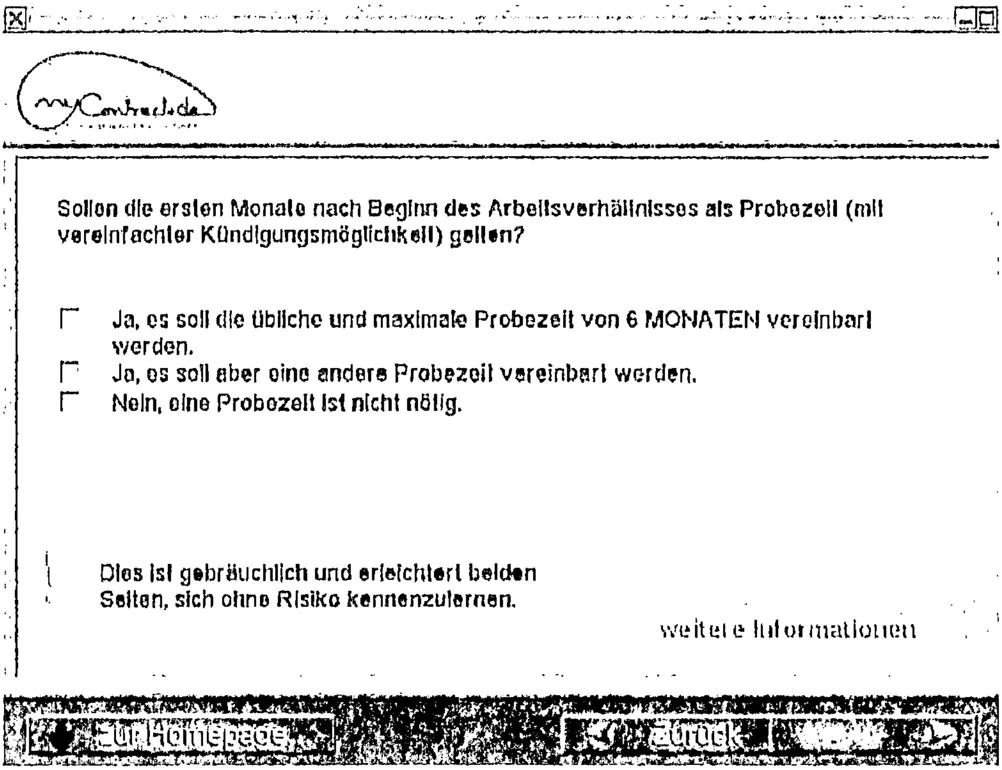

Abb. 1: Ausschnitt aus der Erstellung eines Arbeitsvertrages (Version 0.7)

Der erhöhte Aufwand, der durch diese spezielle Lösung entstand, rechtfertigt sich vor allem durch die Größe der Applikation: wir konnten unter 120 Kbyte bleiben (unkomprimiert). Das Autorensystem beinhaltet alle notwendigen Funktionalitäten, die zum Datentransport via HTTP notwendig sind. Alle relevanten Daten werden also von der Anwendung selbst geladen. Bei jedem Start wird eine Aktualitätsprüfung durchgeführt. Finden sich aktuellere Daten auf dem Server, werden nur diese ausgetauscht; danach startet die Anwendung wie gewohnt. Lokal auf dem Rechner befindliche Daten, die auf dem Server nicht aktualisiert vorliegen, werden nicht neu geladen.

Nach beendeter Abfrage wird die Vertragstextdatei im RTF-Format erzeugt und automatisch im Standard-Betrachter geöffnet (Word, Wordpad, Starwriter usw.) Die myContract Anwendung schließt sich dann selbständig.

myContract

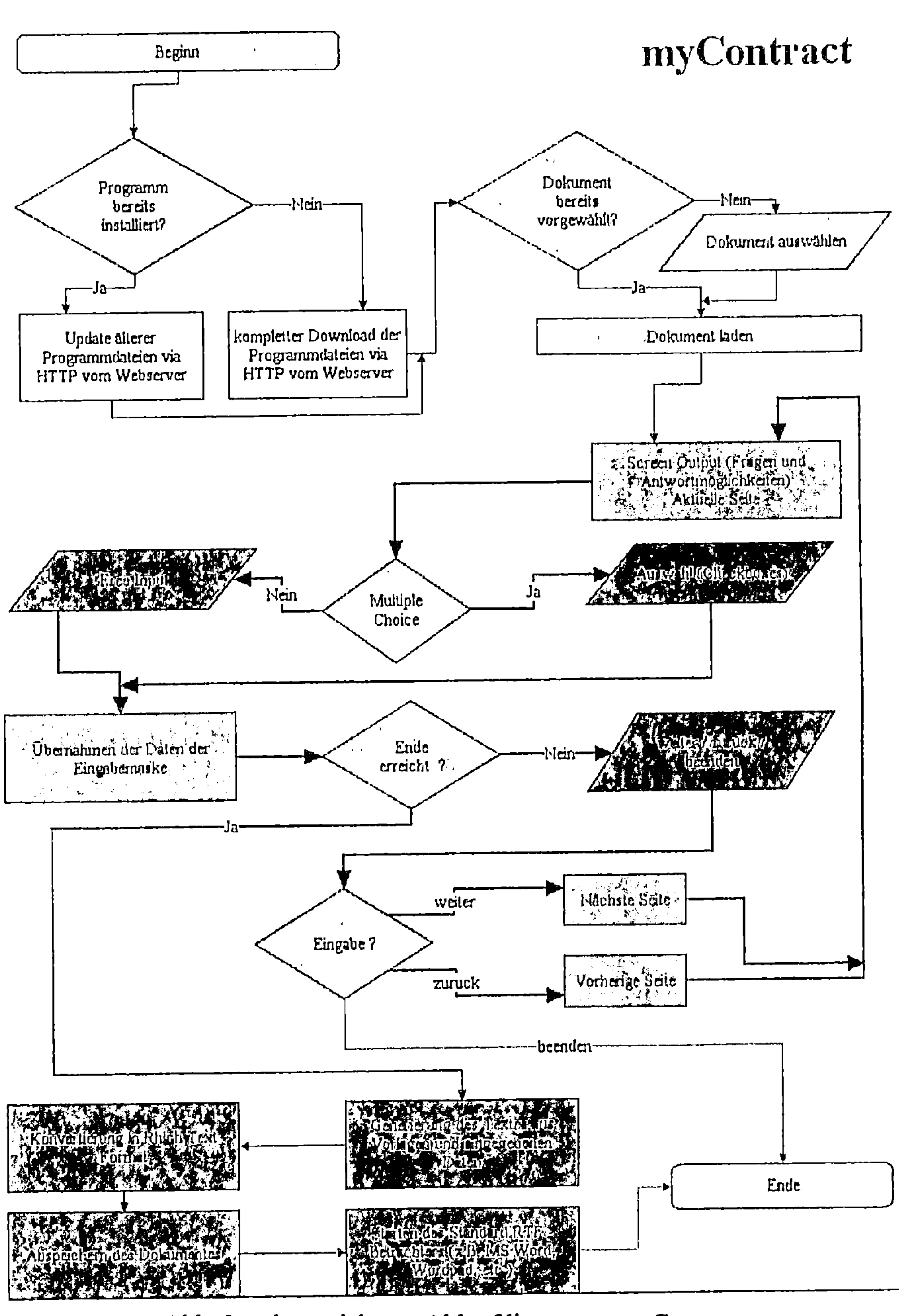

Abb. 2: schematisiertes Ablaufdiagramm myContract

3.4 Die myContract Serverapplikation

Die Umsetzung von myContract in ein „echtes" Onlinesystem läuft derzeit an.
Zukünftig wird der Nutzer die Möglichkeit haben, sein Dokument direkt im
Webbrowser erstellen zu lassen und dieses dann per Hyperlink auf seinen Rechner
zu laden. Die Steuerung des Web-Interfaces wird sich von der Applikation nicht
deutlich unterscheiden.
Allerdings erfordert jede neue Interaktion mit dem Nutzer einen neuen Zugriff auf
den Server. Dieser wertet dann die Daten aus, speichert sie temporär und erstellt
die nächste HTML-Datei. Nach der Beantwortung aller Fragen wird dann das
Dokument auf dem Server generiert und dem Nutzer bereitgestellt.
Insgesamt wollen wir den Schwerpunkt auf die Downloadversion legen, da diese
sowohl im Hinblick auf Komfort, als auch auf Sicherheit überlegen ist.

3.5 Installation der einzelnen Vertragssysteme

Wir bemühen uns, bei allen Vertragskonzepten einmal eingegebene Daten
mehrfach zu verwenden. Einer der wesentlichen Grundsätze von myContract ist,
nicht bei abstrakten Rechtsfragen anzusetzen und diese dem Nutzer zu erklären,
sondern die Expertensysteme auf der Basis typischer Lebenssituationen zu
entwickeln. Wesentlich ist es, den Bedarf eines durchschnittlichen Nutzers
zutreffend zu analysieren und diesen in ein entsprechendes Bedarfsprofil
umzusetzen.
Zur Verdeutlichung der Abläufe innerhalb der myContract-Software weisen wir
auf die nachfolgende Grafik hin (Abb. 2).

3.6 Derzeitiger Realisierungsstand

Mit den Arbeiten am Programm wurde im Herbst 1999 begonnen, im September
2000 lief die erste Vorversion. Die derzeitige (Download-)Versuchsversion 0.7
läuft bereits (einigermaßen) stabil. Mehrere Dokumenterstellungssysteme sind
bereits programmiert und lauffähig.
myContract wird voraussichtlich noch im Jahr 2001 im Netz verfügbar sein. Wir
halten es für unabdingbar, dem Nutzer sofort eine größere Zahl an Dokumenten
anzubieten und eine sehr hohe Funktionsfähigkeit und Nutzerfreundlichkeit zu
garantieren.
Derzeit arbeiten wir an einer ersten Versuchsinstallation in einem Unternehmen.
Dieses hat insofern eine für myContract günstige Bedarfsstruktur, als es lediglich
wenige Verträge sehr oft benötigt, aber einen hohen Bedarf an deren Aktualität
aufweist. Die Verträge müssen also ständig (etwa im Monatsrhythmus) gepflegt
werden. Daher bietet sich der Einsatz von myContract auch im Hinblick auf die
Außendienstmitarbeiter an.

Perspektivisch ist weiterhin geplant, durch den Einsatz regelbasierter Systeme die „Intelligenz" des Systems weiter zu steigern. Hier gibt es einige sehr interessante Ansätze, z. B. das amerikanische Programm Blazesoft.

4 Ausblick

Etwa seit Mitte des letzten Jahres hat sich die Erkenntnis durchgesetzt, daß die Verbreitung materieller Güter per Internet jedenfalls in den nächsten Jahren die klassischen Handelsstrukturen nicht verdrängen wird. Dies gilt insbesondere im B2C-Bereich, also im Verhältnis zwischen Unternehmen und Verbrauchern.
Es bedarf keiner besonderen Phantasie für die Annahme, daß sich die Dinge im Bereich der Information anders entwickeln werden. Zu eindrucksvoll sind die Erfolge etwa des Musiktauschsystems NAPSTER. Im Bereich der Information gibt es keine zeitaufwendige und kostenträchtige Logistik. Hier gehen Kommunikation und Lieferung ineinander über schnell, flexibel und zu geringsten Distributionskosten. Aus der Universalität des Internets resultiert gleichzeitig eine Flut von Angeboten und entsprechender Wettbewerb unter den agierenden Unternehmen. Durchsetzen wird sich derjenige Anbieter, der über das beste Informationsmanagement verfügt. Informationsmanagement in diesem Bereich setzt sich aus drei Kriterien zusammen:

- richtige Zusammenstellung (Auswahl und Kombination der Informationen),
- kundennahe Präsentation und
- hohe Zuverlässigkeit (Verfügbarkeit und Korrektheit der Informationen).

Es sei die Prognose gewagt, daß kleinere Preisunterschiede gegenüber der Qualität jedenfalls nicht die dominierende Rolle spielen werden.
Die Bedeutung von Informationssystemen wie myContract wird desto schneller wachsen, je intelligenter, flexibler und umfassender sie den Kunden „beraten" können. Ein interessanter Gedanke wäre es, Industrie- und Verbraucherverbände mit dem Aushandeln von ausgewogenen Vertragssystemen (mit für eine Vielzahl der täglichen Anwendungsfällen geeigneten Vertragsvarianten) zu beauftragen und diese Verträge über Expertensysteme ins Netz zu stellen. Durch die Einheitlichkeit und Ausgewogenheit würden sie mit Sicherheit rasch umfassend Akzeptanz finden und dadurch die Rechtssicherheit deutlich steigern. Das dürfte angesichts des stetig stark steigenden Transaktions- und damit Vertragsvolumens moderner Volkswirtschaften zu einem wesentlichen Standortvorteil führen.

Customer Relationship Management (CRM) im E-Business: Herausforderungen für ein ganzheitliches Informationsmanagement

Martin Meyer
igim ag

1 Einleitung

Eine zunehmende Individualisierung des Kundenverhaltens, mangelnde Serviceleistungen sowie eine erhöhte, weltweite Preistransparenz, ermöglicht durch die rasante Entwicklung von Informations- und Kommunikationstechnologien, führen zu einer erhöhten Abnahme der Kundenbindung an ein Unternehmen[1]. Deshalb erstaunt es nicht, dass Unternehmen heute mit verstärkten Anstrengungen zur Verbesserung der Kundenorientierung reagieren. Dennoch ist die strikte Ausrichtung der Unternehmensorganisation auf die Kunden vielerorts heute noch mehr Vision als Realität. Zudem kann eine gewisse Stagnation bei der Umsetzung der Kundenorientierung im Unternehmen festgestellt werden. Dies zeigt sich z.B. darin, dass bestehende Kunden häufig nicht immer ihrem Wert entsprechend behandelt werden. In der Vergangenheit war dies oft auch nicht notwendig, da ungenügende Markttransparenz oder regionale bzw. überregionale Monopolstellungen die qualifizierte Auswahl der Anbieter für den Kunden schwierig machte. Entsprechend beherrschten Methoden und Konzepte, bei denen das Produkt und kurzfristige Verkaufsaktivitäten im Vordergrund standen, die Marketing- und Vertriebsaktivitäten. Zudem haben sich Marketingbemühungen traditionell immer auf Produktbewusstsein und Produktdifferenzierung konzentriert[2].

Mit der Einführung von Customer Relationship Management (CRM) sollen diese Unzulänglichkeiten jedoch beseitigt werden. Kerngedanke und Zielsetzung von CRM ist die Steigerung des Unternehmens- und Kundenwertes durch ein systematisches Management existierender Kundenbeziehungen. Dabei wird versucht, den Fortschritt in der Entwicklung des Kundenwertes (Customer Lifetime Value) zu messen. Die Wertigkeit der Kunden bestimmt anschliessend, welche Kunden neu gewonnen werden, bei welchen Kunden Zusatzverkäufe (Cross- bzw. Up-Selling) möglich sind, welche Kunden speziell gebunden werden

---

[1] Vgl. z.B. Schulze (2000), S. 58 ff.
[2] Amacher et al. (2000), S. 9.

sollen und welche Kunden zurückgewonnen werden sollen. Darüber hinaus bewegen die zunehmende Reife und Verfügbarkeit moderner Informationstechnologien und die Entwicklungen im E-Business Unternehmen dazu, sich vermehrt auf Kundenbeziehungen zu konzentrieren. So ermöglichen es beispielsweise Data Warehouse- und Data Mining-Techniken, aus gewaltigen Datenmengen das Kundenverhalten und den Warenfluss zu analysieren und diese Informationen für die gezielte Kundenansprache zu verwenden.

Vor diesem Hintergrund befasst sich der vorliegende Beitrag mit CRM im Umfeld des E-Business. Zu Beginn wird dabei ein Überblick über die Zielsetzungen des CRM und über die dem CRM zugrunde liegenden Technologien gegeben. Anschliessend werden im dritten Abschnitt Anwendungsbereiche von CRM dargestellt. Im vierten Abschnitt werden CRM-Beispiele im E-Business vorgestellt. Abschliessend wird aufgezeigt, wo die zentralen Herausforderungen für ein umfassendes Informationsmanagement liegen.

2 CRM und CRM-Systeme

2.1 Zielsetzungen

Die gestiegenen Anforderungen an Unternehmen, hervorgerufen u.a. durch eine Verschärfung des Wettbewerbs, durch eine Reizüberflutung seitens des Marktes, durch neues Verbraucherverhalten, durch zunehmende Internationalisierung und Computerisierung sowie durch aggressive, neue Distributionskanäle haben dazu geführt, dass der Kunde wieder zunehmend im Mittelpunkt der Bemühungen steht. Dabei ist offensichtlich, dass - unabhängig von allen Einzelaktionen zur Kundengewinnung und -bindung - eine ganzheitliche Betrachtungsweise des Kunden unabdingbar ist. Hier setzt Customer Relationship Management (CRM) an: Customer Relationship Management ist ein ganzheitlicher Ansatz, bei welchem

- systematisch Massnahmen zur Steigerung der Kundenloyalität implementiert,
- Ist-Kunden gezielt gepflegt sowie
- Neukunden gezielt angesprochen und an das Unternehmen gebunden werden.[3]

Von anderen Marketing- und Vertriebskonzepten unterscheidet sich CRM vor allem durch die differenzierte Betrachtung der einzelnen Kunden bzw. Kundensegmente mit dem Ziel, eine langfristige Beziehung zu entwickeln. Die Betreuung des Kunden erfolgt selektiv nach dessen Wertigkeit. An die Stelle des

---

[3] Endl / Huldi (2000), S. 62.

kurzfristigen Verkaufens tritt als neue Bewertungsgrösse die Kundenlebenszeitperspektive (Customer Lifetime Value). Darüber hinaus berücksichtigt CRM die Möglichkeiten der modernen Informations- und Kommunikationstechnologien. Nicht zuletzt handelt es sich bei CRM weder um ein IT- noch um ein Marketing-Projekt, sondern um eine Unternehmensphilosophie, welche im Gesamtunternehmen verankert werden muss.

2.2 CRM-Systeme

Aus technischer Sicht sind CRM-Systeme eine Weiterentwicklung von Computer Aided Selling (CAS)-Systemen. Während CAS-Systeme jedoch in erster Linie auf den Verkaufsprozess ausgerichtet sind, unterstützen CRM-Systeme Marketing-, Verkaufs- und Serviceprozesse ganzheitlich und integriert.[4] Der Markt für CRM-Systeme ist äusserst heterogen und demzufolge sehr breit gefächert. Unter dem Oberbegriff CRM werden verschiedenste Funktionalitäten aus den Bereichen Marketing, Verkauf und Service zusammengefasst. Deshalb erstaunt es nicht, dass unter dem Schlagwort „CRM-Systeme" Systeme der unterschiedlichsten Art angeboten werden. Beispiele hierfür sind Call-Center-Lösungen, **Computer Telephony Integration-** (CTI)-Technologien, klassische SFA-Systeme (**SFA: Sales Force Automation**), Marketing-Datenbanken (Database Marketing) oder Lösungen für den Verkaufsaussendienst. Demzufolge sind auch die Funktionalitäten in CRM-Systemen völlig unterschiedlich ausgestaltet. Mögliche Funktionalitäten von CRM-Systemen sind:

- Marketingfunktionen (z.B. Call-Center-Management, Kampagnen-Management, Direkt-Marketing),
- Verkaufsfunktionen (Angebotsgenerierung, Kundenkontaktplanung, Muster-portfolios, Kundenreaktionserfassung etc.),
- Servicefunktionen (Beschwerdemanagement, Kundenwunscherfassung, Kunden-Helpdesk, Bestellwesen für Werbematerial etc.),
- Abfrage-, Analyse- und Reportingfunktionen (z.B. Data Mining, Data Warehousing, OLAP-Techniken),
- Verkaufsaussendienst-Unterstützungsfunktionen (z.B. Terminplanung, Agenda, Pendenzenliste),
- Kommunikationssysteme (E-Mail-Anbindung, Workflow-Management etc.),
- Schnittstellen und administrative Funktionen.

CRM-Systeme lassen sich z.B. wie folgt klassifizieren: CRM-Systeme als Erweiterung von Enterprise Resource Planning (ERP)-Systemen, CRM-Systeme

---

[4] Vgl. z.B. Schwetz (2000).

auf Basis von Office-Systemen und autonome CRM-Systeme.[5] Insgesamt lässt sich festhalten, dass der Markt für CRM-Systeme mit Ausnahme von Unternehmen wie Siebel und Vantive sehr atomisiert ist. Vorwiegend ist eine Fülle von Nischenanbietern anzutreffen, die sich auf ausgewählte Funktionalitäten spezialisieren.[6] Für die nächsten Jahre ist jedoch ein Konzentrationsprozess zu erwarten.

2.3 Nutzen- und Risikopotenziale

Nutzenpotenziale von CRM-Lösungen liegen z.B. in einer umfassenden Kundeninformationsbasis. Dadurch können interne Prozesse vereinfacht werden (z.B. keine Doppelerfassung von Kundenstammdaten, effizientere Erledigung von Routinearbeiten), was gleichzeitig auch Rationalisierungspotenziale in sich birgt. Eine aktuelle und gepflegte Kundendatenbank ermöglicht eine individualisierte Kundenansprache und kann zu mehr Kundennähe führen. Nicht zuletzt liegen die Potenziale in der Optimierung der Kundenbindung, in der Optimierung der Wirtschaftlichkeit im Kontaktmanagement und in der Optimierung der Kunden-profitabilität.[7] Mehreinnahmen ergeben sich zudem durch Cross- oder Up-Selling, Folgekäufe und dergleichen.
Risiken bestehen insbesondere dahingehend, dass CRM-Systeme überschätzt werden oder wenn die Systeme, welche implementiert werden, nicht spezifisch auf die Kundenanforderungen ausgerichtet sind. Zudem werden im Markt oft Erwartungen geweckt, welche im Nachhinein nicht erfüllt werden können.

3 Anwendungsbereiche von CRM

3.1 Traditionelle Anwendungsformen

Aufgrund der bisherigen Ausführungen lässt sich festhalten, dass CRM-Systeme insbesondere Prozesse aus den Bereichen Marketing, Vertrieb und Service unterstützen. CRM-Systeme werden per dato branchenübergreifend eingesetzt; es hat sich noch keine Branche herausgebildet, in denen CRM-Systeme signifikant stärker eingesetzt werden als in anderen. Das Spektrum eines Einsatzes von CRM-Systemen reicht von funktionalen Insellösungen, welche nicht miteinander verbunden sind, über Lösungen, welche dem „Best-of-Breed-Ansatz" folgen, bis hin zu integrierten Gesamtsystemen (z.B. Siebel, Clarify, Vantive, SAP); solche

---

[5] Bonato (2000), S. 47.
[6] Dangelmaier (2000), S. 13.
[7] Bonato (2000), S. 45 f.

CRM-Systeme sind bezüglich der Komplexität durchwegs mit ERP-Systemen gleichzusetzen. Im Gegensatz zu den ERP-Systemen liegen aber derart weitreichende CRM-Anwendungen in der Praxis noch relativ selten vor.

Mit einer steigenden Verbreitung von funktionalen CRM-Lösungen als auch von integrierten CRM-Systemen kann aber in naher Zukunft gerechnet werden. Die Begründung liegt in der rasanten, technischen Entwicklung des Internets und seines wichtigsten Dienstes, des World Wide Web (WWW). Dank dieser technologischen Entwicklung erhält auch CRM neue Impulse, weil neben unternehmensinternen CRM-Lösungen auch internet-basierte CRM-Anwendungen in Frage kommen. Hierbei wird auch von elektronischem CRM (eCRM) gesprochen.[8] Das WWW dient dabei als Benutzerschnittstelle und zugleich als Basisdienst für die Integration verschiedener Applikationen.

3.2 eCRM: Webbasierte Anwendungen

Die Integration von CRM-Systemen und WWW bietet eine Reihe von neuen Möglichkeiten zur effizienten und transparenten Abwicklung von Geschäftsprozessen und ist vor allem für global agierende Unternehmungen von Interesse. Jedoch ist zu beachten, dass unterschiedliche Anforderungen an die Realisierung webbasierter CRM-Lösungen gestellt werden, je nachdem wie stark die Verbindung zwischen den einzelnen Systemkomponenten innerhalb einer EDV-Architektur ist (z.B. einfacher Datenaustausch oder komplizierte Replikations- und Synchronisationsmechanismen). Echte webbasierte Lösungen unterscheiden sich dabei von webfähigen CRM-Lösungen dadurch, dass sie in einem Internet-Browser als sogenannte „Thin Clients" laufen können und keinerlei Datenbanken bzw. Applikationen auf dem PC eines Anwenders erfordern.[9]

Die zwei häufigsten Anwendungen webbasierter CRM-Lösungen sind die Anbindung von Verkaufsaussendienst-Mitarbeitern z.B. über Laptops an einen zentralen Server des Unternehmens auf Basis des Internets bzw. Intranets (**eCRM mit Innenwirkung**) oder eine CRM-Lösung, welche die Funktion eines Absatzmittlers gegenüber den Kunden auf dem Internet besitzt (**eCRM mit Aussenwirkung**).

Bei der zweiten Variante handelt es sich um die Integration von CRM ins E-Business. Häufig wird hierbei auch zwischen Beziehungen von Unternehmen zu Endkunden (Business-to-Consumer, B2C) und von Unternehmen zu Unternehmen (Business-to-Business, B2B) unterschieden. Die zu diesem Geschäftsvorfall gehörenden Transaktionen sind explizit Bestandteile von elektronischen

---

[8] Vgl. z.B. Bonato (2000), S. 45; Enders / Gromme / Roffka (2000), S. 42.
[9] Enders / Gromme / Roffka (2000), S. 41.

Märkten.[10] Elektronische Märkte sind durch Informations- und Kommunikationssysteme realisierte Marktplätze, d.h. Mechanismen des marktmässigen Tausches von Gütern und Leistungen, die alle Phasen der Transaktion (Informationsphase, Vereinbarungsphase, Abwicklungsphase) unterstützen.

eCRM-Technologien (z.B. Personalisierung, Interaktiver Chat, WAP-Technologien, Web Collaboration, Voice over IP) eröffnen neue Formen der Kundeninteraktion und führen dazu, dass zukünftig eine Verschiebung der Kundenansprache ins Internet stattfinden wird. Beispiele für eCRM im E-Business sind eStores, ePersonalized Marketing, eCustomer Care oder eContent.

4 CRM im Umfeld des E-Business

4.1 Prozessportale

Bei der Betrachtung von eCRM mit Aussenwirkung ist festzustellen, dass webbasierte Technologien heute auf dem Internet Angebote ermöglichen, bei welchen nicht nur das einzelne Produkt zum Verkauf angeboten wird, sondern bei denen der gesamte Verkaufsprozess unterstützt wird. Derartige Angebotsformen werden auch als Prozessportale bezeichnet. Dadurch erhält der Kunde die Leistungen aus einer Hand angeboten: d.h. er erhält jedes Produkt, jede Dienstleistung und jede Information (inkl. Konkurrenzvergleiche), die er für seinen Kaufentscheid braucht, zur Verfügung gestellt. Folglich werden in einem Prozessportal alle Dienstleistungen und Informationen für einen bestimmten Kundenprozess zusammengefasst. Dabei werden sowohl eigene Leistungen als auch Leistungen von Kooperationspartnern vom Unternehmen gebündelt angeboten.[11] Beispiele für Prozessportale finden sich unter www.yourhome.ch oder www.autobytel.com.

Bei einer Betrachtung von eCRM mit Innenwirkung ist insbesondere das rollenbezogene Prozessportal der SAP von Interesse. Mit mysap.com bietet die SAP ein webbasiertes und demzufolge ortsunabhängiges Arbeitsplatzkonzept an. In diesem erhalten Aussendienstmitarbeiter, Servicemitarbeiter oder Kunden in einem Internetbrowser nur Zugriff auf jene Funktionalitäten des R/3-Systems, welche ihnen gemäss ihrer definierten Rolle zustehen bzw. nur auf jene Funktionalitäten, welche sie zwingend für die Ausführung ihrer Arbeit benötigen.

---

[10] Vgl. dazu z.B. Schmid (1993).

[11] Vgl. Schmid / Bach / Österle (2000), S. 6 ff.

4.2 Kundenbindung im Rahmen der „Clubidee"

Ein weiterer Ansatz, welcher im Rahmen von CRM sehr stark an Bedeutung gewinnt, ist die Idee des Kundenclubs. Dabei werden Kunden als „Clubmitglieder" behandelt und erhalten eine Clubkarte. Ziele eines Kundenclubs sind z.B.:

- Kunden mit hoher Wertschöpfung sollen identifiziert, belohnt und gebunden werden.
- Kundenverluste sollen frühzeitig erkannt werden.
- Mit den Kunden soll regelmässig über unterschiedliche Kommunikationskanäle kommuniziert werden; die Kommunikation soll dabei entsprechend der Kundenwertigkeit erfolgen.
- Potentielle Neukunden sollen identifiziert und gewonnen werden.

In Rahmen der Clubidee kann grundsätzlich zwischen Vorteilsclubs und Prämiensystemen unterschieden werden.[12] Während Vorteilsclubs einen direkten, unmittelbaren Vorteil bieten (z.B. vergünstigte Kaufangebote), gehen Prämiensysteme einen Schritt weiter. Der indirekte Vorteil wird erst im Laufe der Zeit erzielt: Mitglieder eines solche Kundenclubs sammeln in irgendeiner Form Punkte und können diese nach einem festgelegten System in Prämien eintauschen oder bekommen einen Betrag gutgeschrieben. Beispielsweise erhalten die Kunden meistens Zugang zu einem Partner-Netzwerk und dadurch Zugriff auf Angebote und Dienstleistungen, in welchen sie ihre gutgeschriebenen Punkte einlösen können; im umgekehrten Fall wiederum werden den Kunden Punkte gutgeschrieben, wenn sie Transaktionen bei Geschäftspartnern durchführen. Beispiele für Clubkarten sind die Cumulus-Karte der Migros oder die Coop SuperPlus-Karte.

Im E-Business sind vor allem folgende Kundenbindungsprogramme von Bedeutung: Die Clubkarte der „Alpenarena" in Flims/Laax (www.alpenarena.ch), das Kundenbindungsprogramm „Miles & More" der Lufthansa, der Kundenclub von www.webmiles.de sowie die Clubkarte „Paypack" (www.payback.de). Allen Programmen ist gemeinsam, dass sie in das Internet eingebettet sind und dass Kunden sowohl online als auch offline Transaktionen durchführen können. Der Vorteil von Kundenclubs bzw. von Clubkarten liegt darin, dass Kundendaten (und die damit verbundenen Transaktionen) an die involvierten Unternehmen übermittelt werden, welche im Anschluss daran durch Data Warehousing- und Data Mining-Techniken ausgewertet werden können. Dadurch wird eine gezielte

---

[12] Stolpmann (2000), S. 68 ff.

Kundenansprache bzw. ein One-to-one-Marketing in Abhängigkeit vom Kundenwert erst richtig ermöglicht.

4.3 CRM im M-Commerce

Die technischen Entwicklungen in der Telekommunikation eröffnen im CRM völlig neue Möglichkeiten. Die Nutzung von mobilen Telefonen, von PDA's oder von anderen mobilen Endgeräten führen im Zusammenspiel mit dem Internet zu völlig neuen Geschäftsmodellen und dadurch zu neuen Möglichkeiten und Formen der Kundenbindung. Jedoch ist zu beachten, dass E-Business und Mobile (M)-Business grundlegende Unterschiede aufweisen. Insbesondere ist der M-Business-Bereich durch unterschiedliches Benutzerverhalten und durch unterschiedliche Produkte und Dienstleistungen gekennzeichnet. Der Benutzer im M-Business zeichnet sich beispielsweise dadurch aus, dass der mobile Zugang zum Internet eher spontan und in Nischenzeiten genutzt wird.[13] Ein Anwendungsbeispiel von CRM im M-Business sind Flugplanauskünfte und die Nennung des Abflugortes (Terminal) oder Börseninformationen, welche der Benutzer via SMS auf das Mobiltelefon übertragen erhält. Die Unternehmen versuchen auf diese Weise, Kunden einen möglichst umfassenden Service zu bieten und sie dadurch an das Unternehmen zu binden. Dabei kann festgestellt werden, dass die Nutzung von Handys als mobiler Kommunikationskanal effizient und schnell, durch die begrenzte Anzahl der Zeichen jedoch stark restriktiv ist.

5 Implikationen für ein ganzheitliches Informationsmanagement

Die Herausforderungen für ein umfassendes Informationsmanagement - im CRM im allgemeinen und im eCRM im speziellen - liegen auf unterschiedlichen Ebenen. Fundament für die erfolgreiche Einführung eines ganzheitlichen CRM ist die Integration aller Kundeninteraktionspunkte (Internet, Call Center, Telefon, direkter Kundenkontakt etc.) in ein Gesamtsystem. Dabei stellt nicht nur die fachliche Seite erhebliche Anforderungen an die Integration (Informations- und Datenfluss sowie Datenqualität), sondern auch die technische Integration der verschiedenen Systeme bzw. der Aufbau eines integrierten Systems ist eine der zentralen Herausforderungen für das Informationsmanagement bzw. für die Informatik. Insbesondere die Systemintegration von ERP- und CRM-Systemen, die Programmierung der dazugehörigen Schnittstellen sowie die Datenmigration sind heute grösstenteils noch ungelöst bzw. mit erheblichen Schwierigkeiten

---

[13] Vgl. z.B. Dean / Ketterer / Thiel (2000), S. 35.

verbunden. Die in den vorangegangenen Abschnitten beschriebene Heterogenität des Software-Marktes für CRM erleichtert diese Problemlösung nicht: Je nachdem, ob sich ein Unternehmen im Massengeschäft oder im Individualgeschäft befindet, ergeben sich andere Anforderungen an CRM-Systeme, was wiederum zur Evaluation von neuen Lösungen führt.

Für eine individuelle Kundenansprache sind ausserdem zentral geführte, aktuelle, konsistente und einheitliche Datenbestände notwendig. Erst wenn diese Bedingung erfüllt ist, gelingt es, One-to-one-Marketing im eigentlichen Sinn zu betreiben und erst dann stehen Kundeninformationen über das gesamte Unternehmen hinweg zur Verfügung. Bedeutendste Voraussetzung für einen einheitlichen Datenbestand ist die Einführung einer zentralen Kundendatenbank bzw. eines Data Warehouses; diese Instrumente sind Ausgangspunkt für die angeschlossenen Um- bzw. CRM-Systeme und versorgen diese mit den zugehörigen Kundeninformationen.

Aus organisatorischer Sicht sind bei der Einführung von CRM-Lösungen die betrieblichen Abläufe zu überprüfen. So müssen klare Regelungen für den Umgang mit Informationsobjekten festgelegt werden. Falls sich ein CRM- und ein ERP-System im Einsatz befinden, ist z.B. zu klären, wo die Kunden erfasst werden, welches System den „Lead" besitzt und wer die Eingaben vornimmt. In Bezug auf die soziokulturelle Ebene ist festzuhalten, dass die Mitarbeiter eines Unternehmens frühzeitig mit der Philosophie des CRM und den damit verbundenen systemtechnischen Änderungen in Kontakt gebracht werden, sodass Änderungswiderstände und Akzeptanzprobleme möglichst frühzeitig vermieden werden können.

Nicht zuletzt ergeben sich durch die Einführung von eCRM auch zahlreiche betriebswirtschaftliche und strategische Herausforderungen für das Informationsmanagement bzw. für das gesamte Unternehmen. Beispielsweise stellt sich die Frage, ob das Internet als neuer Absatzkanal im Rahmen einer CRM-Strategie mit konsistenten Prozessen und Organisationsstrukturen dienen soll oder ob das Internet als ergänzender Absatzkanal in die bestehende CRM-Strategie mit den bereits vorhandenen Prozessen und Organisationsstrukturen eingebunden werden soll (Multi Channel Management). Das Problem der gegenseitigen Kannibalisierung der Absatzkanäle sowie Fragen wie z.B. diejenige der Provisionsgestaltung von Aussendienst-Mitarbeitern dürfen in diesem Zusammenhang nicht vernachlässigt werden. Auf strategischer Ebene eines Unternehmens sind die richtigen Partnerschaften und Allianzen erfolgsentscheidend. Diese Verbindungen müssen ebenfalls durch die den Geschäftsprozessen zugrunde liegenden IT-Systeme unterstützt werden.[14]

---

[14] Vgl. z.B. Dean / Ketterer / Thiel (2000), S. 36.

6 Zusammenfassung und Ausblick

Der vorliegende Beitrag befasst sich mit CRM im Umfeld des E-Business. Zu Beginn wurde dabei ein Überblick über die Zielsetzungen des CRM und über die dem CRM zugrunde liegenden Technologien gegeben. Dabei konnte festgestellt werden, dass CRM-Systeme Prozesse aus den Bereichen Marketing, Vertrieb und Service unterstützen. Anwendungspotenziale des eCRM liegen insbesondere im unternehmensinternen Bereich (CRM mit Innenwirkung) und im unternehmens-externen Bereich (eCRM mit Aussenwirkung). Diese wurden anhand der Business-Cases Prozessportale, Clubkarten und M-Commerce verdeutlicht. Als zentrale Herausforderung für das Informationsmanagement kristallisierten sich insbesondere die Integration aller Kundeninteraktionspunkte (Internet, Call Center, Telefon, direkter Kundenkontakt etc.) in ein Gesamtsystem sowie die Bewältigung der Plattformvielfalt heraus. Nicht zu vergessen sind dabei aber auch zahlreiche organisatorische, soziokulturelle und betriebswirtschaftliche Frage-stellungen.

Zukünftig wird das Thema CRM weiter an Bedeutung gewinnen: Dies zeigt sich u.a. darin, dass das Thema CRM immer mehr zu einem Thema der Geschäfts-leitung und dadurch dementsprechend hoch in den Unternehmen priorisiert wird. Zudem werden sich vermehrt auch Branchen (z.B. Banken) mit CRM[15] beschäftigen, welche der ganzen Thematik bisher eher mit Skepsis gegen-übergestanden sind. Auf der technischen Ebene wird es zu einer weiteren Integration von Technologien und Kundenkontaktpunkten kommen. So geht der Trend z.B. klar in Richtung Verschmelzung von Internet und Call Center. Nicht zuletzt wird der Einsatz von Data Warehousing und Data Mining-Technologien zunehmen, wodurch das Thema One-to-one-Marketing erst richtig an Bedeutung gewinnen wird.

Literatur

Amacher, Theo, Buser, Tom, Lennertz, Thomas, Minolla, Markus, Rauso, Roberto, Sigrist, Alex (2000): My Guide to Customer Relationship Management, Kundenbeziehungen erfolgreicher leben - Theorie, Praxisbeispiele, Tipps und Werkzeuge für eine erhöhte Kundengunst, Juni 2000, PIDAS AG, Zürich.

---

[15] Vgl. z.B. Mogicato (2000).

Bonato Rainer (2000): „Customer Relationship Management"-Systeme als Basis für erfolgreiche Teamarbeit, in: Thexis Nr. 4/2000, S. 44-48.

Dean, David, Ketterer, Hanno, Thiel, Wolfgang (2000): IT-Herausforderungen im M-Commerce, in: IM - Information Management & Consulting Nr. 4/2000, S. 34-37.

Dangelmaier, Wilhelm (2000): CRM-Markt, -Instrumente und -Lösungen, Fünf Schritte zum richtigen System, Vortragsunterlagen, in: Management Circle (Hrsg.): IT im CRM, Erfolgreiche Integration von CRM-Technologien, Frankfurt am Main.

Enders, Andreas, Fromme, Henning, Roffka, Torben (2000): eCRM: Webbasierte Systeme, Abschied von den Informationsinseln, in: salesprofi (Hrsg.): CRM Report 2000, S. 40-43.

Endl, Rainer, Huldi, Christian (2000): Einzelmassnahmen scheitern oft, in: Marketing & Kommunikation Nr. 10/2000, S. 62-63.

Huldi, Christian (1992): Database Marketing, Dissertation an der Hochschule St. Gallen, St. Gallen.

Mogicato, Ralph (2000): Customer Relationship (CRM) in Banken: Kundenorientierung mit modernster Informationstechnologie, Diplomarbeit an der Swiss Banking School, Bern-Stuttgart-Wien.

Schmid, Bruno (1993): Elektronische Märkte, in: Wirtschaftsinformatik Nr. 5/1993, S. 465-480.

Schmid, Roland E., Bach, Volker, Österle, Hubert (2000): Mit Customer Relationship Management zum Prozessportal, in: Bach, Volker, Österle, Hubert (Hrsg.): Customer Relationship Management in der Praxis, Erfolgreiche Wege zu kundenzentrierten Lösungen, Berlin-Heidelberg-New York, S. 3-55.

Schulze, Jens (2000): Methodische Einführung des Customer Relationship Managements, in: Bach, Volker, Österle, Hubert (Hrsg.): Customer Relationship Management in der Praxis, Erfolgreiche Wege zu kundenzentrierten Lösungen, Berlin-Heidelberg-New York, S. 57-84.

Schwetz, Wolfgang (2000): Customer Relationship Management, Mit dem richtigen CAS / CRM-System Kundenbeziehungen erfolgreich gestalten, Wiesbaden.

Stolpmann, Markus (2000): Kundenbindung im E-Business, Loyale Kunden - nachhaltiger Erfolg, Bonn.

Content im Internet: Eine Klassifikation nach objektiven Inhalten und subjektiver Aufbereitungsqualität

Angelika Dietrich, Wolfgang H. Güttel
Fachhochschule Wiener Neustadt

1 Einleitung

Während 1999 noch konstatiert wurde, dass Content im Internet immer noch eine „unterschätzte Größe"[1] darstellt, hat sich mittlerweile das Bild gewandelt. Nur ein Jahr später sind die Themen Content und Content-Management ganz oben auf der E-Business-Agenda: „We are standing at the very start of the „content race" - today's equivalent for the great Gold Rush"[2]. Doch was heißt Content? „Now there is a pressing need for differentiation between different kinds of content"[3].

In diesem Artikel gehen wir der Frage nach, wie „Content (Inhalt) im Internet" klassifiziert werden kann. Dazu greifen wir auf die Ansätze der allgemeinen Kommunikationstheorie zurück und stellen kurz den technischen und den sozialen Entwicklungsstrang der Kommunikationstheorie dar. Die derzeitige Diskussion über Content-Management folgt noch sehr stark dem technisch-orientierten Paradigma der Kommunikationstheorie. „We suffer from the fact that the development of the Global Information Society originates from technology. Consequently, we have inherited an outlook that is coloured by technical capability, rather than commercial and social benefit"[4]. Unter Bezugnahme auf die soziale Kommunikationstheorie werden wir diese technische „objektive" Sicht von Inhalten eines Kommunikationsprozesses um eine soziale „subjektive, inter- pretative" und damit nutzerorientierte Perspektive ergänzen.

Im nächsten Schritt entwickeln wir einen konzeptionellen Rahmen, mit dessen Hilfe wir das Angebot von Content im Internet klassifizieren können. Dieses Modell ermöglicht eine Systematisierung nach „objektiven" und themenunab- hängigen Kriterien sowie nach einer „subjektiven" Aufbereitung dieser Inhalte.

---

[1]   Hochleitner / Kusch (1999), S. 169
[2]   Leer (2000), S. 50
[3]   Leer (2000), S. 51
[4]   Leer (2000), S. 51

Im Anschluss daran stellen wir mit Hilfe des von uns entwickelten konzeptionellen Rahmens die empirischen Erkenntnisse[5] bezüglich des externen Informationsbeschaffungsverhaltens wissensintensiver[6] KMUs (Klein- und Mittelunternehmen)[7] vor. Dabei geben wir einen Überblick über das aktuelle Informationsbeschaffungsverhalten, über Anforderungen an Inhalteanbieter sowie über damit zusammenhängende Kontextfaktoren.

Unsere Ergebnisse lassen sich somit im Schnittpunkt der Forschungsperspektiven von Informationsmanagement (Content-Management) und Wissensmanagement einordnen. Uns interessieren hierbei vor allem jene Aspekte der externen Informationsbeschaffung, die durch die Nutzung der Internet-Technologie möglich geworden sind.

---

[5] Die Befragung wurde im Rahmen eines Drittmittel-finanzierten Forschungsprojektes der FH Wr. Neustadt zum Thema E-Business durchgeführt. Dabei stand bei einem Teilprojekt die Frage im Vordergrund, welchen Content in welcher Form ein Content-Produzent und -Provider für KMUs unter Nutzung der Internet-Technologie anbieten kann. Im ersten Schritt wurden dabei wissensintensive Branchen zu acht branchenbezogenen Clustern gruppiert. Danach wurden in diesen Branchen alle Unternehmen aus einer Datenbank (des österreichischen Kreditschutzverbandes (KSV)) ausgewählt, die den Kriterien eines KMU genügten und in den Bundesländern Wien, Niederösterreich und Burgenland ihren Hauptsitz hatten (N = 861). Aus dieser Grundgesamtheit wurde dann je Cluster eine 5 %-ige Zufallsstichprobe gezogen. Im Januar 2001 wurden 45 Personen in Form eines überwiegend standardisierten Interviews persönlich befragt. Die Daten wurden quantitativ ausgewertet und um zusätzliche qualitative Informationen ergänzt. Als Ansprechpersonen dienten in 33 % der Fälle der Geschäftsführer / Inhaber / Prokurist, in 40 % ein Abteilungsleiter und in den restlichen 27 % eine Assistenz der Geschäftsleitung.

[6] Vgl. zur Definition von wissensintensiven Unternehmen Starbuck (1992), S. 715ff und Sydow / Well (1996), S. 192ff. Die Einschränkung auf wissensintensive KMUs resultiert aus der Tatsache, dass wir davon ausgehen, dass die Nachfrage nach externen Informationen dort um ein Vielfaches größer ist als in nicht-wissensintensiven KMUs, da diese Unternehmen per Definition den Produktionsfaktor „Wissen" im Vordergrund ihrer Leistungserstellung stehen haben.

[7] Vgl. zur Definition von KMUs Mugler (1993), S. 16ff. Für unsere Zwecke wurden KMUs mit einer Größe von 5 bis 200 Mitarbeiter und einem Umsatz von über EUR 363.000,-- (ATS 5 Mio.) ausgewählt. Wir beschränkten uns auf KMUs, da Großunternehmen in der Regel über eigene Presseabteilungen verfügen, die den Informationsfluß von und nach außen kanalisieren.

Die Relevanz des Themas, der Erwerb von externen Informationen, zeigt sich selbst bei Forschungs- und Entwicklungsabteilungen. Dort werden neue Lösungen weniger in den eigenen Labors entwickelt, sondern vielmehr durch das Aneignen externen Wissens mittels konsequentem Studium der Fachliteratur[8].

2 Kommunikationstheorie

In der Kommunikationstheorie lassen sich zwei grundlegende Modelle der Kommunikation unterscheiden. Das Grundmodell der technischen Kommunikation geht von einer weitgehend linearen Nachrichten- und Informationsübermittlung vom Sender zum Empfänger aus[9]. Dagegen widmet sich die soziale Kommunikationstheorie viel stärker den zwischenmenschlichen und interpretativen Aspekten in Kommunikationsprozessen[10].

2.1 Technische Kommunikationstheorie

Im technischen Kommunikationsmodell von Shannon/Weaver[11] wird der Kommunikationsprozess als Nachrichten- bzw. Informationsübermittlung bechrieben. Eine Nachricht bzw. Information besteht aus bestimmten Elementen (Zeichen, Buchstaben etc.), die von einem Sender zu einem Empfänger übertragen werden. Der Transfer dieser Signale erfolgt über einen passenden Kanal. Gelingt das Versenden, die Übertragung sowie der Empfang störungsfrei, wird der „objektive" Inhalt der Nachricht bzw. der Information in dieser Form transferiert. Der Sender und der Empfänger verfügen dadurch über identische Informationen. Unabhängig von den Prädispositionen (den Erwartungen und der Komplexität der vorhandenen Wissensbasen) der Content-Empfänger wird Content dann als wertvoll klassifiziert, wenn dessen Übertragung fehlerfrei erfolgt. Die Aufgabe des Content-Managements[12] fokussiert dabei auf die Bereitstellung und störungsfreie Übermittlung von Inhalten, d.h. vor allem auf organisatorische und technische Aspekte.

---

[8] Cohen / Levinthal (1990), S. 131

[9] Vgl. die Grundlagenarbeit von Shannon / Weaver (1949) sowie bspw. die kybernetische Weiterentwicklung von Flechtner (1970)

[10] Vgl. dazu Watzlawick et al. (1990) oder die Rolle der Kommunikation in der sozialen Systemtheorie bspw. bei Luhmann (1988), Willke (1994)

[11] Shannon / Weaver (1949)

[12] Zur Diskussion über Content-Management aus technischer Perspektive vgl. bspw. Winand / Schellhase (2000), Stein (2000)

2.2 Soziale Kommunikationstheorie

Im Gegensatz zur technischen misst die soziale Kommunikationstheorie dem Prozess der Wahrnehmung und der Interpretation von Inhalten große Aufmerksamkeit zu. Der Schwerpunkt der sozialen Kommunikationstheorie rückt daher vom Sender zum Empfänger. Nur der Empfänger entscheidet, ob eine Mitteilung (Anregung) aufgegriffen wird oder nicht[13].

Während bei der technischen Kommunikationstheorie Daten im Mittelpunkt stehen, konzentriert sich die soziale Kommunikationstheorie auf die Fragen der Informationsgewinnung und Wissensaneignung durch den Empfänger. Dazu dienen objektiv wahrnehmbare und potentiell verwertbare Daten als Grundbausteine, die entweder als Zahlen, Sprache/Text und Bilder codiert sind[14]. Wenn einzelne Individuen und soziale Systeme Daten wahrnehmen und verwerten, also als relevant klassifizieren, werden aus Daten durch diesen Akt der Selektion[15] Informationen. Informationen sind somit immer empfängerorientiert[16]. Die Zuschreibung von Relevanz ist dabei zwingend systemspezifisch und systemabhängig. Daher kann Information immer nur systemrelativ sein[17]. In diesem Sinne läßt sich der „Wert" einer Information nur aus der vom Komplexitätsniveau der vorhandenen Wissensbasis abhängenden Relevanz (z.B. dem Neuigkeits- oder Überraschungswert der Information[18]) für ein Individuum oder ein soziales System ableiten.

Wenn diese Information „sinnvoll" an bestehende Erfahrungsmuster[19] (vorhandene Wissensbasis) gekoppelt werden kann, ist über diesen Koppelungsprozess (Lernprozess) neues Wissen entstanden[20]. Ob eine Information dabei vom Individuum oder vom sozialen System als „sinnvoll" erachtet wird, hängt einzig von der vorhandenen Wissensbasis mit den entsprechenden Relevanzkriterien und Erwartungsstrukturen ab. Zu einem Zuwachs an Wissen kommt es somit erst dann, wenn die Informationen an vorhandenes Wissen anknüpfen können. „Wissen stellt das Endprodukt des

---

[13] Luhmann (1988), S. 193f

[14] Willke (1998), S. 7

[15] Sehr anschaulich bspw. bei Weick (1985), S. 189ff, mit den hier relevanten Teilprozessen Gestaltung und Selektion

[16] Güldenberg (1998), S. 155

[17] Willke (1998), S. 8

[18] Willke (1998), S.10

[19] Willke (1998), S. 11

[20] Güldenberg (1998, S. 261) nennt als typische Barrieren bei der Beschaffung von externem Wissen u.a. die mangelnde Akzeptanz des extern beschafften Wissens, fehlende Verknüpfungsmöglichkeiten an bestehende Wissensstrukturen und die mangelnde Wahrnehmung von externem Wissen.

Lernprozesses dar, in dem Daten als Informationen wahrgenommen und als neues Wissen gelernt werden"[21].

Wenn nun die Prämissen der sozialen Kommunikationstheorie auf das Content-Management übertragen werden, rückt der potentielle Nutzer mit seinen Interessen und Wahrnehmungsmustern viel stärker in den Mittelpunkt. „We should place customers at the centre of our focus, not technology, not content. Content only becomes meaningful when there is interaction and contact with users"[22]. Dementsprechend gibt es keinen „objektiven" Wert der Inhalte, sondern jeder Nutzer misst aus subjektiver Perspektive, gemäß den eigenen Relevanzkriterien, bestimmten Inhalten Wert zu und nimmt andere nicht einmal wahr[23]. Neben der störungsfreien Übermittlung von Content als Grundvoraussetzung steht demgemäß die Frage im Vordergrund, welche Inhalte die bestehende Wissensbasis des Nutzers erweitern und wie diese Inhalte aufbereitet sein sollen, damit sie an die bestehende Wissensbasis anschlussfähig[24] sind.

Das Content-Management hat daher entsprechend der sozialen Kommunikationstheorie nicht nur die Aufgabe, Inhalte anzubieten und störungsfrei zu übertragen. Vielmehr muss davor die Frage nach der anvisierten Zielgruppe[25] mit ihren Erwartungsstrukturen stehen. Daraus resultieren die Interessen nach Inhalten und die spezifischen Wahrnehmungsmuster. Der Content muss entsprechend an diese Erwartungsstrukturen hinsichtlich Qualität, Kosten und Zeit angepasst werden. Durch diese Anpassung werden Inhalte so aufbereitet, dass sie vom Nutzer als relevant klassifiziert werden, der Information also Wert zugemessen wird. Weiters sollen Möglichkeiten geboten werden, die Information via Interaktion an das Komplexitätsniveau der Wissensbasis des Nutzers anzupassen (zu spezifizieren bzw. zu vereinfachen). Neben der grundsätzlichen („objektiven") Qualität der Inhalte ist daher die („subjektive") Anschlussfähigkeit dieser Inhalte an das Komplexitätsniveau der vorhandenen Wissensbasis des Nutzers bedeutend. Letztendlich entscheidet nur der Nutzer selbst über den Wert einer Information. Die Wahrscheinlichkeit, dass einer Information vom Nutzer Wert beigemessen wird, kann aber vom Informationsanbieter erhöht oder verringert werden.

---

[21] Güldenberg (1998), S. 155

[22] Leer (2000), S. 51f

[23] Diese subjektive Wertzuschreibung ist bei der Preisbildung für Inhalte im Internet zu berücksichtigen: „(...) information products must be priced according to what people will pay for them, rather than their cost of production" Marchand (2000), S. 306

[24] Zur Anschlußfähigkeit vgl. bspw. Willke (1994)

[25] Mit Zielgruppe meinen wir hier immer Content-User. Selbst angebotener Content, der sich über die Attraktivität für die Werbebranche finanziert, benötigt ausreichend Nutzer, die diese Web-Site besuchen.

Im folgenden werden wir zwei Perspektiven darstellen. Die erste fokussiert auf die „objektiven" Kriterien, nach welchen Content grundsätzlich klassifiziert werden kann. Die zweite Perspektive thematisiert jene Maßnahmen, die die Aufbereitungsqualität beeinflussen, um die Anschlussfähigkeit der Inhalte an die vorhandene Wissensbasis der Nutzer zu erhöhen.

3 Content im Internet - eine Klassifikation

„Content: The constituent information of a website or other sources. Content can take many forms, including text, sound, video, animation and numerical information"[26].

„Der Begriff Content beschreibt jede Art von Informationen, die zur Ansicht, Be- und Verarbeitung zur Verfügung gestellt werden sollen. Hierzu zählen zum Beispiel: Nachrichtenartikel, Börsenkurse, Produktinformationen, der Inhalt von E-Mails, Graphiken und Bilder, Sportereignisse, historische Dokumente, betriebswirtschaftliche Dokumente, Ton- und Videoaufnahmen"[27].

Wie aus den beiden Definitionen hervorgeht, steht Content (Inhalt) als Platzhalter für die verschiedensten Inhalte mit unterschiedlichsten Aufbereitungsformen. Im Rückgriff auf die grundsätzlichen Codiermöglichkeiten von Daten kann Content als Inhalt einer Web-Site definiert werden, der in Form von Zahlen, Sprache / Text, Ton und Bildern dargestellt wird. Auf der nächsten Ebene könnten diese Inhalte spezifischen Themengebieten zugeordnet werden. Auf eine weitere Klassifikation wird aber an dieser Stelle verzichtet, da der Detaillierungsgrad der Themen beliebig festgesetzt werden kann[28].

Wenn über Content (Inhalte) im Internet gesprochen wird, ist es hilfreich, entlang der Content-Wertschöpfungskette die Rollen der einzelnen Akteure transparent zu machen[29]. Ein Inhalt wird in einem ersten Schritt von einem Content-Producer (Inhalteproduzent, z.B. Unternehmen, Nachrichtenagentur) als relevant betrachtet (selektiert) und aufbereitet. Ein Content-Provider (Inhalteanbieter) bietet diese

---

[26] Geer (2000), S. 70

[27] Büchner et al. (2000), S. 74f

[28] Allerdings fragen wissensintensive KMUs bei der externen Informationsbeschaffung natürlich bestimmte Themen nach, weshalb wir bei der Präsentation der empirischen Ergebnisse nach Content-Themenfeldern, die für wissensintensive KMUs relevant sein können, klassifizieren. Eine Themenklassifikation aus der Sicht der Informationswirtschaft findet sich bspw. bei Stock (2000)

[29] Diese Trennung ist analytischer Natur. Ein einzelner Akteur kann mehrere Rollen einnehmen.

aufbereiteten Inhalte im nächsten Schritt Content-Brokern, -Buyern oder -Usern an. Die Content-Broker (Inhaltehändler) dienen als Vermittler zwischen den verschiedenen Akteuren. Die kommerziellen Content-Buyer (Inhaltekäufer, z.B. Zeitungen, Unternehmen zur inhaltlichen Verbesserung der eigenen Web-Sites oder Portale) kaufen Inhalte an, um diese auf ihren Web-Sites anderen Usern zugänglich zu machen. Die Hauptzielsetzung dieser Akteure liegt in der Absicht, mehr Inhalte auf der Web-Site anzubieten, um eine höhere Kundenfrequenz (Traffic) und damit höhere Umsätze und/oder eine gesteigerte Attraktivität für die Werbebranche zu erzielen bzw. die dort angebotenen Produkte in einem neuen, zusätzlichen Kontext darzustellen. Dagegen kaufen professionelle Content-Buyer (regelmäßige Inhaltekäufer zur Deckung des Informationsbedarfes des Unternehmens, z.B. Presseabteilung großer Unternehmen) Inhalte an, um diese im Unternehmen an die Mitarbeiter weiterzugeben. Passen die Inhalte zum Komplexitätsniveau der vorhandenen Wissensbasis der Content-User (Inhaltenutzer), die sie entweder von kommerziellen oder von professionellen Content-Buyern selektieren, wird aus diesen Daten Information und im Idealfall Wissen. Jeder dieser am Content-Prozess beteiligten Akteure bemisst dabei den „Wert" der Inhalte gemäß den jeweils eigenen, system-spezifischen Relevanzkriterien.

3.1 Inhaltliche Klassifikation von Content (Anbieter-Perspektive)

Die angebotenen Inhalte differieren thematisch je nach Kernaktivität eines Unternehmens äußerst stark. In der nun folgenden Kategorisierung verzichten wir dementsprechend auf eine Auflistung von Themen. Unser Klassifikationsschema setzt an der thematischen Entfernung der Inhalte von der Kernaktivität des Unternehmens an. Die daraus resultierenden Unterscheidungen haben „objektiven" und themenunabhängigen Charakter.

Die auf einer Web-Site von Wirtschaftsunternehmen angebotenen Inhalte (Zahlen, Sprache/Text, Ton und Bilder) folgen im wesentlichen vier idealtypischen Themengebieten, die auf einem Kontinuum nach der Distanz zum hergestellten Produkt bzw. zur angebotenen Dienstleistung unterschieden werden können: Produkt-/Dienstleistungsinformationen, Unternehmensinformationen und produktnahe Unterhaltungselemente sowie produktferne Informations- und Kommunikationsangebote sowie weitere mit den Produkten/Dienstleistungen oder dem Unternehmen nicht in Zusammenhang stehende Informations-, Kommunikations- und Unterhaltungsangebote.

Den Nukleus möglicher Inhalte bilden dabei Informationsangebote, die mit dem Produkt bzw. der Dienstleistung in engem Zusammenhang stehen. Dabei gibt es Inhalte, die ganz konkret mit dem Produkt/der Dienstleistung verknüpft sind (z.B.

technische Produktinformationen) und Inhalte, die nur rudimentär an das Produkt/an die Dienstleistung gekoppelt sind (z.B. Gebrauchstipps).

Auf der zweiten Ebene finden sich jene Informationsangebote, die für (auch potentielle) Stakeholder (Aktionäre, Mitarbeiter, Kunden etc.) Informationen über das Unternehmen anbieten. In diese Kategorie fallen des weiteren Unterhaltungsangebote (für Kunden), die mit den hergestellten Produkten bzw. angebotenen Dienstleistungen in engem Zusammenhang stehen.

Die dritte Kategorie von Inhaltsangeboten beinhaltet Möglichkeiten der Kommunikation und Interaktion der Nutzer, die zum Aufbau einer Community[30] dienen. Wiederum kann nach der Distanz der angestrebten Themen der Community zum originären Produkt/zur originären Dienstleistung unterschieden werden. Die Community kann in diesem Sinne auf tatsächliche Nutzer ausgerichtet sein und somit dem Produkt nahe stehen oder sie kann produktferner und auf Image-/Profil-Gewinnung ausgerichtet sein.

In die letzte Kategorie fallen jene Inhaltsangebote, die keiner der drei zuvor genannten Kategorien zugerechnet werden können, also von den Kernaktivitäten des Unternehmens absolut unabhängig sind. Während die Produkt- und Dienstleistungsinhalte auf die Werbung und den Verkauf derselben ausgerichtet sind, Unternehmensinformationen in Richtung Stakeholder adressiert sind, dienen Entertainment- und Community-Elemente sowie völlig produkt- und unternehmensfremde Inhalte viel stärker bzw. ausschließlich der Steigerung der Nutzerfrequenz (Traffic-Generierung) und der Imagebildung.

In allen vier Themenbereichen kann des weiteren nach dem Grad der Rationalität und dem Grad der Emotionalität der dargebotenen Inhalte unterschieden werden. Rationalität hat dabei die Aufgabe, sachliche („rationale") Inhalte zu liefern. Die Emotionalität dagegen zielt darauf ab, mit Hilfe von Inhalten ein bestimmtes Image aufzubauen und zu vermitteln.

3.2 Klassifikation der Aufbereitungsqualität von Content (Anbieter-Perspektive)

Unabhängig von den angebotenen Inhalten stellt sich die Frage nach den Möglichkeiten, die Akzeptanz der Inhalte bei den Nutzern zu beeinflussen. Diese Anschlussfähigkeit der Inhalte hängt mit der Übereinstimmung („Fit") zum vorhandenen Komplexitätsniveau der Wissensbasis des Nutzers ab. Wir bezeichnen diese Adaptionsleistung eines Content-Providers, also die Anpassung der Inhalte an das Komplexitätsniveau des Nutzers, als Aufbereitungsqualität.

---

[30] Kommunikations- und Informationsforum im Internet; vgl. dazu bspw. Hagel / Armstrong (1997)

Die Aufbereitungsqualität von Content läßt sich dementsprechend nach dem Grad der Anpassung an die Nutzerbedürfnisse klassifizieren. Im wesentlichen steht dem Content-Anbieter dabei die Möglichkeit zur Verfügung, das Ausmaß der Interaktionalität[31] zu beeinflussen.

Die Aufbereitungsqualität von Content läßt sich in eine „interaktionale" und „nicht-interaktionale" differenzieren. Interaktional aufbereiteter Content wird dialogisch mit dem Nutzer ausgehandelt und konkretisiert. Nicht-interaktional aufbereiteter Content dagegen wird im Internet präsentiert und erlaubt keine weitere nutzerspezifische Anpassung. Die Interaktionalität von Content wirkt dabei nicht auf die grundsätzliche inhaltliche Content-Qualität ein. Allerdings wird die Möglichkeit erhöht, die Inhalte durch Interaktionalität weiter zu konkretisieren und zu spezifizieren (in Richtung Einzelfertigung). Dadurch steigt die Wahrscheinlichkeit beträchtlich, dass sich der Content den Erwartungs-strukturen des Nutzers annähert und damit an diese anschlussfähig wird.

Ein gewisses Ausmaß an Interaktionalität wird mittels Personalisierung erreicht. Es kann zwischen einer impliziten und einer expliziten Personalisierung unter-schieden werden. Bei der impliziten Personalisierung wird die Adaptionsleistung über die durch das System identifizierten Nutzergewohnheiten geleistet. Bei der expliziten Personalisierung wird es dagegen dem Anwender ermöglicht, aus einer breiten Palette an Angeboten ein für seine spezifischen Interessen passendes Informationsangebot auszuwählen. Die personalisierten Inhalte werden dann entweder vom Nutzer selbst auf der Web-Site ausgesucht (Pull) oder automatisch per E-Mail geliefert (Push). Die Personalisierung erhöht dabei die Wahrschein-lichkeit der Anschlussfähigkeit, da diese Personalisierung aus den Erwartungs-strukturen des Nutzers gewonnen wird. Es wird im Zuge der Profilerstellung somit ein Teil der Erwartungsstrukturen des Nutzers transparent gemacht, auf denen wiederum passendere Inhalte transportiert werden können.

Bei der Aufbereitungsqualität der Inhalte können somit Idealpositionen auf einem Kontinuum identifiziert werden: Rechercheauftrag, Pull (Eigenrecherche), Push (automatische Zusendung gemäß gespeichertem Nutzerprofil) und View/Read Only. Die höchste Form der Anpassung an die Erwartungsstrukturen der Nutzer bilden Rechercheaufträge, die mit einem Höchstmaß an Interaktion dem Nutzer ganz spezifisch aufbereitete Informationen anbieten. Die nächste Möglichkeit aus den Inhalten von Web-Sites passende Informationen zu selektieren, stellt die eigenständige, aktive Recherche des Nutzers (Pull-Modus) dar. Kann der Nutzer dagegen nur ein Profil bzw. lediglich seine E-Mail-Adresse angeben, um

---

[31] Die stärkste Ausprägung von Interaktionalität ist dadurch gekennzeichnet, dass mindestens zwei Personen (Sender und Empfänger) über Rechnernetze miteinander verbunden sind. Durch diese wechselseitige Kommunikation ist aufeinander bezogenes Handeln möglich.

Informationen zugesendet zu bekommen (Push-Modus), ist die Wahrscheinlichkeit, dass diese später zugesendeten Informationen seinen subjektiven Informationsbedürfnissen entsprechen, wesentlich geringer. Liegt keinerlei Möglichkeit vor, das Angebot an Inhalten einer Web-Site an die eigenen Bedürfnisse anzupassen (View/Read Only), müssen diese auf der Web-Site dargebotenen Informationen sehr stark den Erwartungsstrukturen des Nutzers entsprechen, die dieser mit dem Aufsuchen der Web-Site verbunden hat. Dies ist dann der Fall, wenn Informationen rund um die Kernaktivitäten eines Unternehmens geboten werden (Produkte/Dienstleistungen, Unternehmensinformationen für Stakeholder oder produktnahe Communities).

3.3 Fazit

Die Tabelle 1 zeigt nochmals im Überblick die Klassifikation von Content im Internet nach objektiven (themenunabhängigen) Kriterien und subjektiver Aufbereitungsqualität.

Klassifikation der Inhalte durch die Distanz zur Kernaktivität des Inhalteanbieters	Rationalität oder Emotionalität der Inhalte	Klassifikation der Aufbereitungsqualität der Inhalte
Informationen über Produkte/ Dienstleistungen	Rationale, sachliche Inhalte	Rechercheauftrag (hohe Interaktionalität)
Informationen über das Unternehmen und produktnahe Entertainment-Angebote		Pull-Personalisierung (Eigenrecherche)
Produktferne Informations- und Kommunikations- angebote	Emotionale Inhalte	Push-Personalisierung (Profilerstellung)
Völlig produktunabhängige Informations-, Kommunikations- und Unterhaltungsangebote		View/Read Only (keine Interaktionalität und Personalisierung)

Tabelle 1: Klassifikation von Content nach objektiven Inhalten und subjektiver Aufbereitungsqualität

Die Inhalte im Internet können mit diesem Klassifikationsmodell als unabhängige Dimensionen nach der Entfernung zur Kernaktivität des Unternehmens, nach dem Ausmaß der Rationalität bzw. Emotionalität sowie nach der Aufbereitungsqualität der Inhalte an die subjektiven Bedürfnisse der Nutzer kategorisiert werden. Da die subjektiven Erwartungsstrukturen der Nutzer über den Wert der Inhalte entscheiden, läßt sich ableiten, dass der Nutzer dann dem Content einen hohen Wert zumisst, wenn die auf der Web-Site angebotenen Inhalte seinen Erwartungen (hinsichtlich Qualität, Kosten und Zeit) entsprechen. Dies ist dann der Fall, je näher die Inhalte zur Kernaktivität des Unternehmens stehen und je stärker das Angebot an die Bedürfnisse des Nutzers angepasst werden kann.

4 Externe Informationsnachfrage von wissensintensiven KMUs

In diesem Kapitel stehen die Daten unserer empirischen Forschung über das externe Informationsmanagement von wissensintensiven KMUs im Mittelpunkt[32] Wir fragen nach den daraus ableitbaren Konsequenzen für ein Content-Management, das neben „objektiven" Inhalten die Anschlussfähigkeit dieser auf „subjektiver" Ebene berücksichtigt. Unter externer Informationsnachfrage verstehen wir hier jene vom Informationssuchenden identifizierten Informationsbedarfe, die einen gezielten Such- und Beschaffungsprozess von Information (Content) auslösen[33].

4.1 Externe Informationsnachfrage von wissensintensiven KMUs - Daten

Die Darstellung der Daten gliedern wir in drei Teile. Der erste Teil fokussiert auf die Form der bisherigen Informationsnachfrage, die nach bestimmten Themenfeldern und Medien gegliedert ist. Der zweite Teil betrifft die von

---

[32] Bei der Darstellung der Ergebnisse gehen wir, gemäß der Grundintention des Forschungsprojektes (Erstellung eines Internet-basierenden Content-Angebots eines Content-Providers für wissensintensive KMUs), von der Perspektive eines expliziten Inhalteproduzenten und gleichzeitigen Inhalteanbieters aus. Die Ergebnisse der empirischen Studie beziehen sich dementsprechend auf Themenfelder, die ein solches Unternehmen quasi „vorrätig" hat.

[33] Zur Beschaffung von externem Wissen im Rahmen des Wissensmanagements vgl. bspw. Güldenberg (1998), S. 260ff. Generell wird dieses Thema im Rahmen des Wissens- und Informationsmanagements erstaunlich kurz abgehandelt.

wissensintensiven KMUs genannten Grundanforderungen an Systeme und Inhalte, in bezug auf die angebotenen Informationen. Schließlich blicken wir im dritten Teil auf die durchschnittlichen Ausgaben von wissensintensiven KMUs für den Zukauf von externen Informationen[34] und auf die bevorzugten Verrechnungsmodalitäten. Für die Informationsbeschaffung ist in wissensintensiven KMUs zu 81 % jeder einzelne Mitarbeiter verantwortlich. Eine eigene Presseabteilung (11 %) und die explizite Delegation des externen Informationsmanagements an eine Person pro Abteilung (8 %) spielen dagegen eine untergeordnete Rolle. In 96 % der in der Studie untersuchten Unternehmen hat jeder Mitarbeiter einen PC. Des weiteren haben in 80 % der Unternehmen alle und in weiteren 18 % bis zu Dreiviertel der Mitarbeiter Zugang zum Internet. Durch diese hohe PC-Durchdringung sowie dem weitgehend uneingeschränkten Zugang zum Internet ist es tatsächlich möglich, dass die überwiegende Mehrzahl der Mitarbeiter in wissensintensiven KMUs direkt für die externe Informationsbeschaffung verantwortlich ist.

4.1.1 Externe Informationsnachfrage von wissensintensiven KMUs nach Themengebieten

In der Tabelle 2 geben wir einen Überblick über die Bedeutung der Themen und Bezugsquellen bei der externen Informationsnachfrage von wissensintensiven KMUs.

Informationsquelle	Wettbewerber und Marktentwicklung	Produktneuheiten u. allgemeine F+E-Trends	Seminare, Messen, Veranstaltungen	Informationen über Kunden und Lieferanten	Allgemeine Trends in der Wirtschaft
Tagespresse	2,9	3,3	3,5	3,1	2,0
Wochenzeitschriften	3,2	3,3	3,3	3,0	2,0

---

[34] Unsere empirischen Daten zeigen, dass neben dem Ankauf von materiellen Informationen, die Aufnahme neuer Mitarbeiter, die Übernahme innovativer Ideen (durch Beobachtung), der Zukauf von Software sowie über die Netzwerkbildung Informationen für das Unternehmen erworben werden. Eine untergeordnete Rolle spielen dagegen der Zukauf von Patenten, Lizenzen, die Übernahme von innovativen Unternehmen, gezieltes Benchmarking mit anderen Unternehmen sowie Kooperationen mit Universitäten. In der Darstellung der Ergebnisse beschränken wir uns allerdings auf den Zukauf von materiellen Informationen.

Fachzeitschriften	**1,7**	**1,6**	2,0	2,8	**1,6**
Internet	2,2	**1,7**	2,3	**1,8**	2,1
Datenbanken	3,2	3,0	3,6	2,8	3,4
Messen	3,2	3,3	3,1	3,3	3,1
Seminarunterlagen	3,1	3,2	2,8	4,1	3,3
Aussendungen	3,3	2,9	**1,8**	3,0	3,0
Persönliche Gespräche mit Kunden	**1,5**	2,4	3,0	**1,1**	2,1
Persönliche Gespräche mit Lieferanten	2,9	2,6	2,9	2,0	2,7
Persönliche Gespräche mit Dritten[35]	2,6	2,6	2,7	2,3	2,3
Persönliche Gespräche bei Messen	3,1	3,3	3,1	3,4	2,9

Anmerkung: Die Werte beziehen sich auf den Mittelwert auf einer
5-teiligen Skala (1 = sehr wichtig; 5 = unwichtig)

Tabelle 2: Themen und Bezugsquellen der externen Informationsnachfrage von wissensintensiven KMUs (n = 45)

Wir sehen in der Tabelle 2 die fast durchgängig hohe Bedeutung von Fachzeitschriften für wissensintensive KMUs. Lediglich für spezifische Informationen über die eigenen Kunden und Lieferanten wird nicht in großem Ausmaß auf Fachzeitschriften zurückgegriffen. Für diese hoch-spezifischen Informationen über die eigenen Kunden und Lieferanten wird das Internet verstärkt genutzt und die betreffende Homepage direkt angewählt. Gleiches gilt für das Themenfeld Produktneuheiten und allgemeine Trends in Forschung und Entwicklung. Das direkte Gespräch mit Kunden wird selbstverständlich beim Themenfeld Information über Kunden und Lieferanten, aber auch im Themenfeld Wettbewerber und Marktentwicklung gesucht.

4.1.2 Grundanforderungen an Inhalte und Systeme bei der externen Informationsnachfrage von wissensintensiven KMUs

In der Tabelle 3 zeigen wir die Grundanforderungen, die Mitarbeiter in wissensintensiven KMUs an ein Internet-basierendes Informationssystem sowie an die dort dargebotenen Inhalte eines Content-Providers stellen.

Merkmale des Systems	
Einfachheit der Bedienung	**1,8**
Übersichtlichkeit der Suchmaske	**1,6**

---

[35] Freunde, Bekannte, Berater

Auflistung der Ergebnisse	**1,6**
Quellenangaben	2,2
Verfügbarkeit von Auswertungstools	2,8
Möglichkeit zur graphischen Darstellung	3,6
Stabilität des Systems	**1,3**
Informationsangebot und Informationsaufbereitung	
Aktualität der Information	**1,0**
Exklusivität der Information	3,4
Renommierte Quellen (z.B.: Fachzeitschriften, wissenschaftliche Publikationen)	2,2
Umfangreiche Datenbank	**1,8**
Aufbereitung der Information nach individuellem Profil	2,4
Zusammengefasste Meldungen aus verschiedenen Quellen	2,3
Inhaltliches Angebot	
Artikel aus Tagespresse	3,5
Artikel aus Wochenzeitschriften	3,4
Artikel aus Fachzeitschriften	2,1
Presseaussendungen	2,7
Firmeninformation aus anderen verknüpften Datenbanken (KSV, Hoppenstedt)	2,1

Anmerkung: Die Werte beziehen sich auf den Mittelwert auf
einer 5-teiligen Skala (1 = sehr wichtig; 5 = unwichtig)

Tabelle 3: Anforderungen an Internet-basierende Informationsangebote und
Informationsangebotssysteme (n = 45)

Bei den Grundanforderungen an die Informationsinhalte zeigt sich, dass die Nutzer im wesentlichen keine technischen „Kunststücke" (graphische Aufbereitung, Auswertungstools) sondern Einfachheit, Übersichtlichkeit (des Systems sowie der aufgelisteten Ergebnisse einer Suchabfrage) und Stabilität erwarten. Die Anforderungen an das Informationsangebot eines Content-Providers können mit Aktualität, Renommee und Quantität zusammengefasst werden. Dementsprechend sollte das inhaltliche Angebot vor allem aus Artikeln aus Fachzeitschriften sowie Firmeninformationen aus renommierten Datenbanken stammen.

Auf die qualitative Nachfrage nach den bedeutendsten Kriterien im Rahmen der externen Informationsbeschaffung über das Internet wurden von den Befragten in einem hohen Ausmaß neben der Aktualität die Themen Relevanz und Signifikanz der Informationen genannt.

4.1.3 Verrechungsmodalitäten für externe Informationen sowie bevorzugte Zusatzleistungen von wissensintensiven KMUs

Die Tabelle 4 stellt die wesentlichsten Anforderungen an den Abrechnungsmodus des Informationsbezuges via Internet dar.

Modus der präferierten Abrechnung	
Einzelverrechnung pro abgefragtem Inhalt bspw. pro abgefragtem Artikel (Rechnung am Monatsende)	23 %
Pre-Paid: für einen Betrag können Information bezogen werden, es wird laufend abgebucht (vgl. Handy-Wertkarten)	4 %
Pauschalangebot: innerhalb eines Monats kann beliebig viel Information bezogen werden	34 %
Pauschalangebot und verrechenbare Zusatzleistungen (z.B. Recherche, Unternehmensdarstellung)	39 %

Tabelle 4: Präferierter Abrechnungsmodus von wissensintensiven KMUs für den Bezug von Inhalten über das Internet (n = 45)

73 % der wissensintensiven KMUs sind an einer pauschalierten Abrechnung mit dem Content-Provider interessiert. Nur eine Minderheit kann sich eine Einzelverrechnung pro abgefragten Inhalt (bzw. Artikel) vorstellen. Ob sich durch ein funktionierendes Micropayment-System an dieser Datenlage viel verändern wird, muss an dieser Stelle offen bleiben.

Informationsveranstaltungen zu PR-Themen	3,2
Unterstützung bei PR-Präsentationen durch den Informationsanbieter	3,3
Link von der Homepage des Informationsproviders zur eigenen Homepage	2,5
Präsentation des eigenen Unternehmens durch den Informationsanbieter (z.B. via Presseaussendung)	2,5
Informationsaustausch mit anderen Kunden (Unternehmen) des Informationsanbieters in einem Forum	2,7
Nutzung der PR-Kontakte des Informationsanbieters	2,6

Anmerkung: Die Werte beziehen sich auf den Mittelwert auf einer 5-teiligen Skala (1 = sehr wichtig; 5 = unwichtig)

Tabelle 5: Präferierte Zusatzleistungen eines Content-Providers (n = 45)

Die Tabelle 5 zeigt schließlich, dass wissensintensive KMUs nur in geringem Ausmaß an über das Kernangebot des Content-Providers hinausgehenden Angeboten interessiert sind. Dabei stehen partielle Kooperationen mit dem Content-Provider im Rahmen der PR-Arbeit im Vordergrund.

4.2 Inhaltliche Kriterien in der externen Informationsnachfrage von wissensintensiven KMUs

Bezüglich der inhaltlichen Kriterien der externen Informationsnachfrage von wissensintensiven KMUs läßt sich die Feststellung treffen, dass bei allgemeinen Informationen (über Wettbewerber, Märkte oder allgemeinen Trends in Forschung und Entwicklung) das Informationsbeschaffungsverhalten den Annahmen einer „objektiven" Content-Management-Philosophie folgt. Doch selbst die hohe Bedeutung von Fachzeitschriften zeigt schon eine Einschränkung der „allgemeinen" Gültigkeit auf das Fach (d.h. die Branche). Für spezifische Informationen, die nur eine individuelle Gültigkeit für den Nutzer selbst aufweisen, greift ein allgemein gehaltenes Angebot nicht. Dies wird beispielsweise bei den Informationen über Kunden deutlich, die ein Höchstmaß an Individualität erfordern. Diese spezifischen Informationen werden überwiegend aus persönlichen Gesprächen gewonnen, die eben Interaktion, also Nachfragen, Spezifizieren und Aushandeln erlauben. Zusätzlich wird hier das Internet genutzt, wobei anzunehmen ist, dass für Kunden- und Lieferanteninformationen direkt die Homepage des Kunden bzw. Lieferanten angewählt wird. Die Bedeutung von Communities, zumindest die Beteiligung an einer solchen rund um einen Content-Provider, wird als weniger attraktiv eingeschätzt.

4.3 Aufbereitungsqualitätsbezogene Kriterien in der externen Informationsnachfrage von wissensintensiven KMUs

Da die externe Informationsbeschaffung von wissensintensiven KMUs überwiegend im individuellen Verantwortungsbereich der Mitarbeiter liegt, hat sich das Informationsangebot auf der anderen Seite an diese Tatsache anzupassen und die jeweils individuellen Erwartungsstrukturen zu berücksichtigen. Nicht professionelle Informationsnachfrager (z.B. Presseabteilungen von Großkonzernen) sind die Hauptkunden, sondern im Prinzip wendet sich jeder einzelne Mitarbeiter mit seinen individuellen Bedürfnisprofilen auf der Suche nach externen Informationen an Informationsanbieter.
Die Anpassung an die Erwartungsstrukturen der Nutzer kann nun entlang des Kontinuums Rechercheauftrag, Pull-Personalisierung, Push-Personalisierung und Read/View Only geschehen. Je spezifischer die Information ist, die durch den Nutzer nachgefragt wird, desto stärker müssen die Angebote Individualisierung durch Interaktionalität, ähnlich einem persönlichen Gespräch, ermöglichen. Nur mittels der individuellen Anpassung sind die durch die Befragten immer wieder genannten Kriterien der Aktualität, Relevanz und Signifikanz zu erreichen. Die Zuschreibung dieser Kriterien kann in den meisten Bereichen nur aus einer individuellen, subjektiven Perspektive der Nutzer erfolgen, nicht aber aus der

„objektiven" Sicht des Anbieters. Nur wenige allgemeingültige Trends erreichen überindividuelles Interesse.

Des weiteren zeigen die Daten (Tab. 3), dass selbst eine vorab Profilerstellung sowie eine vorab erstellte Zusammenfassung aus verschiedenen Quellen bei den Nutzern nur auf untergeordnetes Interesse stoßen. Im Vergleich mit der Bedeutung, die Suchmasken, Ergebnisdarstellungen und dem Umfang der dahinterliegenden Datenbanken zugeschrieben wird, kann daraus ganz klar der Schluss gezogen werden, dass der Nutzer großes Interesse an Eigenrecherche hat. Damit wird das Kriterium der „subjektiven" Content-Management-Philosophie wiederum stark unterstützt. Der Nutzer sucht den Inhalt gemäß den eigenen Relevanzkriterien seiner Erwartungsstrukturen. Daraus ist zu schließen, dass ein hoher Grad an Interaktionalität (d.h. dem Nutzer wird es ermöglicht, die Content-Angebote an seine individuellen Anforderungen anzupassen) für das Content-Management erfolgskritisch ist. Für hochwertige, passende Information aus vertrauensvollen Quellen[36] (z.B. Fachzeitschriften) sind die Nutzer durchaus bereit, Geld auszugeben[37]. Während generell das Thema Community rund um einen Content-Provider nur eine untergeordnete Rolle spielt, bevorzugen die wissensintensiven KMUs eine pauschalierte Abrechnungsform, die bestimmte Zusatzleistungen inkludieren könnte. Der Aufbau einer solchen, durch die Pauschalierung des Angebotes quasi geschlossenen Community, könnte als Nukleus für den Aufbau einer umfangreicheren Community genutzt werden.

5 Conclusio

Auf Basis der technischen und sozialen Kommunikationstheorien konnten wir ein Klassifikationsmodell für Content im Internet entwickeln, bei dem die Inhalte nach der Entfernung zur Kernaktivität des Unternehmens, nach dem Ausmaß der Rationalität bzw. Emotionalität sowie nach der Aufbereitungsqualität der Inhalte an die subjektiven Bedürfnisse der Nutzer kategorisiert werden. Die angebotenen Inhalte im Internet müssen nicht nur den Erwartungen der Nutzer hinsichtlich „objektiver" Qualität entsprechen, sondern auch durch die Aufbereitungsqualität, mittels Interaktionalität und Personalisierung, an die Erwartungsstrukturen der

---

[36] „People will pay for some kinds of specific content, such as archived magazine articles, detailed research from trusted sources and even some magazines" Geer (2000), S. 70

[37] So geben immerhin rund 45 % der wissensintensiven KMUs mehr als EUR 75,-- pro Monat für Fachzeitschriften und jeweils rund 35 % mehr als EUR 75,-- pro Monat für kostenpflichtige Information aus dem Internet sowie für Datenbankabfragen aus.

Nutzer angepasst werden (können), damit die Wahrscheinlichkeit der Anschlussfähigkeit an die bestehende Wissensbasis ausreichend gegeben ist.
Der Blick auf das externe Informationsbeschaffungsverhalten von wissensintensiven KMUs hat gezeigt, dass nur wenige Informationen eine umfassende Allgemeingültigkeit zumindest innerhalb einer Branche erreichen. Bei der Beschaffung von externen Informationen via Internet wird bei spezifischen Themen die Personalisierung (Pull) in Form der Eigenrecherche präferiert. Nur diese individuelle Anpassung ermöglicht, dass externe Informationen subjektiv als aktuell, relevant und signifikant bewertet werden. Diese Beurteilung kann nur durch den Nutzer selbst, nicht aber durch den Inhalteanbieter vorgenommen werden. Damit aber ein Content-Provider überhaupt bewusst gewählt wird, muss sein Angebot den Grundanforderungen der Nutzer an Inhalte und Systeme entsprechen. Das Ziel des Content-Managements ist es somit, durch die mittels Interaktionalität und Personalisierung optimierte Aufbereitungsqualität der „objektiven" Inhalte einen Anknüpfungspunkt an die individuellen „subjektiven" Erwartungsstrukturen zu schaffen.

Literatur

Büchner, H.; Zschau, O.; Traub, D.; Zahradka, R. (2000): Web Content Management. Websites professionell betreiben, Bonn.

Cohen, W. M.; Levinthal, D. A. (1990): Absorptive capacity: a new perspective on learning and innovation, in: Administrative Science Quarterly, 1/90, S. 128-152.

Flechtner, H.-J. (1970): Grundbegriffe der Kybernetik, 5. Aufl., Stuttgart.

Geer, S. (2000): Pocket Internet, London.

Güldenberg, S. (1998): Wissensmanagement und Wissenscontrolling in der lernenden Organisation: ein systemtheoretischer Ansatz, 2. Aufl., Wiesbaden (Zugl. Diss. WU Wien, 1996).

Hagel J. III; Armstrong, A. G. (1997): Net Gain - Profit im Netz: Märkte erobern mit virtuellen Communities, Wiesbaden (Engl. Net Gain, 1997).

Hochleitner, B.; Kusch, S. (1999): Publishing online: Content in Inter- und Intranet, in: Zechner, A. / Feichtinger, G. / Holzinger, E. (Hg.): Handbuch Internet, Wien, S. 169-173.

Leer, A. (2000): Welcome to the wired world, Harlow-London.

Luhmann, N. (1988): Soziale Systeme: Grundriss einer allgemeinen Theorie, 2. Aufl., Frankfurt / Main.

Marchand, D. (2000): Building e-commerce capabilities: the four-net challenge, in: Ders. (Hg.): Competing with information. A manager's guide to creating business value with information content, Chichester etc., S. 299-326.

Mugler, J. (1993): Betriebswirtschaftslehre der Klein- und Mittelbetriebe, Wien-New York.

Shannon, C. E.; Weaver, W. (1949): The mathematical theory of communication, Urbana. (Dt.: Mathematische Grundlagen der Informationstheorie, Wien-München, 1976).

Starbuck, W. H. (1992): Learning by knowledge-intensive firms, in: Journal of Management Studies, 6/92, 713-740.

Stein, T. (2000): Intra-Organisation. Durch Content-Management die Potenziale des unternehmensinternen Netzwerkzusammenschlusses nutzen, Wirtschaftsinformatik, 4/2000, S. 310-317.

Stock, W. G. (2000): Informationswirtschaft: Management externen Wissens, München-Wien.

Sydow, J.; Well, B. v. (1996): Wissensintensiv durch Netzwerkorganisation - Strukturationstheoretische Analyse eines wissensintensiven Netzwerkes, in: Schreyögg, G.; Conrad, P. (Hg.): Managementforschung 6. Wissensmanagement, Berlin-New York, S. 191-234.

Watzlawick, P.; Beavin, J. H.; Jackson, D. D. (1990): Menschliche Kommunikation: Formen, Störungen, Paradoxien, 8. Aufl., Bern etc. (Engl.: Pragmatics of human communication: a study of interactional patterns, pathologies, and paradoxes, 1967).

Weick, K. (1985): Der Prozeß des Organisierens, Frankfurt / Main (Engl.: The social psychology of organizing, 1979).

Willke, H. (1994): Systemtheorie 2. Interventionstheorie: Grundzüge einer Theorie der Intervention in komplexe Systeme, Stuttgart-Jena.

Willke, H. (1998): Systemisches Wissensmanagement, Stuttgart.

Winand, U.; Schellhase, J. (2000): Web-Content Management, in: WISU 10/00, S. 1334-1344.

The Next Wave: Mobile & Wireless Financial Services

Urs August Graf
Verwaltungs- und Privat-Bank AG

1 Einleitung

Die Entwicklung der Mobilfunknetze ist mit der bevorstehenden Einführung der GPRS[1]- und UMTS-Technologie an einem Punkt angelangt, wo erstmals sinnvolle Geschäftsanwendungen möglich werden. Nachdem die Infrastrukturhersteller und Netzbetreiber in den letzen Jahren sehr viel Aufmerksamkeit erhalten haben, verlagert sich das Interesse zusehends auf die Anbieter von Anwendungen und Inhalten (Services und Content).

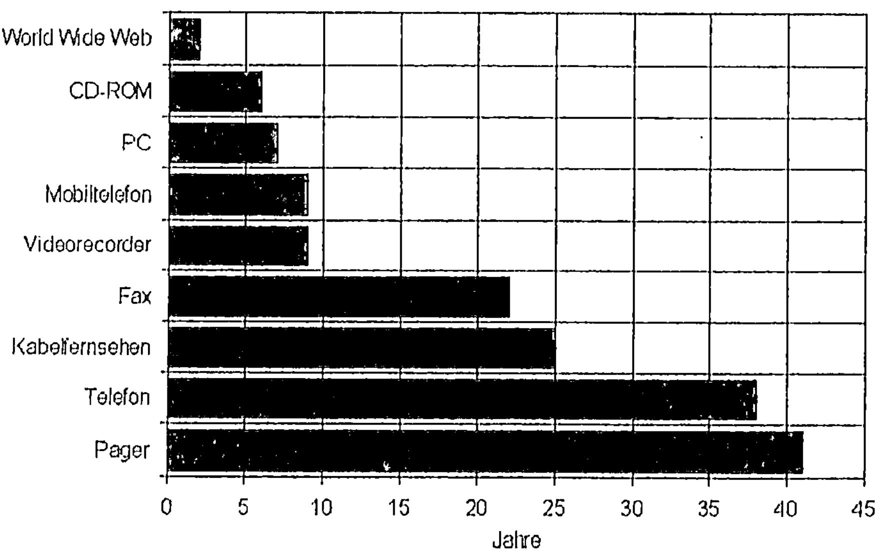

Abb. 1: Zeit bis zur Marktdurchdringung (10 Mio. Anwender weltweit)

Die Herausforderung im Umfeld der mobilen Anwendungen wird vor allem darin bestehen, die Dienstleistungen und Inhalte derart anzubieten, dass sie eine entsprechende Akzeptanz im Markt finden und zu einer kritischen

---

[1] General Packet Radio Services; weitere Akronyme sind unter www.whatis.com nachzulesen

Penetrationsgrösse führen. Wie die Geschichte lehrt, verstreichen zwischen der Technologieentwicklung, der Bereitstellung von Anwendungen und der breiten Marktakzeptanz mitunter mehrere Jahrzehnte, wie die Abbildung 1 belegt[2]:
Welche Dienste die neuen, breitbandigen UMTS-Netze transportieren können und welche Anwendungen in Bezug auf das "Mobile Banking" denkbar sind, ist Gegenstand der weiteren Ausführungen.

2 Anwendungen und Geräte der Mobilkommunikation

2.1 UMTS-Dienste im Überblick

Die Dienste der Mobilkommunikation dritter Generation (3G) lassen sich auf generell wie folgt kategorisieren[3]:

• **mobiler Internet-Zugang** mobile Verbindung via Service Provider zu WWW-, FTP- und Maildiensten
• **mobiler Intranet-/Extranet-Zugang** sicherer Zugriff auf (unternehmens-) interne Netzwerke (LAN, VPN)
• **personifizierbares Infotainment**[4] Zugang zu mobilen Portalen, Online-Spielen, Nachrichtendiensten
• **multimediale Nachrichtendienste** (Unified Messaging) Versand und Empfang von E-Mails, Fax, Sprachmitteilungen, Bildern, etc.
• **Standort-abhängige Dienste** Lieferung bzw. Empfang von Inhalten in Abhängigkeit zum Aufenthaltsort
• **erweiterte Sprachdienste** Sprachsteuerung von Systemen, Spracherkennung, Voice over IP (VoIP)

Tab. 1: UMTS-Dienste

Die ersteren beiden Dienstkategorien dienen der Datenverbindung, das letztere der Sprachübertragung und die übrigen der Bereitstellung von Inhalten.

---

[2] Quelle: USA Today, Info Tech und Pac Tel Cellular

[3] vgl. UMTS-Forum (09/2000), S. 21

[4] der Begriff „Infotainment" umschreibt die Kombination von Information und Unterhaltung (Entertainment)

2.2 Endgeräte

Die mobilen Endgeräte im Sinne der Schnittstelle zwischen Anwendung und Anwender unterliegen alle denselben Kriterien. Sie müssen portabel sein (leicht und klein), unabhängig vom Stromnetz betrieben werden können und über vernünftige Ein-/Ausgabemöglichkeiten verfügen (Bildschirm, etc.).
Der heutige Markt kennt im wesentlichen vier unterschiedliche Typen von mobilen Endgeräten (siehe Abbildung 2):

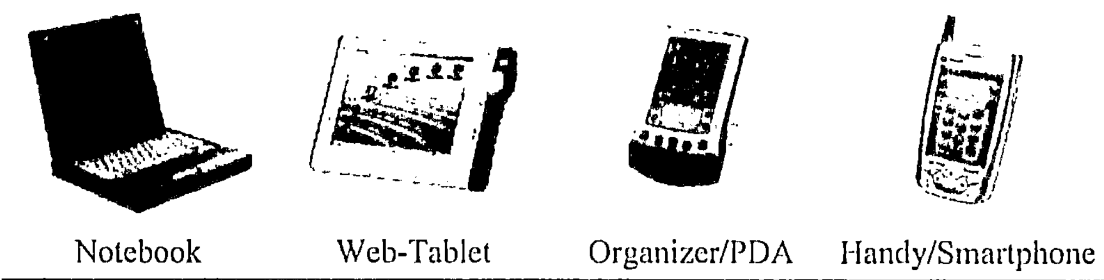

Abb. 2: Mobile Endgeräte

Im Bereich der Endgeräte lässt sich eine voranschreitende Konvergenz beobachten, wie beispielsweise die Verschmelzung von PDA mit Mobiltelefonen. Dieser Trend wird sich fortsetzen; Schätzungen gehen davon aus, dass in rund fünf Jahren der sog. "Personal Companion" die Funktionen der obigen Geräte in sich vereint[5].

3   Mobile Bankdienstleistungen

3.1 Mobile Tauglichkeit traditioneller Bankdienstleistungen

Auch wenn zahlreiche Bankdienstleistungen auf immateriellen Informationsströmen basieren und daher für die Mobilkommunikation geradezu prädestiniert wären, eignen sich dennoch nicht alle Services für den mobilen Gebrauch. Dies lässt sich anhand folgender Ableitung veranschaulichen:
Mobil bedeutet unterwegs sein → d.h. unterwegs im Auto, zu Fuss oder in öffentlichen Verkehrsmitteln, im Büro, bei Freunden, etc. → d.h. eine vertrauliche, diskrete Umgebung für die Abwicklung von Bankgeschäften ist nur bedingt vorhanden bzw. die Bedienung des Endgerätes findet nur unter erschwerten Bedingungen statt (z.B. im Auto).

---

[5]   gem. Telecompetition Inc.

Bankdienstleistungen müssen daher neuen Anforderungen genügen, sollen mobile Endgeräte als Zugang dienen können. Wer möchte schon im überfüllten Tram am Morgen zur Arbeit fahren und inmitten der Fahrgäste per Videokonferenz das Portfolio mit dem Kundenbetreuer besprechen?

3.2 Drei Beispiele mobiler Bankdienstleistungen

- Die Kontobelastung aufgrund eines Kreditkarteneinsatzes ist eingegangen und wird von der Bank zur Freigabe an den Kunden weitergeleitet. Da der Kunde innerhalb der letzten 30 Tage nicht in Paris weilte, lehnt er die Belastung mittels Drücken der „No Approval"-Schaltfläche auf seinem Smartphone ab.
- Die Semesterzahlen von Novartis haben die kühnsten Erwartungen der Finanzanalysten übertroffen und stufen die Aktie auf „strong buy". Der Kunde verfügt über disponible Geldmittel, weshalb ein Mail abgesetzt wird: „Aufgrund der vielversprechenden Semesterzahlen von Novartis empfehlen wir Ihnen den Zukauf von 500 NOVN CH bestens. Retournieren Sie zum Zeichen Ihres Einverständnisses dieses Mail kommentarlos."
- Der Kunde bekommt nach Börsenschluss die Schlusskurse seiner Watchlist in Form eines Newstickers geliefert, die mit den entsprechenden Schlagzeilen hinterlegt sind.

4 Fazit

Die 2G+ und 3G Mobilfunknetze bieten sich zusammen mit den entsprechenden Endgeräten und neuer Services nicht nur für die Erschliessung neuer Vertriebskanäle an, sondern bilden die Basis für die Entwicklung völlig neuer (Finanz-) Dienstleistungen.
Entscheidend dabei ist, das Verhalten und die Bedürfnisse der mobilen Kunden zu verstehen. Die Erfassung von Einzahlungsscheinen auf einem Smartphone oder das Lesen von 30-seitigen Marktanalysen auf dem Organizer gehören genauso wenig zu sinnvollen Services wie die „screen-shrinking" Videokonferenz mit einem vier Millimeter grossen Kundenbetreuer....

Literatur

UMTS-Forum (09/2000): UMTS-Forum, The UMTS Generation Market – Structuring the Service Revenue Model, Report No. 9, September 2000

Auswirkungen der Unternehmens-konzentration auf das Informatikmanagement

Patrick Wirz
Universität Basel, WWZ

1 Einleitung

Im letzten Jahrzehnt hat die Unternehmenskonzentration sowohl in der Häufigkeit als auch in der Grössenordnung stark zugenommen. Die Hauptgründe sind der steigende Wettbewerbsdruck und die Globalisierung. Die folgenden Ausführungen gehen auf die informationstechnologischen Auswirkungen der Konzentration ein und versuchen Risiken und Massnahmen einzuschätzen. Sie sind die Grundlage einer empirischen Untersuchung, die in der zweiten Hälfte dieses Jahres die Konzentrationserfahrungen von Informatikmanagern in einer Stichprobe erheben soll.

2 Grundlagen der Unternehmenskonzentration

2.1 Ziele und Ausprägungen der Unternehmenskonzentration

Konzentrationsziele sind vor allem die Erhöhung des Marktanteils[1], neue Beschaffungsmärkte und Produktgruppen, Vertriebs- und Absatzkanäle, aber auch effizientere Informationstechnologien, Know-how-Transfer, Verlängerung der Wertschöpfungskette und eine Verbesserung der Corporate Identity. Verbesserte Informationstechnologien können vor allem in der Telekommunikation und im Dienstleistungssektor, insbesondere bei Banken und im elektronischen Versandhandel, eine ausschlaggebende Rolle spielen. Verläuft der Integrationsprozess erfolgreich, was nur bei etwa der Hälfte aller Fusionen der Fall ist, so lassen sich massive Kosteneinsparungen, Gewinnzunahmen und Synergiepotentiale realisieren.

Die Motive für die Bildung grösserer Unternehmungseinheiten sind vielfältig. Trotzdem versucht man, die möglichen Konzentrationsformen anhand weniger Merkmale auf wenige Klassen zu reduzieren (siehe Abbildung 1). Ein wichtiges Unterscheidungskriterium ist die **Integrationsrichtung**[2]. Verbinden sich

---

[1] A. Gocke (1997), S. 1 ff.
[2] Information Management & Consulting (2000), S. 36 ff.

Unternehmen gleicher Produktions- oder Handlungsstufen, so spricht man von einer **horizontalen Konzentration**. Sind die beiden Firmen Lieferanten und Abnehmer, so spricht man von einer **vertikalen Konzentration**. Ist das Motiv der Unternehmungskonzentration ein Vorstoss in einen neuen Geschäftsbereich, so liegt eine **Diversifikation** vor. Im Gegensatz zu den vorher erwähnten Formen sind die Unternehmen in unterschiedlichen Branchen, Produktions- oder Handelsstufen tätig. Unterschiedliche Systemanforderungen, Technologien und Informationsbedarfe können die Integration erschweren.

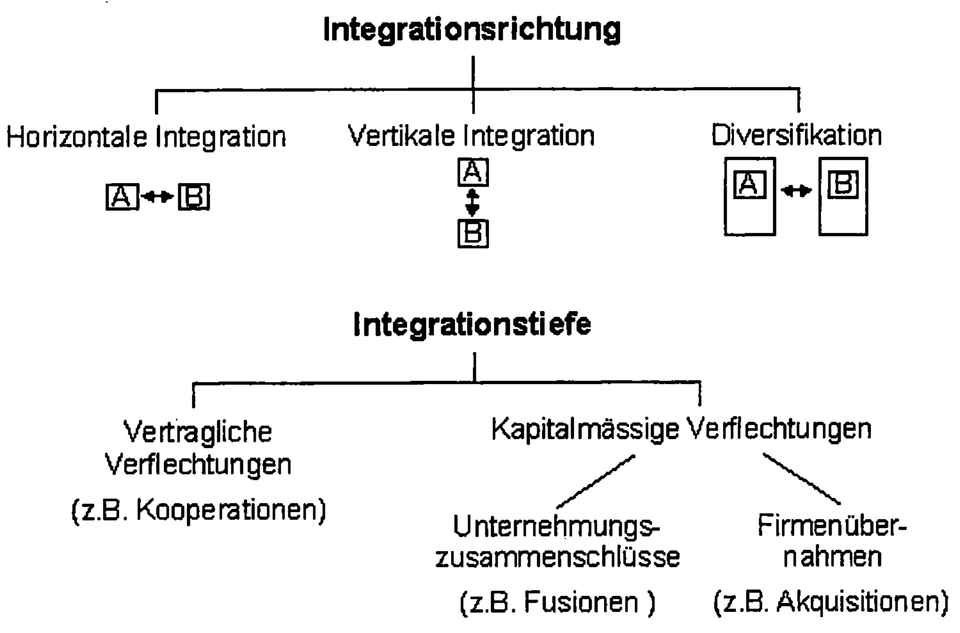

Abbildung 1: Klassifikationsmerkmale

Neben der Integrationsrichtung ist die **Integrationstiefe** ein geeignetes Klassifikationsmerkmal. Ein Zusammenschluss kann vertraglich geregelt sein oder auf einer Kapitalverflechtung beruhen[3]. Im ersten Fall regelt ein kündbarer Vertrag eine **Kooperation**. Die Firmen arbeiten zusammen, bewahren aber ihre rechtliche Eigenständigkeit. Um die Dauerhaftigkeit auch langfristig zu gewährleisten, gibt man meist der Kapitalverflechtung den Vorzug. Bei der **Akquisition** (Firmenübernahme) kauft ein Unternehmen ein anderes auf und integriert es vollständig in die eigenen Strukturen. Die **Fusion** (Unternehmungszusammenschluss) kommt im Gegensatz dazu auf freiwilliger Basis zustande. Diese Verbindung führt bei beiden Firmen zur Preisgabe der

---

[3]   T. Studer (1994), S. 186 ff. und M. Dabui (1998), S. 12 ff.

rechtlichen Selbständigkeit. Eine **Verschmelzung durch Neubildung** oder eine **Verschmelzung durch Aufnahme** lässt ein neues Unternehmen entstehen. Die Erfahrungen zeigen, dass bei zunehmender Integrationstiefe und einer horizontalen Integrationsrichtung die Komplexität der Informatikintegration ansteigt. Ob es sich um eine Akquisition oder eine Fusion handelt, hat aus Informatiksicht keine Bedeutung.

2.2 Ablauf eines Konzentrationsprozesses

Die Informatik spielt im Konzentrationsprozess eine entscheidende Rolle. Bei der anfänglichen Zielbestimmung und der Bewertung von Partnern fördert sie den Konzentrationsablauf. Nachdem sich zwei konzentrationswillige Unternehmen gefunden haben, folgen die Phasen der **Integrationsplanung** und der **Integrationsrealisierung**. Von diesem Zeitpunkt an wird die Integration der Informationstechnologien der Konzentrationspartner zu einem wichtigen Problembereich des Konzentrationsprozesses. Um Synergien auszuschöpfen, gilt es die meist sehr unterschiedlichen Systemphilosophien des Informatikmanagements zu konsolidieren. Erschwerend kommt hinzu, dass vor Bekanntgabe der Konzentration die Untersuchungen der Integrationswirkungen und -bedürfnisse in der Regel aus Geheimhaltungsgründen nur oberflächlich erhoben werden. Die Integrationsplanung muss die fehlenden Analysen schnell, umfassend und fehlerfrei nachholen. Der Erfolg der Integration hängt nicht zuletzt von der Qualität dieser Analysen ab.

3 Auswirkungen auf das Informatikmanagement

Die Auswirkungen auf das Informatikmanagement werden von der Integrationsrichtung und -tiefe beeinflusst. Eine blosse Kooperation erfordert meist nur einen einfachen Datenaustausch, der mit wenigen und einfach zu erstellenden Schnittstellen gewährleistet werden kann. Aufwändiger ist die Zusammenlegung der beteiligten Informatiksysteme. Die folgenden Absätze beschreiben ihre Probleme aus Sicht von Technologie-, Organisations-, Kommunikations- und Kulturaspekten.

3.1 Technologische Aspekte

Die Integrationsplanung stellt das Management vor die Wahl der richtigen Integrationsarchitektur. Grundsätzlich bieten sich vier Möglichkeiten an:

- **Getrennte Systeme:** Die bisherigen Systeme bleiben in Betrieb und laufen grösstenteils getrennt voneinander. Den Datenaustausch beschränkt man auf ein Minimum und realisiert ihn über wenige Schnittstellen. Diese Möglichkeit besitzt den Vorteil, dass lediglich die Realisation der Schnittstellen scheitern kann und nicht das operative Geschäft als Ganzes behindert wird. Dennoch ist diese Variante wegen Wartungsproblemen, schlechter Systemkommunikation, und Synergieverlusten höchstens kurzfristig oder unter Umständen bei einer Diversifikations- oder Kooperationskonzentration sinnvoll.
- **Beibehaltung des besseren Systems:** Diese Variante findet sich hauptsächlich bei Akquisitionen. Problematisch ist vor allem die Portierung von Software und die Konversion der Daten.
- **Mischung der beiden Systeme:** Hier versucht man möglichst viele Synergien zu nutzen, indem man die besten Komponenten beider Systeme vereinigt. Eine erfolgreiche Mischung setzt ähnliche Systeme und gut funktionierende Schnittstellen voraus. Man denke zum Beispiel an die schwierige Integration von Legacy- und Client-Server-Anwendungen.
- **Neues System:** Um neue Technologien zu berücksichtigen und der Gefahr einer scheiternden Systemintegration auszuweichen, wird oft ein komplett neues System aufgebaut. Dies ist zeitlich und finanziell aufwändig, muss - wie alle anderen Varianten - die Probleme der Datenübernahme lösen und zieht einen grossen Ausbildungsbedarf nach sich. Man denke zum Beispiel an die Einführung einer umfangreichen Standardsoftware wie SAP.

Die Entscheidung für die eine oder andere Variante[4] muss die strategische Ausrichtung der Gesamtunternehmung berücksichtigen. Wichtiger als die Minimierung des Integrationsaufwands ist die Kompatibilität mit den Unternehmungszielen.

Die Systemevaluation misst sich nicht allein am Kosten- und Integrationsaufwand, sondern beachtet auch Kriterien wie Ausbaumöglichkeiten, Wartbarkeit, Benutzerfreundlichkeit, Schnittstellen, Berücksichtigung des State of the Art, Datenvolumina, und Datenkonsistenz über die Zeit[5]. Wichtig sind auch die Aussagen des Innovationsmanagements, welches technologische Entwicklungschancen identifiziert, analysiert und bewertet. Bejahrte Systeme sollten mit Vorsicht beurteilt werden - selbst dann, wenn sie sich einfach integrieren lassen.

Systeme, die Standardsoftware einsetzen, sind wegen der besseren Wartbarkeit, günstiger Upgrades und breiterer Schnittstellen oft im Vorteil. Individuallösungen

---

[4] Information Management & Consulting (2000), S. 31 ff.

[5] M. Rufa, Th. Kubela (1999), S. 15 ff.

drängen sich meist nur bei markanten Wettbewerbsvorteilen oder fehlenden Standardlösungen auf[6].

Eine wichtige Integrationsaufgabe ist die Überprüfung der vorhandenen **Unternehmensdaten**. Dabei treten ähnliche Probleme auf, wie man sie aus der Entwicklung von Enterprise Data Warehouses kennt. Eine unkritische Datenintegration führt zu inkonsistenten und redundanten Datenbeständen. Vor der Transformation ins neue System werden deshalb die Daten an Nutzenkriterien gemessen, Inkonsistenz und Redundanz eliminiert und Sätze mit fehlenden Daten ergänzt oder gelöscht.

3.2 Organisation und Kommunikation

Das Management wird sich zu Beginn der Integrationsphase mit der **Informatikstrategie** auseinander setzen. Ein effizienter Konzentrationsprozess setzt klare Strukturen, Verantwortungen und Ressourcen voraus. Im Einklang mit der Gesamtunternehmungsstrategie erstellt die Informatikleitung deshalb ein Leitbild und Organisations-, Einsatz-, System- und Ressourcenstrategien. Die Systementscheidung und die Bereitstellung der erforderlichen Ressourcen fällt die Geschäftsleitung unter Konsultation interner und externer Fachleute. Nachdem die strategischen Entscheidungen feststehen, müssen die Umsetzungsaufgaben definiert und unter Vermeidung von Doppelspurigkeiten an Verantwortliche übertragen werden.

Bewährt hat sich die Einrichtung einer **Projektgruppe für die IT-Integration**. Sie stellt die integrationsbezogenen Aufgaben und ihre Anforderungen zusammen, definiert sinnvolle Arbeitsaufträge und konsolidiert deren Ergebnisse. Die IT-Projektgruppe kann die Integrationssteuerung nur dann wahrnehmen, wenn ihr von der Geschäftsleitung die erforderliche Kompetenz explizit übertragen wird.

Im nächsten Schritt befindet die Informatikleitung über den Grad der **Dezentralisierung**. Teilweises Outsourcing von Betrieb und Infrastruktur ist zwar möglich, der erste Anlaufpunkt des anwenderseitigen Supports sollte aber durch firmeneigene Fachleute betreut werden[7]. Weiterführende Unterstützungsleistungen oder die Anwendungsbereitstellung lassen sich aber gut extern vergeben. Weil der Datenschutz rechtlich unterschiedlich geregelt ist, gilt es zu prüfen, ob Outsourcing für alle Niederlassungen möglich ist.

Bei der Wahl dezentraler Organisationsformen ist darauf zu achten, dass das Anliegen der Corporate Identity auch im Informatikbereich gewahrt bleibt. Dies

---

[6] Vergleiche dazu auch Ch. Eckardt, N. Hövelmanns (1999), S. 22

[7] Ch. Eckhard, N. Hövelmann (1999), S. 21 ff.

setzt voraus, dass die entsprechenden Standards vorliegen und kommuniziert werden.

Schliesslich ist es auch möglich, den Informatikbereich nicht als Kostenzentrum, sondern als Kompetenzzentrum zu führen[8]. Der Stellenwert der Informatik und die erforderlichen Ressourcen werden transparenter und erleichtern die Gewährung finanzieller Zuschüsse während der Integration.

Steht die Organisationsform fest, wendet man sich der **Kommunikation** zu. Eindeutige Verantwortungen, Ziele und Massnahmen führen nur bei rascher und fehlerfreier Kommunikation zum Erfolg. Das IT-System muss daher den Informationsaustausch zwischen Zweigstellen, Abteilungen und Mitarbeitern während der gesamten Integrationsphase gewährleisten. Geografisch weit auseinander liegende Standorte, sowie sprachliche und kulturelle Unterschiede dürfen die Kommunikation nicht beeinträchtigen. Information im Intranet kann wirksam sein, setzt aber eine gute Strukturierung, ein schnelles und leichtes Auffinden der Informationen und einen leichten Zugang für alle Mitarbeiter voraus.

3.3 Kulturelle und soziale Faktoren

Neben den technischen und organisatorischen Problemen gilt es auch, kulturelle und soziale Faktoren zu berücksichtigen. Die Organisation des Konzentrationsprozesses wird unterschiedlichen Rechtssystemen, Sprachen und sozialen Normen gerecht werden müssen. Ein Beispiel sind unterschiedliche Normvorstellungen und gesetzliche Regelungen zur Behandlung vertraulicher Kundendaten.

Ein grosser Bedarf an Fachkräften, die daraus entstehende hohe Fluktuationsrate und beträchtliche Ausbildungsinvestitionen machen die **Human Resources** zu einem Schlüsselbereich der Informatikintegration[9]. Die Ausbildung von Fachkräften ist vor allem bei Individuallösungen wichtig. Unvollständige und veraltete Systemdokumentationen und der Verlust von Spezialisten verzögern die Integration.

Der Integrationsablauf belastet die Informatikabteilungen insbesondere, weil die internen und externen Dienstleistungen und der Wartungsaufwand infolge Systemanpassungen stark zunehmen. Oft entstehen Motivationsprobleme und Arbeitsflauten[10]. Durch ein frühzeitiges Aufstocken der Kapazitäten in kritischen Geschäftsprozessen lassen sich Überbelastungen abbauen und grössere zeitliche Freiräume schaffen.

---

[8] Ch. Eckhard, N. Hövelmann (1999), S. 24

[9] J. Mottl (1999), S. 27ff

[10] A. Ötzel, U. Schwamborn, J. Stuber (1999), S. 30 ff.

Auch **Anpassungen der Führungsorganisation** können sich aufdrängen. Die Führungsroutine bringt oft Gewohnheiten und Trägheiten mit sich, die einen Nährboden für irrationale Abneigungen gegenüber neuen Technologien, Praktiken oder Kulturen bilden. Eine Abhilfe kann die Delegation von Entscheiden an externe Spezialisten, das Integrationsprojektteam oder an neue und unvoreingenommene Manager schaffen.

4 Ablauf der Informatikintegration

4.1 Erfolgsfaktoren einer Informatikintegration[11]

- **Sicherung der Geschäftstätigkeit:** Der Integrationsprozess darf zu keiner Zeit die operativen Geschäftstätigkeiten gefährden. Neue Technologien können deshalb erst in einer späten Integrationsphase ins Auge gefasst werden.
- **Eindeutige Zielformulierung:** Die von den Informatikabteilungen zu erbringenden Leistungen müssen operational und verständlich formuliert und von den Leitungsgremien bestätigt werden. Dazu gehören insbesondere die . Organisationsstrukturen, Verantwortlichkeiten, sowie Konventionen und Standards.
- **IT-Ressourcen:** Eine zeitgerechte Erfassung und Abdeckung des IT-Bedarfs verhindert fehlende Systemkomponenten und Schnittstellen. Neben den technischen Ressourcen gilt es vor allem auch die menschlichen Ressourcen zu planen.
- **Kommunikationskonzept:** Die technische (Systemschnittstellen) und die menschliche Kommunikation muss gewährleistet sein.
- **IT-Integrationsprojektgruppe:** Die IT-Integrationsprojektgruppe unterstützt die Informatikabteilung während des ganzen Integrationsprozesses in. fachlicher und organisatorischer Hinsicht und nimmt die Steuerungsfunktion wahr.
- **Datenqualität:** Die sorgfältige Auswahl und Bereinigung der Rohdaten vermeidet Folgefehler (vgl. Abschnitt 3.1).
- **Flexibles und offenes Management:** Die Informatikleitung muss jederzeit auf neu entstandene Probleme reagieren und Entscheide treffen können. Die Einstellung gegenüber neuen Technologien sollte von Offenheit geprägt sein.
- **„Early Wins":** Dies sind früh realisierte Projekte, welche mit geringem Ressourcenaufwand zu sichtbaren Verbesserungen gegenüber dem Zustand

---

[11] H.W. Baumgart, N. Hövelmann (1999), S. 44 ff. und Information Management & Consulting (2000), S. 28

vor der Integration führen. Die rasche Beseitigung früherer Leistungsdefizite motiviert die Mitarbeiter und verbessert die Akzeptanz des Konzentrationsprozesses.

- **Dokumentation:** Die Aufbau- und Ablauforganisation, insbesondere neue Hard- und Software, sowie neu definierte Schnittstellen sollten dokumentiert werden.

4.2 Integrationsfahrplan

Phase 1: Integrationsplanung	Phase 2: Integrationsrealisierung

• IST-Analyse
Technik
- Schnittstellen
- Datenqualität
- Systemleistungen
- Systemschwachpunkte
- Systemerweiterungsmöglichkeiten
- Systemkapazitäten
- Auslastungsgrad des Systems
- Wartungsaufwand
 	
Organisation
- Informatikstrategie
- Organisation der Informatik
- Informatikstruktur
- Ablaufplan und Ablaufprozess
- Verantwortlichkeiten
- Kommunikation
 	
Human Resources
- Abteilungskapazitäten
- Abteilungswissen
 	
• SOLL-Definition
- Systementscheid
- Korrekturen der IST-Situation
 	
• Durchführungsplanung
- Zeit-, Meilenstein-, Kosten- und Ressourcenplanung
- Planung der Projektgruppe für die IT-Integration
- Outsourcingausmass regeln
- Mitarbeiterressourcen bestimmen
- Human Resources aquirieren
- Rat externer Spezialisten einholen
	• Sicherung der Geschäftstätigkeit
	Technik
	- Anpassungen für die Geschäftssicherung
	  a) Schnittstellen und Systemanpassungen
	  b) Systemerweiterungen
	- "Early Wins" realisieren
	- Dokumentation der Anpassungen
	- Umfassendes Testen
	- Wartung und Support der alten Systeme
	
	Organisation
	- Verantwortlichkeiten durchsetzen
	- IT-Integrationsprojektgruppe einführen
	- Organisationsveränderungen vollziehen
	- Kommunikation in technischer, geografischer und kultureller Hinsicht sicherstellen
	- Meilensteine einhalten
	- Resultate kontrollieren
	
	Human Resources
	- Interne & externe Spezialisten informieren
	- Kulturen zusammenführen ·
	- Mitarbeiterinformation sicherstellen
	- Überbelastungen vermeiden
	- Kapazitäten aufstocken
	
	• Strategieumsetzung
	- Umsetzung der Informatikstrategie
	- Ausschöpfung der Synergien
	- Fall-Back-Lösungen bereithalten
	- Evt. Einführung eines völlig neuen Systems
	- Einführung neuer Komponenten, Erweiterungen und/oder Technologien
	- Mitarbeiterumschulungen vollziehen
	- Das alte System nach erfolgreichem Umstieg aufs neue System entfernen

Abbildung 2: Integrationsfahrplan

Der Integrationsfahrplan (siehe Abbildung 2) stellt die zu erledigenden Tätigkeiten in einem Ablaufplan zusammen. In der Phase der Integrationsplanung wird zunächst der IST-Zustand der Bereiche Technologie, Organisation und Mitarbeiter analysiert. Im Idealfall wird man diese Analysen schon vor dem

Zusammenschluss in die Wege leiten, damit die Integrationsschwierigkeiten bereits im Vorfeld reflektiert werden. Infolge der Geheimhaltung der Konzentrationsabsichten lässt sich dies aber nur in den seltensten Fällen durchsetzen. Ohne sorgfältige IST-Analyse sind aber präzise Angaben über die erforderlichen Integrationsanstrengungen und den benötigten Zeitaufwand nicht zu erwarten.

Nach Abschluss der IST-Analyse folgt die Definition der SOLL-Situation und darauf aufbauend die Planung des Integrationsablaufs. Im ersten Ablaufschritt wird man sich im Interesse einer schnellen Aufnahme des operativen Geschäfts auf die unbedingt erforderlichen Anpassungen oder Erweiterungen konzentrieren. Nachdem die Fortführung der laufenden Geschäfte sichergestellt ist, folgt die Phase der Strategieumsetzung. Sie umfasst neben der Einrichtung von Schnittstellen die Erweiterung von Hardware- und Softwaresystemen, sowie die Einführung völlig neuer Technologien. Um die operativen Geschäfte nicht zu beeinträchtigen, empfehlen sich Fall-Back-Lösungen. Läuft die Umsetzung der Integrationsstrategie nicht erwartungsgemäss, so kann mit geringen zeitlichen Verzögerungen wieder auf den Zustand vor der Umsetzung zurückgeschaltet werden. Diese Variante kann allerdings kostspielig sein, weil sie oft den parallelen Betrieb zweier Systeme voraussetzt.

Sowohl die IST-Analyse als auch die Phase der SOLL-Definition sollten kontinuierlich dokumentiert werden. Was während der Integrationsplanung aus Zeitgründen nicht dokumentiert wird, lässt sich später nur schwierig oder gar nicht rekonstruieren.

5 Schlussfolgerungen und Ausblick

Für die vielfältigen Probleme der IT-Integration existieren kaum allgemeingültige Lösungen. Die erwähnten Erfolgsfaktoren und der vorgestellte Integrationsfahrplan können indessen als Checkliste bei der Gestaltung der Aufbau- und Ablauforganisation einer IT-Integration dienen. Je nach Integrationsrichtung und -tiefe sind die aufgelisteten Faktoren aber mehr oder weniger wichtig.

Die Erkenntnisse zeigen, dass sich die Wissenschaft bis anhin nicht intensiv genug mit der Informatikintegration beschäftigt hat und ein Nachholbedarf besteht. Die zu Beginn angesprochene empirische Untersuchung trägt diesem Aspekt Rechnung und versucht weitere Zusammenhänge aufzudecken.

Literatur

Baumgart, Hans Werner und Hövelmanns Norbert (1999): Die IT bei einem Merger: Vom Hemmschuh zum Erfolgsfaktor, Kompetenz Nr. 44, Juni 99, S. 42-48

Bird, Anat und Israel, Richard (1994): Managing the acquisition process, in Bankers Magazine, Mai - Juni 1994, S. 4-10

Boemle, Max (1998): Unternehmungsfinanzierung, 12. Auflage, Zürich

Dabui, Mani (1998): Postmerger-Management, Dissertation Universität München, 1998

Eckhard, Christiane und Hövelmanns, Norbert (1999): IT-Organisation: Der Weg ist das Ziel, in Diebold Management Report Nr. 1, S. 20-25

Gocke, Andreas (1997): Die Vermeidung von Abschmelzverlusten nach horizontalen Unternehmensakquisitionen, Dissertation Nr. 1987, St. Gallen

Information Management & Consulting (2000): IT-Merger Management, 3/2000, August 2000 S. 7-41

Mottl, Judith N. (1999): Keep IT Happy After Mergers, in Internetweek, 19. July 1999, S. 27-30

Ötzel, Annette, Schwamborn, Ute und Stuber, Jürg M. (1999): Praxis der Post-Merger Integration: Den „Durchhänger" in der Mitte überwinden, in Kompetenz Nr. 44, Juni 1999, S. 30-40

Rufa, Michael und Kubela, Thomas (1999): Datenqualität bei der IT-Integration, in Diebold Management Report Nr. 9-1999, S. 14-18

Scharf, Peter, Neuhaus, Markus und Schätzle, Robert (2000): Unternehmenszusammenschlüsse zum Erfolg führen, in Kompetenz Nr. 42, Oktober 1998, S. 11-19

Studer, Tobias (1994): Allgemeine Betriebswirtschaftslehre - Kapitalwirtschaft, 4. Auflage, Basel

Willard, Christine (1999): Surviving a Merger, in Computerworld Vol. 33 Issue 48, 29.11.1999, S. 48-50

Gesamtheitliches Performance Measurement - Vorgehensmodell und informationstechnische Ausgestaltung

Peter Kueng, Thomas Wettstein
Universität Fribourg, Departement für Informatik

1   Einleitung

Performance ist für Unternehmen in den letzten Jahren zunehmend wichtiger geworden. Belegt werden kann dies durch (1) empirische Untersuchungen, (2) die neu entstandenen Abteilungen in den Beratungshäusern und (3) eine grosse Anzahl von Publikationen zu diesem Thema.[1] Als interne Ursache kann die zunehmende Wertorientierung (Shareholder Value, EVA[2]) der Unternehmen angeführt werden. Externe Ursachen sind unter anderem der steigende Wettbewerbsdruck, die kontinuierlichen Marktveränderungen und der zunehmende Einfluss der Stakeholder. Unternehmen reagieren mit radikalen Reorganisationen und ständigen Anpassungen.[3] Die daraus resultierende Herausforderung an die strategische Planung und deren organisatorische Umsetzung sowie die Konsequenzen für die Mitarbeiter und Führungskräfte sind enorm. Bestehende Führungsinstrumente, die finanzlastig und damit auf bereits abgeschlossenen Aktionen beruhen, scheinen den neuen Anforderungen ebensowenig zu genügen, wie die klassische top-down orientierte Befehlskette. Ineffizienzen entstehen zudem durch die Verwendung verschiedener Führungssysteme auf den einzelnen Planungsebenen, die mangelnd aufeinander abgestimmt sind und unterschiedliche Datenquellen berücksichtigen. Mit einem gesamtheitlichen Performance Measurement sollen diese Defizite vermieden werden. Wir verstehen darunter eine vorausschauende Führungsmethode zur zielorientierten Führung von Organisationen, die auf sämtlichen Führungsebenen angewendet werden kann. Wie zwei empirische Untersuchungen zeigen, ist der Entwicklungsstand in den Unternehmen noch unbefriedigend. Verbesserungspotentiale werden insbesondere in der Entwicklung von nicht-finanziellen Indikatoren und deren Verknüpfung mit den Geschäftsprozessen (40 %), in der

---

[1] Die ersten Artikel sind diejenigen von R. Eccles (1991), L. Maisel (1992) und R. Kaplan; D. Norton (1992).

[2] G. Stewart; J. Stern (1991)

[3] M. Hammer (1990), S. 104ff. und T. Davenport; J. Short (1990), S. 11ff.

Berücksichtigung interner und externer Informationsquellen (37 %), in der Ausrichtung der Führungsinstrumente auf zukünftige Entwicklungen (22 %) sowie in der Verknüpfung von Unternehmenszielen mit individuellen Zielen und deren Anbindung an Anreizsysteme (21 %) gesehen.[4] Zu einem ähnlichen Schluss kommt die zweite Studie[5], die unter anderem feststellt, dass (1) nicht-finanzielle Indikatoren untervertreten sind und ihre Bedeutung als vorauslaufende Indikatoren unterschätzt wird, (2) Geschäftsprozesse nur selten mit klaren Zielen versehen sind, (3) die Kommunikation der Daten nicht strukturiert erfolgt, (4) die Daten primär dem Kader vorbehalten sind und (5) keine automatisierte Datengewinnung - insbesondere für nicht-finanzielle Indikatoren - erfolgt. Einen Beitrag zur Verbesserung der Situation könnte ein Vorgehensmodell bringen, welches auch die informationstechnische Ausgestaltung berücksichtigt.

Im folgenden Beitrag werden in einem ersten Schritt die Anforderungen an ein gesamtheitliches Performance Measurement System für mittelständische Unternehmen skizziert (Kapitel 2). Die unterschiedlichen Ebenen des Performance Measurements werden in Kapitel 3 erläutert. In Kapitel 4 wird die Prozessebene herausgegriffen und die Herleitung der Indikatoren erläutert. Im weiteren wird die informationstechnische Ausgestaltung diskutiert und mittels eines Prototypen visualisiert. Abgeschlossen wird der Beitrag mit einer Bewertung des Ansatzes und einem Ausblick auf offene Forschungsfragen.

2 Anforderungen an ein Performance Measurement System

Die Anforderungen an ein Performance Measurement System (PMS) ergeben sich aus der definierten Unternehmensstrategie und dem angewandten PMS Framework[6]. In Abhängigkeit des gewählten Frameworks werden Indikatoren unterschiedlich in Dimensionen gruppiert. Messgrössen können finanzieller und auch nicht-finanzieller Natur sein, da Performance Measurement als multidimensionales Konzept verstanden wird.[7] Die Gliederung in organisatorische Einheiten (Prozesse, Abteilungen, Projekte etc.) ergibt sich aus der Strategie und

---

[4] J. Brunner; P. Roth (1999), S. 50. Die Zahlen in den Klammern beziehen sich auf die Anzahl der Nennungen in der entsprechenden Kategorie. Mehrfachnennungen waren möglich.

[5] P. Kueng; A. Krahn (2001)

[6] Einige wichtige Frameworks: U. Bititci; A. Carrie (1998), R. Kaplan, D. Norton (1996), P. Kueng (2000), A. Neely; C. Adams (2000)

[7] vgl. R. Eccles (1991), L. Maisel (1992)

sollte im PMS frei modelliert werden können.[8] Ein PMS ist etwas Dynamisches. Es muss sich mit dem Unternehmen entwickeln können. Ziele werden verändert, neue Indikatoren werden aufgenommen, andere entfernt. Eine wesentliche Forderung betrifft den Automatisierungsgrad der Datensammlung. Werden die Daten von den Mitarbeitern in zusätzlichen Arbeitsschritten erhoben oder manuell erfasst, so ist mit erheblichem Widerstand zu rechnen. Ferner sollten die Performancedaten nicht nur dem Management, sondern auch den Mitarbeitern zur Verfügung gestellt werden. Ein hoher Detaillierungsgrad kommt auch dem Management entgegen, da die Analysequalität dadurch erhöht wird. Durch den erweiterten Benutzerkreis ist der Informationsaufbereitung und -distribution erhöhte Aufmerksamkeit zu schenken. Die Darstellung von verschiedenen Sichten sowie die Unterstützung des Push- und Pull-Prinzips sollten unterstützt werden. Mit einem grösseren Benutzerkreis und der Speicherung von sensitiven Daten gewinnt ein überzeugendes Datenschutzkonzept, sowohl was die technische Ausgestaltung, als auch was die Kommunikation angeht, an Bedeutung.

3   Bezugsrahmen für das Performance Measurement

Aus den oben skizzierten Anforderungen wird deutlich, dass ein Informationssystem - hier als Performance Measurement System bezeichnet - Voraussetzung für effiziente Führungsprozesse ist. Dabei stellt das Informationssystem den Berechtigten die relevanten Informationen zeitgerecht und in der richtigen Qualität und Quantität zur Verfügung. Vom Führungsprozess können die Elemente Planung und Kontrolle durch Informationssysteme substantiell unterstützt werden.

Unabhängig vom Informationssystem ist ein Bezugsrahmen für das Performance Measurement zu schaffen. In diesem werden die drei Subsysteme Systematik, Methodik und Organisation geregelt.[9] Die Systematik definiert dabei die einzelnen Ebenen des Performance Measurement sowie die zugehörigen Unternehmensziele. Zudem wird die Verknüpfung zwischen den einzelnen Zielen festgelegt. Die Methodik regelt die notwendigen Vorgehensschritte. In der Organisation werden sodann die Verantwortlichkeiten und die Empfänger definiert. Kurz gesagt legt die Systematik das **Was**, die Methodik das **Wie** und die Organisation das **Wer** fest.

---

[8]   vgl. A. Chandler (1962): „Structure follows strategy"
[9]   in Anlehnung an R. Grünig (1996), S.42ff.

3.1 Systematik

Voraussetzung für die Anwendung der vorgestellten Systematik ist, dass Klarheit über die Unternehmensstrategie - mindestens im Sinne einer Vision - besteht.[10] Ziele auf der strategischen Ebene beschreiben eine konkretisierte Vision, das heisst, es wird eine Aussage bezüglich des angestrebten Zielerreichungsgrades gemacht. Dabei ist auf Ausgewogenheit der Ziele zu achten. Ausgewogenheit bedeutet in diesem Kontext, dass sowohl finanzielle, als auch nicht-finanzielle Ziele berücksichtigt werden. Bei Kueng[11] werden beispielsweise die Aspekte nach den Stakeholdern in Anlehnung an das EFQM-Modell[12] vorgeschlagen: Investoren, Mitarbeiter, Kunden (Käufer & Lieferanten), Gesellschaft und Innovation.

Wie aus Abbildung 1 ersichtlich, werden auf der strategischen Ebene **strategische Ziele** und **strategische Projekte** (Massnahmen) berücksichtigt. Strategische Ziele werden auf der operativen Stufe weiter konkretisiert. Die Notwendigkeit der Differenzierung zwischen strategischen Zielen und strategischen Projekten liegt darin, dass auf der operativen Ebene der Wunsch nach einer gewissen Konstanz der Ziele besteht. Mit den strategischen Projekten werden dagegen meist grössere, radikale Veränderungen angestrebt, die nach erfolgreicher Umsetzung ebenfalls einen Einfluss auf die operativen Ziele haben können. Auf der operativen Ebene erfolgt die Gliederung nach der gewählten Organisationsform. Eine Kombination von zum Beispiel Prozess- und Abteilungsgliederung oder die Berücksichtigung von einer zusätzlichen Gliederungsstufe im Sinne von Business Units ist möglich. Dieser Schritt ist jedoch mit der Gefahr verbunden, dass sich einzelne Ziele konkurrenzieren und eine Abkehr vom hierarchischen Zielbaum erfolgen muss.[13] Die Ziele der Mitarbeiter leiten sich aus der operativen Ebene sowie aus Zielen von strategischen Projekten und strategischen Zielen ab. Die Nichtbeachtung der operativen Ebene erlaubt es beispielsweise, Mitarbeiter auch für Aufgaben zu fördern, die nicht in ihrer organisatorischen Einheit nachgefragt werden (strategische Ziele) und sie in strategische Projekte einzubinden, deren Ziele im Widerspruch zu operativen Zielen stehen.

---

[10] Die Vision beschreibt den finalen Zustand, die Strategie den Weg zum Ziel.

[11] P. Kueng (2000), S.72ff.

[12] vgl. EFQM (2001)

[13] An deren Stelle treten dann Wirkungsnetze. Eine Hilfestellung zur Gewichtung der einzelnen Wirkungen und einer Rückführung in eine baumähnliche Struktur bietet beispielsweise der Papiercomputer von F. Vester (1987), S.48ff.

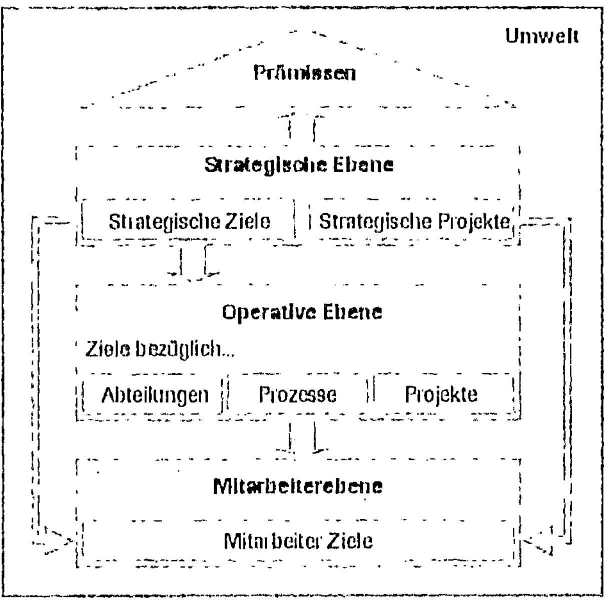

Abb. 1: Systematik

Auf den drei besprochenen Ebenen wird die Performance überwacht. Es ist jedoch zu berücksichtigen, dass die Wahl der Ziele unter bestimmten **Prämissen** erfolgt, die ebenfalls beachtet werden sollten. Hierbei wird die tatsächliche Entwicklung von Umweltvariablen **(Umwelt)** mit den im Rahmen der Planung getroffenen Annahmen verglichen.

3.2 Methodik

Die Methodik beantwortet die Frage **wie** ein Performance Measurement System aufgebaut und genutzt wird. Im folgenden betrachten wir den Planungsprozess etwas näher.

Im Planungsprozess sind die folgenden Schritte zu durchlaufen:

- **Schritt 1:** Ausgehend von den Unternehmenszielen erfolgt eine **Kaskadierung in strategische Ziele und strategische Projekte.** Ein strategisches Projekt wird dann eingesetzt, wenn das Ziel mit der bestehenden Unternehmensstruktur nicht erreicht werden kann. Dieser Schritt wird vorteilhaft mittels eines Workshops innerhalb des Managements erarbeitet. Die strategischen Projekte können von Mitgliedern des Managements, Stabsstellen oder ähnlichen Einheiten konkretisiert werden. Bevor Schritt zwei in Angriff genommen wird sollte Klarheit bezüglich der relevanten Indikatoren, der zugehörigen Zielwerte und der Realisierbarkeit auf dieser Ebene bestehen.

- **Schritt 2:** In einem grösseren Kreis, bestehend aus dem Management und den Verantwortlichen der operativen Organisationseinheiten, werden in einem zweiten Schritt im Rahmen eines Workshops aus den strategischen Zielen **die operativen Ziele abgeleitet.** Die Breite der involvierten Personen wirkt sich positiv auf die Akzeptanz aus und erlaubt es, Zielkonflikte aufzudecken. Die Bestimmung der relevanten Indikatoren sowie der Zielwerte konkretisiert die Planung und zeigt die Machbarkeit. Bei der Bestimmung der Ziele ist auf eine vollständige Abdeckung der übergeordneten Ziele zu achten. Wird in diesem Stadium erkannt, dass die Ziele nicht erreicht werden können, so müssen diese Bottom-up revidiert werden. Durch die Gliederung nach den vorgeschlagenen Aspekten wird die Kaskadierung vereinfacht.
- **Schritt 3:** In einem letzten Schritt vereinbaren die operativen Leiter mit ihren Mitarbeitern in Einzel- oder Gruppengesprächen die **Mitarbeiterziele.** Dabei ist darauf zu achten, dass die Ziele gemeinsam erarbeitet werden. Sie sollen in Übereinstimmung mit den übergeordneten Ebenen erfolgen. Die Mitarbeiter sollen die Zielerreichung massgeblich durch ihre Arbeitsleistung beeinflussen können, sie sollen einfach zu verstehen sein, keinen zusätzlichen Aufwand zur Erfassung verursachen und insgesamt ausgewogen sein. Der operative Leiter prüft nach Abschluss die vollständige Abdeckung der operativen Ziele durch die Mitarbeiterziele.

Schritt 4: Für neue Indikatoren muss eine interne oder externe **Datenquelle** erschlossen werden und ins Reporting eingebunden werden. Die entstehenden Kosten zur automatisierten Bereitstellung der Information ist in Relation zum Nutzen und der allfälligen Kosten bei manueller Erfassung zu setzen. Bei einem negativen Entscheid ist zusammen mit den Betroffenen nach Alternativen zu suchen.

Schliesslich wird der oben beschriebene Ablauf in einem Aktivitätenkalender in einen zeitlichen Ablauf gebracht. Dabei ist eine Verknüpfung mit der finanziellen Berichterstattung anzustreben.

3.3 Organisation

Mit der Organisation bestimmen wir, **wer** mit der Neuerstellung, Nutzung und Überarbeitung des Performance Measurements betraut wird. Des weiteren wird festgehalten, wer für die Erreichung der einzelnen Ziele verantwortlich ist und wer welche Informationen einsehen kann. Im allgemeinen ist zu empfehlen, dass der Leiter des von den Zielen betroffenen Bereichs für die Erstellung und Kontrolle der Indikatoren zuständig ist.

4 Definition von Performance-Indikatoren

In diesem Kapitel zeigen wir an einem konkreten Beispiel die Bestimmung der Ziele, das Herunterbrechen auf die Prozessebene, die Identifikation der Indikatoren und das Bestimmen der Zielwerte. Dabei konzentrieren wir uns auf Schritt 2 der Methodik des Performance Measurements (Kapitel 3.2).

Bei der betrachteten Unternehmung handelt es sich um eine mittelständische Firma der Elektro- und Maschinenindustrie. Die Strategie bezüglich der erwähnten Aspekte ist aus Tabelle 1 ersichtlich.

Aspekte	Strategische Ziele	Indikatoren und Zielwerte
(F) Investoren	Angemessene Rendite des eingesetzten Kapitals	EBIT-Marge von mindestens 8%
	...	...
(M) Mitarbeiter	Zufriedene, motivierte und gut ausgebildete Mitarbeiter	Fluktationsrate $\leq$ 15% ...
	..	...
(K) Kunden	Wir möchten langfristige, für beide Seiten profitable Beziehungen mit unseren Kunden eingehen	Unser Anteil am Gesamtgeschäft im besetzten Marktsegment soll jährlich um $\geq 5\%$ gesteigert werden
	...	...
(G) Gesellschaft	Verantwortungsvoller, vorbildlicher Umgang mit unserer Umwelt	Öff. Verkehr wird bei ≥ 50 % der Lieferungen eingesetzt ...
	...	...
(I) Innovation	Ständige Verbesserung bzgl. Durchlaufzeiten, Kosten und Qualität	Reduktion der Betriebsprozessdauer um $\geq 100\%$
	Wir streben eine überdurchschnittliche Innovationsgeschwindigkeit an	Anteil des Neuprodukteumsatzes $\geq$ 15%

Tab. 1: Strategische Ziele, Indikatoren und Zielwerte je Aspekt (beispielhaft)

In einem Workshop wurden die strategischen Ziele auf die operativen Einheiten heruntergebrochen. Zur Illustration der Kaskadierung betrachten wir den Geschäftsprozess **Serviceprozess**.

Abbildung 2 zeigt die aus Tabelle 1 übernommenen strategischen Ziele und die daraus abgeleiteten Ziele für den Serviceprozess. Je Aspekt wird mindestens ein Ziel bestimmt. Zur Überwachung der Ziele werden Indikatoren bestimmt. Um ein Ziel umfassend überwachen zu können, sind unter Umständen mehrere

Indikatoren notwendig. Die Gesamtheit der für die operativen Einheiten definierten Ziele müssen mit den strategischen Zielen übereinstimmen.

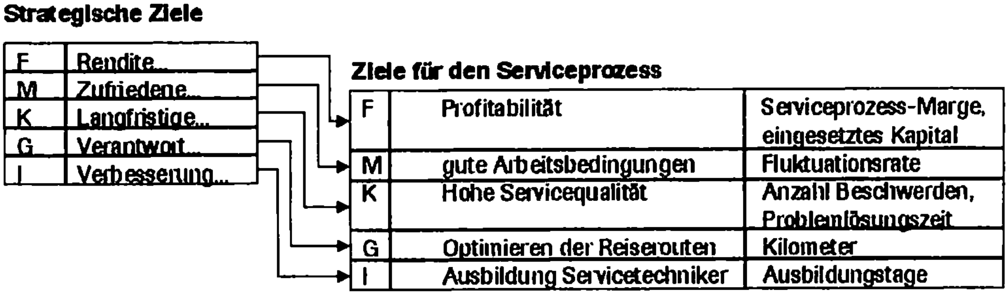

Strategische Ziele

F	Rendite			
M	Zufriedene			
K	Langfristige			
G	Verantwort			
I	Verbesserung			

Ziele für den Serviceprozess

F	Profitabilität	Serviceprozess-Marge, eingesetztes Kapital
M	gute Arbeitsbedingungen	Fluktuationsrate
K	Hohe Servicequalität	Anzahl Beschwerden, Problemlösungszeit
G	Optimieren der Reiserouten	Kilometer
I	Ausbildung Servicetechniker	Ausbildungstage

Abb. 2: Kaskadierung der Ziele

Wie in Kapitel 2 dargestellt wurde, soll für die Verwaltung und Kommunikation (Ziele, Indikatoren und Leistungsdaten) ein Informationssystem eingesetzt werden; dessen Architektur wird im nächsten Kapitel näher vorgestellt.

5 Informationstechnische Ausgestaltung

Im wesentlichen unterscheiden wir zwei Applikationsteile: Einerseits eine Applikation zur Verwaltung der Organisationsstruktur, Ziele, Indikatoren, Zielwerte und Zugriffsrechte. Diesen Teil nennen wir **Performance Metadatenbank**. Andererseits nutzen wir eine Applikation zur Verwaltung der Messwerte der einzelnen Indikatoren. Charakteristisch für diese Daten ist ihre multidimensionale Struktur. Dies kann am Indikator «Problemlösungzeit» illustriert werden. Je nach Empfänger ist eine andere Art von Problemlösungszeit relevant (siehe Tabelle 2):

Informationsempfänger	Problemlösungszeit
Serviceprozess-Manager	je Aktivität, je Mitarbeiter, Entwicklung im Zeitverlauf
Verkauf	je Kunde und Kundengruppe
...	...

Tab. 2: Informationsbedürfnis in Abhängigkeit des Empfängers

Dieser Überlegung folgend speichern wir die Indikatoren in einem Datawarehouse. Auf der semantischen Ebene haben wir die

Modellierungsnotation ADAPT eingesetzt.[14] Der logische Entwurf basiert auf einem Snowflake[15]-Schema. Technisch basiert die Lösung auf Microsoft SQL Server 2000™. Die Benutzerschnittstelle wurde als Weblösung konzeptioniert.[16] Abbildung 3 zeigt die Cockpit-Ansicht für den Serviceprozess-Manager.

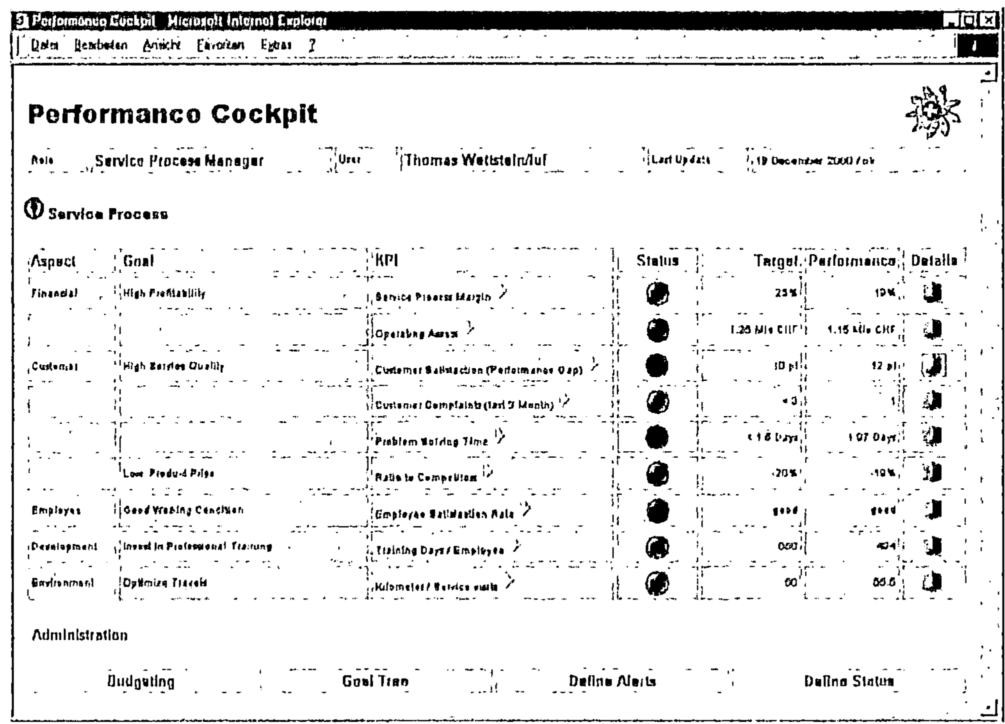

Abb. 3: Performance Cockpit des Serviceprozess-Managers

6 Bewertung des Ansatzes und Ausblick

Der erstellte Prototyp hat gezeigt, dass ein gesamtheitliches Performance Measurement über mehrere Hierarchiestufen in einem mittelständischen Unternehmen realisierbar ist. Der Ansatz unterscheidet sich durch die

---

[14] zu ADAPT siehe D. Bulos (1996), S.33ff. und R. Gabriel; P. Gluchowski (1997), S.30ff.

[15] vgl. A. Kurz (1998), S.164ff.

[16] Einschränkend ist zu erwähnen, dass für die freie Navigation in den Datenwürfeln Microsoft Office Web Components™ vorausgesetzt wird.

Durchgängigkeit vom Konzept bis zur informationstechnischen Ausgestaltung von bestehenden Vorschlägen. Die Autoren hoffen, damit eine Brücke zwischen Betriebswirtschaft und Informatik schlagen zu können.

Offene Fragen bestehen bezüglich der Wirtschaftlichkeit des Ansatzes, denn der Aufwand für Erstellung und Nutzung der Lösung ist erheblich.[17] Dieser wird massgeblich durch die zu erstellenden Schnittstellen und damit der Kompatiblität zu den übrigen betrieblichen Informationssystemen beeinflusst. Des weiteren ist abzuklären, inwiefern das vorgeschlagene System bestehende Führungs-Informationssysteme abzulösen vermag oder aber zusätzlich zu diesen betrieben wird. Schliesslich sind Erfahrungen bezüglich der Akzeptanz solcher Systeme zu sammeln. Unsere bisher gemachten Erfahrungen lassen vermuten, dass eine offene Informationspolitik die Akzeptanz eines PMS erhöht.

Literatur

Bititci, Umit; Carrie, Allan (1998): Dynamic Integrated Performance Measurement Systems - A Reference Model, in: Schonsleben, P.; Buchel, A. (Eds.): Organising the Extended Enterprise. London, S.191-203

Brunner, Jürgen; Roth, Pascal (1999): Performance Management und Balanced Scorecard in der Praxis, in: io Management, Juli-August 1999, S.50-55

Bulos, Dan (1996): OLAP Database Design: A New Dimension, in: Database Programming & Design, June 1996, S. 33-37

Chandler, Alfred Dupont (1962): Strategy and structure: chapters in the history of industrial enterprise, Cambridge

Davenport, Thomas; Short, J.: Information technology and business process redesign, in: Sloan Management Review, Summer 1990, S. 11-27

Eccles, Robert G. (1991): The Performance Measurement Manifesto, in: Harvard Business Review, January-February 1991, S. 131-138

EFQM (2001): The EFQM Model; verfügbar: http://www.efqm/org/, Zugriff am: 25. Januar 2001

Gabriel, Roland; Gluchowski, Peter (1997): Semantische Modellierungstechniken für multidimensionale Datenstrukturen, in: Theorie und Praxis der Wirtschaftsinformatik (HMD), Mai 1997, S. 18-37

Grünig, Rudolf (1996): Das Planungskonzept: Instrument zur Gestaltung der Planung und ihrer Kontrolle, Bern

---

[17] vgl. P. Küng; A. Meier; T. Wettstein (2000)

Hammer, Michael (1990): Reeingineering Work - Don't Automate, Obliterate, in: Harvard Business Review, July-August 1990, S. 104-112

Kaplan, Robert S.; Norton, David P. (1992): The Balanced Scorecard - Measures that Drive Performance, in: Harvard Business Review, January-February 1992, S. 71-79

Kaplan, Robert S; Norton, David P. (1996): Translating strategy into action - The balanced scorecard, Boston

Kueng, Peter; Krahn, Adrian (2001): Performance-Measurement-Systeme im Dienstleistungssektor: Das Denken in Wirkungsketten ist noch wenig verbreitet, in: io Management, Januar 2001, S.56-63

Kueng, Peter; Meier, Andreas; Wettstein, Thomas (2000): Computer-based Performance Measurement in SME's: Is there any option?, in: Proceedings of the International Conference on Systems Thinking in Management, 8-10th November 2000, Deakin University, Geelong, Victora, Australia, S. 318-323

Kueng, Peter (2000): Process Performance Measurement System - a tool to support process-based organizations, in: Total Quality Management, January 2000, S.67-85

Kurz, Andreas (1999): Data Warehousing Enabling Technology, Bonn

Maisel, S. Lawrence (1992): Performance Measurement: The Balanced Scorecard Approach, in: Journal of Cost Management, Summer 1992, S.47-52

Neely, Andi; Adams, Chris (2000): Perspectives on Performance - The Performance Prism. Available on: http://www.cranfield.ac.uk/som/cbp/prismarticle.pdf, accessed 25 january 2001

Stewart, G Bennet III; Stern, Joel M. (1991): The Quest for Value: The EVATM Management Guide, New York

Vester, Frederich (1987): Der Papiercomputer, in: Management Wissen, Oktober 1987, S.48-57

Die Informationsbedarfsanalyse im Data Warehousing - ein methodischer Ansatz am Beispiel der Balanced Scorecard

Thorsten Frie, Bernhard Strauch
Universität St. Gallen, Institut für Wirtschaftsinformatik

1 Einleitung

Das Ende der 80er Jahre von Devlin und Murphy vorgestellte Data Warehouse-Konzept hat zum Ziel, die Qualität und Effektivität der Informationsversorgung von Entscheidungs- und Verantwortungsträgern jeder Stufe und Funktion zu verbessern.[1] Um dem Wunsch der Unternehmensführung nach einer bedarfsgerechten Informationsversorgung nachkommen zu können, sind jedoch leistungsfähige Methoden der Informationsbedarfsanalyse und -aufbereitung bei der Konzeption von adäquaten Führungsinstrumenten für die Unternehmensführung bereitzustellen. Derzeitige Methoden genügen den Anforderungen der Entscheidungsträger jedoch nicht, wie mit einer Untersuchung von Wurl und Mayer aufgezeigt wurde.[2]

Das Ziel dieses Beitrags ist es denn auch, im Kontext des Data Warehousing ein methodisches Konzept der Informationsbedarfsanalyse zu entwickeln. Dieses Konzept soll am Beispiel der Balanced Scorecard BSC als Führungsinstrument vorgestellt werden, die als Ansatz zur wertorientierten Führung von der Praxis positiv angenommen worden ist.[3]

Einführend werden deshalb zum besseren Verständnis der Zusammenhänge grundlegende Überlegungen zum Konzept der BSC und der Informationsbedarfsanalyse dargestellt. Im Anschluss daran wird ein Vorschlag für ein methodisch fundiertes Vorgehen bei der Informationsbedarfsanalyse am Beispiel der BSC vorgestellt.

---

[1]   Vgl. B. Devlin, P. T. Murphy (1988)
[2]   Vgl. H.-J. Wurl, J.H. Mayer (1999), S. 15ff.
[3]   Vgl. M. Bruhn (1998), S. 158; A. Mountfield, O. Schalch (1998), S. 318

2 Das Konzept der Balanced Scorecard

Die inhaltlichen Schwerpunkte der strategischen Unternehmensführung haben sich kontinuierlich weiterentwickelt und verändert.[4] In der aktuellen Diskussion strategischer Unternehmensführung stehen Konzepte der wertorientierten Unternehmensführung. Hierzu zählt das von Kaplan/Norton vorgestellte Konzept der BSC.[5] Darüber hinaus existieren verschiedene Ansätze, die das BSC-Konzept auf spezifischere Anwendungsfälle abbilden, wie z. B. zur Bewertung von Unternehmensnetzwerken[6], für das Kundenwert-Management[7], für ein prozessorientiertes Controlling[8] oder zur Bewertung von Chancen und Risiken[9].
Das BSC-Konzept stellt eine Weiterentwicklung konventioneller Kennzahlensysteme dar (z. B. des Du Pont- oder ZVEI-Kennzahlensystems).[10] Die zentralen strategischen Erfolgsfaktoren eines Unternehmens werden in den in Abbildung 3 gezeigten Perspektiven systematisiert und anschliessend durch die Bildung perspektivenorientierter Kennzahlen operationalisiert. Folgende Perspektiven werden unterschieden:

- Finanzperspektive: Bildet den finanziellen Erfolg des Unternehmens ab. Es werden überwiegend ausgewählte finanzwirtschaftliche Messgrössen basierend auf vergangenheitsorientierten Daten instanziiert (z. B. Rentabilität, Finanzkraft, Vermögensstrategie).
- Markt-/Kundenperspektive: Bestimmt Leistungsfaktoren für die vom Unternehmen anvisierten Zielkunden- und Zielmarktsegmente (z. B. kundenbezogene Wertsteigerungspotenziale).
- Geschäftsprozessperspektive: Konzentriert sich auf Kern- oder Leistungsprozesse zur Erreichung der in der Finanz- und Markt-/Kundenperspektive definierten Ziele.
- Potenzialperspektive: Dient der Ursachenforschung zwischen Differenzen der Strategieformulierung und -umsetzung.
-

Mit der Balanced Scorecard wird versucht, jede Messgrösse auf der Basis einer Ursache-Wirkungskette mit monetären und nicht-monetären Zielgrössen zu

---

[4] Vgl. M. Bruhn (1998), S. 146f.
[5] Vgl. R.S. Kaplan, D.P. Norton (1992)
[6] Vgl. M. Merkle (1999)
[7] Vgl. N.D. Watson (1998)
[8] Vgl. A. Krahe (1999)
[9] Vgl. T. Reichmann, S. Form (2000)
[10] Vgl. P. Horváth (1996), S. 546ff.

verbinden.[11] Mit der von Kaplan/Norton vorgeschlagenen methodischen Vorgehensweise wird der Eindruck vermittelt, dass eine auf die Ansprüche der Entscheidungsträger ausgerichtete BSC entsteht. Mountfield/Schalch haben jedoch nachgewiesen, dass die Bestimmung der Messgrössen durch die Entscheidungsträger **lediglich** intuitiv erfolgt und durch aktuelle, kurzfristige Probleme geprägt ist.[12] Aufgrund dieser Problematik wird der Forderung einer methodisch unterstützten Informationsbedarfsanalyse Nachdruck verliehen. Im Vordergrund steht die Erfassung von Inhalt und Struktur des objektiven - durch die Aufgabenstellung determinierten - Informationsbedarfs und des subjektiven Informationsbedarfs der Entscheidungsträger.

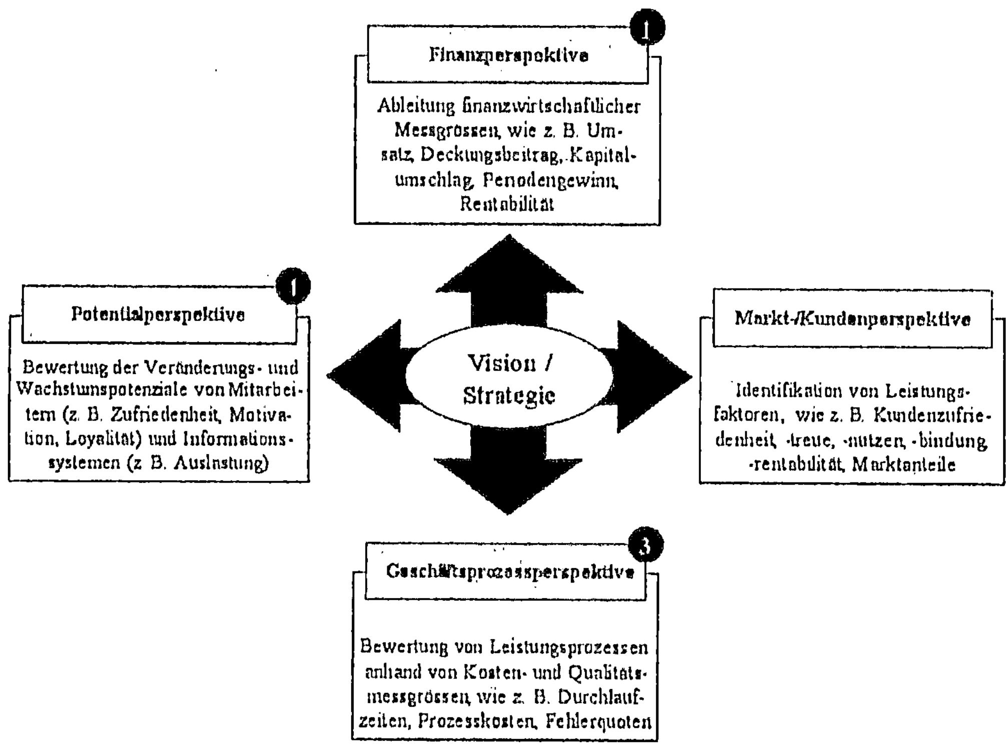

Abbildung 3: Die vier Perspektiven der BSC

---

[11] Vgl. P. Horvárth, L. Kaufmann (1999), S. 365
[12] Vgl. A. Mountfield, O. Schalch (1998), S. 318

3 Informationsbedarfsanalyse im Data Warehousing

3.1 Data Warehousing

Inhaltlich kann Data Warehousing aus organisatorischer und informatorischer Sicht definiert werden. Ersteres versteht Data Warehousing als die Gesamtheit aller Aktivitäten und Aufgaben, die mit der Entwicklung und dem Betrieb des Data Warehouse verbunden sind. Letzteres stellt vor allem Daten und ihre Nutzung in den Vordergrund. Indem Daten Bezug auf die datenbereitstellenden, -verarbeitenden und -verteilenden Prozesse nehmen, wird ihre Nutzung durch den im Data Warehouse abgebildeten Informationsbedarf determiniert.
Die Verbindung zum Data Warehouse kann somit auf die im Mittelpunkt stehenden Daten und ihre Nutzung reduziert werden. Die Daten werden im Data Warehousing als zentralisierte Ressource gesehen und nicht wie bisher in den funktionsorientierten Informationssystemarchitekturen als isoliertes Betriebsmittel. Bei der Konzeption der BSC geht es also weniger um die technische Realisierung im Data Warehouse, als vielmehr um die am Informationsbedarf ausgerichtete Spezifikation der Daten und ihre Aufbereitung in einer für strategische Analyse- und Auswertungszwecke geeigneten Form.

3.2 Informationsbedarfsanalyse

Begriffsbestimmung betrieblicher Informationsmengen
Damit die betrieblichen Aufgaben erfüllt werden können, benötigt und produziert ein Unternehmen Informationen. Diese Informationen spannen den betrieblichen Informationsraum, der in verschiedene betriebliche Informationsmengen unterteilt werden kann. Im folgenden werden die aus Sicht von Entscheidungsträgern wichtigsten betrieblichen Informationsmengen beschrieben:
Der Informationsbedarf wird definiert als "die Art, Menge und Qualität der Informationen, die eine Person zur Erfüllung ihrer Aufgaben in einer bestimmten Zeit benötigt. Er ist in vielen Fällen nur vage bestimmbar und hängt vor allem von der zugrundeliegenden Aufgabenstellung, den angestrebten Zielen und den psychologischen Eigenschaften des Entscheidungsträgers ab."[13] Diesbezüglich können zwei Informationsmengen unterschieden werden. Der **objektive Informationsbedarf** beinhaltet jene Informationen, die für den Entscheidungsträger zur Erfüllung seiner Aufgaben relevant sind. Der **subjektive Informationsbedarf** hingegen umfasst jene Bedürfnisse, die dem Entscheidungsträger als relevant erscheinen. Das **Informationsangebot** schliesst

---

[13] A. Picot et al. (1996), S. 106

jene Menge an Informationen ein, die vom Unternehmen zu einem bestimmten Zeitpunkt produziert werden kann

Informationsbedarfsanalyse
Mit der **Informationsbedarfsanalyse** werden die informationellen Anforderungen der zukünftigen Benutzer eines Informationssystems erhoben und beurteilt. Es gilt konkret, die Elemente der betrieblichen Informationsmengen zu bestimmen. Der Informationsbedarfsanalyse wird in der Literatur eine sehr wichtige Bedeutung zugemessen.[14] Um den subjektiven und objektiven Informationsbedarf zu ermitteln, existiert bereits eine Vielzahl an Verfahren, die zur Konzeption von hauptsächlich transaktionsorientierten Informationssystemen zur Verfügung stehen, wie z.B. Interviews, Fragebögen, Beobachtungen, Aufgaben- oder Dokumentenanalysen.[15] Dabei wird zwischen deduktiven und induktiven Verfahren der Informationsbedarfsanalyse unterschieden. Während deduktive Verfahren versuchen, den aufgabenbezogenen „richtigen" Informationsbedarf zu ermitteln, fokussieren induktive Verfahren auf dem personenbezogenen, subjektiven Informationsbedarf. Derzeitige Methoden der Informationsbedarfsanalyse und -aufbereitung genügen den Anforderungen der Entscheidungsträger in der Praxis jedoch nicht, wie mit einer empirischen Untersuchung von Wurl und Mayer dargelegt wurde.[16] Insbesondere bei der Erfassung des objektiven Informationsbedarfs und strategischer Informationen wurden erhebliche Anspruchslücken aufgezeigt.[17] So versagen beispielsweise Techniken, die auf Interviews beruhen häufig deshalb, weil Entscheidungsträger vielfach nicht wissen, wie sich ihr objektiver Informationsbedarf zusammensetzt.[18] Bei der Entwicklung von Data Warehouse-Systemen kommt erschwerend hinzu, dass sich die Entscheidungsträger oft nicht bewusst sind, welche neuartigen Informationen (z.B. Auswertungen über Daten verschiedener Unternehmensfunktionen hinweg) mit Data Warehouse-Technologien bereitgestellt werden können.[19] Die Analyse des Informationsbedarfs darf deshalb gerade im Data Warehousing nicht losgelöst vom Informationsangebot durchgeführt werden.

---

[14] Vgl. R. Holten (1998), S. 61; R. Gabriel et al. (2000), S. 74; S.R. Gardner (1998), S. 54

[15] Vgl. z.B. D.S. Koreimann (1976); R. Holten (1998), S. 120f.

[16] Vgl. H.-J. Wurl, J.H. Mayer (1999), S. 15ff.

[17] Vgl. K. Hornung, J.H. Mayer (1999), S. 390

[18] Vgl. T. Hammergren (1996), S. 147

[19] Vgl. S.R. Gardner (1998), S. 55; R.A. Connelly et al. (1999), S. 7

4 Methodischer Ansatz der Informationsbedarfsanalyse am Beispiel der Balanced Scorecard

4.1 Ausgangslage

Betrachtet man bereits existierende Vorgehensmodelle im Bereich der Entwicklung von Data Warehouse-Systemen, so lässt sich feststellen, dass sich diese Vorgehensmodelle auf einem sehr hohen Abstraktionsniveau befinden und selten detaillierte Handlungsanweisungen in Form von bewährten Vorgehensweisen, Techniken oder Dokumentenvorlagen bereitgestellt werden.[20] Ebenso ist festzuhalten, dass Rollenkonzepte - wenn überhaupt beschrieben - kaum einzelnen Aktivitäten des Vorgehensmodells zugeordnet werden.

Um den bisher genannten Defiziten zu begegnen, wird im folgenden ein erster Ansatz eines Vorgehensmodells überblicksartig vorgestellt. Es ist Bestandteil einer umfassenden Methode[21] zur Informationsbedarfsanalyse, die zur Zeit im Rahmen eines Dissertationsprojektes am Institut für Wirtschaftsinformatik der Universität St.Gallen mit namhaften Vertretern aus der Wirtschaft entwickelt wird.

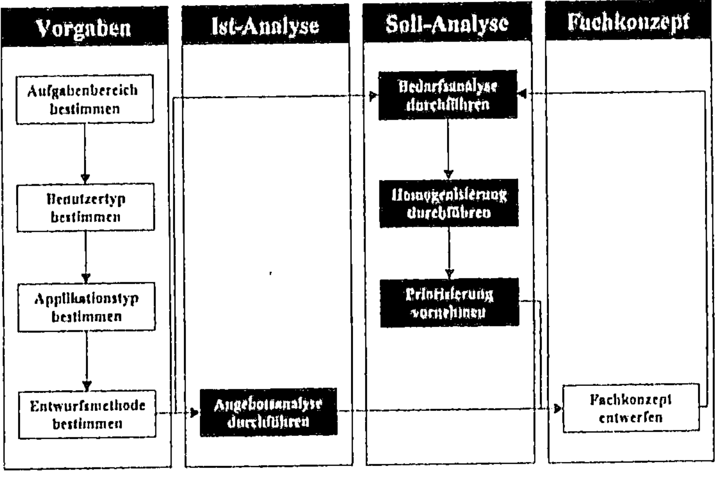

Abbildung 4: Ansatz eines Vorgehensmodells

---

[20] Vgl. M. Meyer, B. Strauch (2000), S. 90 sowie die dort angegebenen Referenzen zu den betrachteten Vorgehensmodellen

[21] Vgl. z.B. T. Gutzwiller (1994), S. 11ff. zum St.Galler Ansatz des Methoden-Engineering

4.2 Ansatz eines Vorgehensmodells

Vorgaben

Die Phase Vorgaben gliedert sich in die vier Aktivitäten **Aufgabengebiet bestimmen, Benutzertyp bestimmen, Applikationstyp bestimmen** und **Entwurfsmethode bestimmen**. Je nach Bereich im Unternehmen, der die Entwicklung einer Data Warehouse-Lösung in Auftrag gegeben hat, werden unterschiedliche Zielsetzungen verfolgt. Während Data Warehouse-Projekte, die von der Informatik-Abteilung getragen werden, hauptsächlich die Verminderung des Programmieraufwandes für Reports und die Entlastung operativer Systeme bezwecken, so gilt es für die Fachabteilungen und das höhere Management ihren Informationsbedarf zu decken. Um die Komplexität eines Data Warehouse-Projektes zu vermindern, ist es sinnvoll, sich auf ein **Aufgabengebiet** im Unternehmen zu beschränken, wie z. B. die Entwicklung einer Churn Management-Applikation für den Fachbereich Marketing oder die Umsetzung der Finanzperspektive für die BSC. Mit der Erfüllung eines Aufgabenbereichs können verschiedene Benutzertypen betraut sein, die unterschiedliche Anforderungen bezüglich Informationsbedarf besitzen.[22] Der Benutzertyp und der Anwendungszweck haben Einfluss auf den **Typ der zu entwickelnden Applikation**. So bevorzugt ein Analyst unter Umständen eher eine flexible OLAP-Anwendung, während zur strategischen Unternehmensführung eher Kennzahlenberichte beispielsweise in Form der BSC als geeignet erscheinen.[23] Je nach Applikationstyp ist das **Entwurfsverfahren** zur Erstellung des Fachkonzepts zu wählen. Während in der Literatur im Moment multidimensionale semantische Datenmodelle verstärkt diskutiert werden[24], so wird in der Praxis das ER-Modell bevorzugt.

Ist-Analyse

Im Rahmen der Ist-Analyse wird schwerpunktmässig das bereits zur Verfügung stehende Informationsangebot erhoben. Zentraler Bestandteil der Ist-Aufnahme ist eine Berichtswegsanalyse, aus der vor allem interne, vergangenheitsorientierte Messgrössen identifiziert werden können. Mit der Ist-Aufnahme und der Bewertung des Informationsangebots wird einerseits versucht, der Informationsüberflutung der Entscheidungsträger entgegenzuwirken, andererseits

---

[22] Vgl. S.R. Gardner (1998), S. 54; H. Schinzer et al. (1999), S. 56; R. Kimball et al. (1998), S. 391

[23] Vgl. R. Kimball et al. (1998), S. 391

[24] Vgl. z.B. J. Schelp (2000)

soll ein Inventar der Auswertungen im Unternehmen erstellt werden.[25] Dieses Inventar stellt gleichzeitig eine Sammlung von Metadaten dar, das die Planung, die Entwicklung und den Betrieb des Data Warehouse unterstützt. Ebenso zwingend notwendig ist eine grobe Analyse der mittels Berichtsanalyse identifizierten Datenbestände. Vielfach verhindern gerade verschiedenste Aspekte mangelnder Datenqualität in den operativen Quellsystemen eine sinnvolle Umsetzung von Teilen einer Data Warehouse-Lösung.[26]

Mit Hilfe der Berichtswegsanalyse kann jedoch nur ein Teil der für eine Balanced Scorecard relevanten Messgrössen identifiziert werden. Darüber hinaus sind ebenfalls externe Informationen aufzunehmen. Die auf diesem Weg ermittelten Resultate können als Messgrössen direkt den vier Perspektiven der BSC zugeordnet werden. Als weiterer Vorteil erweist sich die Tatsache, dass mit der Ermittlung der Informationsintensität der Prozesse, Produkte beziehungsweise Dienstleistungen gleichzeitig Beziehungsstrukturen aufgedeckt werden können, die die Konstruktion der Ursache-Wirkungsketten vereinfachen.

Soll-Analyse

Im Vordergrund der ersten Aktivität der Soll-Analyse steht die Bestimmung des tatsächlichen Informationsbedarfs der Entscheidungsträger. Die Bestimmung des objektiven Informationsbedarfs orientiert sich an den zu lösenden Entscheidungsproblemen und zu bewältigenden Führungsaufgaben und nicht an den persönlichen Anforderungen oder Merkmalen der Aufgabenträger.[27] Als geeignete Technik für die Informationsbedarfsermittlung für die Balanced Scorecard haben sich die Interviewtechnik und/oder schriftliche Befragung bewährt. Es werden Kennzahlenkategorien aus dem strategischen Zielsystem des Unternehmens deduktiv durch empirisch gewonnene Interviews und einer schriftlichen Befragung abgeleitet. Diese Form der Erkenntnisgewinnung steht im Gegensatz zu dem von Kaplan/Norton gewählten empirisch-induktivem Vorgehen.[28] Als Alternative zu einem empirisch-deduktivem Vorgehen bietet sich die an den Führungszielen des Aufgabenträgers ausgerichtete Aufgabenanalyse an. Das Ergebnis ist der Informationsbedarf, der sich aufgrund der individuellen Führungsziele ermitteln lässt.[29] Beide genannten Techniken erheben das Fachwissen des Anwendungsgebiets in Form einer Sammlung von Aussagen. Die so erhobenen Aussagen sind allerdings oft unscharf, inkorrekt oder widersprüchlich, d.h. es treten Probleme bei der Zuordnung von Begriffen und

---

[25] Vgl. J. Becker, R. Holten (1998), S. 484

[26] Vgl. z.B. H. Watson, B.J. Haley (1998), S. 38

[27] Vgl. T. Kraege (1998), S. 56

[28] Vgl. H.-J. Wurl, J.H. Mayer (2000), S. 9

[29] Vgl. M.J. Albers (1998), S. 234 ff.

Bezeichnungen auf. Mit der in der zweiten Aktivität angestrebten Homogenisierung der Fachbegriffe wird das Ziel verfolgt, durch eine Rekonstruktion der ermittelten Aussagen zu einem einheitlichen Begriffsverständnis zu gelangen und die Zuordnungsproblematik zu lösen.[30]

Im Anschluss an die Durchführung der **Homogenisierung** ist die normierte Aussagensammlung vor dem Hintergrund eines applikationstypspezifischen Ansatzes semantisch und syntaktisch zu klassifizieren. Klassifikationgrundlage bilden die vier Perspektiven der BSC. Das Ergebnis der Aussagenklassifikation ist eine Informationsobjekthierarchie (vgl. Abbildung 5). Aus der Hierarchie der Informationsobjekte lassen sich im Anschluss einzelfallbezogen die in der BSC aufzuführenden Messgrössen ableiten.

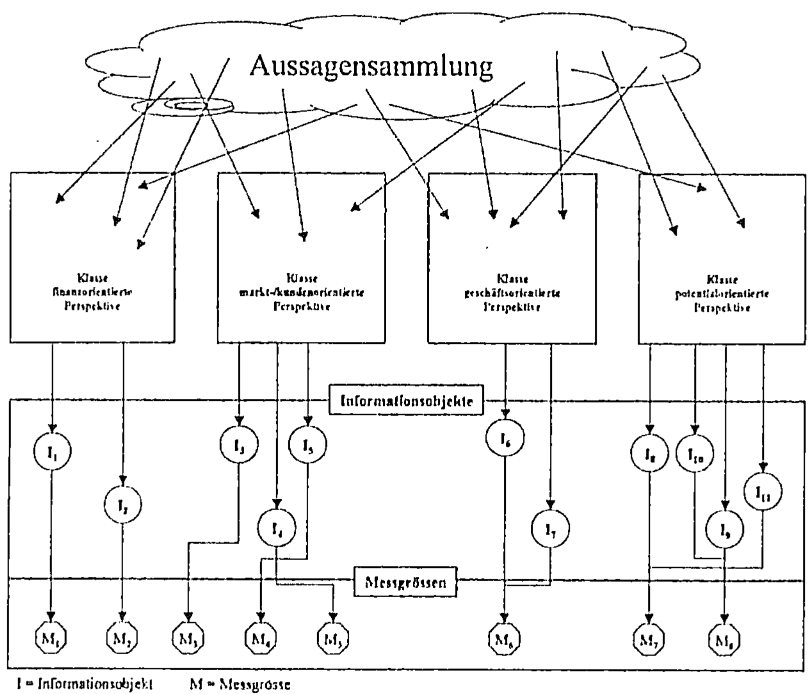

Abbildung 5: Messgrössendefinition auf der Basis einer Informationsobjekthierarchie

Fachkonzept

Wie bei der Datenmodellierung von transaktionsorientierten Systemen sollte im Rahmen der Entwicklung eines Führungsinformationssystems zunächst ein semantisches Datenmodell erstellt werden. In der Literatur werden hierzu im

---

[30] Vgl. P. Lehmann, J. Jaszewski (1999), S. 4f.

allgemeinen multidimensionale Datenmodelle bevorzugt.[31] Es existiert bereits eine Vielzahl an unterschiedlichen Ansätzen zur semantischen Modellierung multidimensionaler Datenstrukturen.[32] Ein Standard konnte sich jedoch noch nicht durchsetzen. Aus diesem Grund wird in der Praxis noch immer das ER-Modell eingesetzt und auf eine multidimensionale Modellierung verzichtet. Für den semantischen Entwurf der Datenstrukturen einer BSC-Lösung eignet sich dennoch im besonderen der multidimensionale Ansatz.[33]

Aufgrund der Geschäftsdynamik lässt sich ein Informationssystem insbesondere im Data Warehousing nicht mehr in einem Zug vollständig spezifizieren. Da sich der Informationsbedarf zusätzlich laufend ändert, ist das Fachkonzept iterativ zu erstellen. Aus diesem Grunde empfiehlt es sich, in regelmässigen Abständen eine Soll-Analyse durchzuführen, um anschliessend das Fachkonzept entsprechend zu modifizieren.

5   Zusammenfassung und Ausblick

In diesem Artikel wurde ein erster Ansatz eines Vorgehensmodells für die Informationsbedarfsanalyse auf Basis gesammelter Erfahrungen von Projektorganisationen im Data Warehousing vorgestellt. Dieser Ansatz fasst die wichtigsten Tätigkeiten exemplarisch zusammen, die es im Rahmen der Ermittlung des relevanten Informationsbedarfs auszuführen gilt. Weitere noch durchzuführende Untersuchungen beinhalten die Verfeinerung des Vorgehensmodells, sowie die Entwicklung neuer Analyseverfahren, Rollen- und Dokumentenmodelle. Mit der Entwicklung dieser Modelle soll ein Beitrag geleistet werden, um Data Warehouse-Projekte in der Praxis erfolgreicher gestalten zu können.

---

[31] Vgl. C. Sapia et al. (1998)

[32] Vgl. beispielsweise D. Bulos (1998), S. 253 ff. zu ADAPT, C. Sapia et al. (1998) zum ME/R-Model oder M. Golfarelli, S. Rizzi (1998) zum Dimensional Fact Model

[33] Vgl. K. Oehler (2000), S. 267 ff.

Literatur

Albers, M. J. (1998): Goal-driven task analysis - Improving situation awareness for complex problem-solving, in: Proceedings on the sixteenth annual international conference on Computer documentation, Quebec, S. 234-242

Becker, J.; Holten, R. (1998): Fachkonzeptuelle Spezifikation von Führungsinformationssystemen, in: Wirtschaftsinformatik, Juni 1998, S. 483-492

Bruhn, M. (1998): Balanced Scorecard - Ein ganzheitliches Konzept der Unternehmensführung?, in: Bruhn, M., Lusti, M., Müller, W.R., Schierenbeck, H., Studer, T. (Hrsg.): Wertorientierte Unternehmensführung - Perspektiven und Handlungsfelder für die Wertsteigerung von Unternehmen, Wiesbaden, S. 145-167

Bulos, D. (1998): OLAP Database Design, in: Chamoni, P., Gluchowski, P. (Hrsg.): Analytische Informationssysteme, Berlin et al., S. 251-261

Connelly, R.A.; McNeill, R.; Mosimann, R.P. (1999): The Multidimensional Manager, Ottawa

Devlin, B.; Murphy, P. T. (1988): An Architecture for a Business and Information System, in: IBM Systems Journal, 1998, S. 60-80

Gabriel, R.; Chamoni, P.; Gluchowski, P. (2000): Data Warehouse und OLAP - Analyseorientierte Informationssysteme für das Management, in: Schmalenbachs Zeitschrift für betriebswirtschaftliche Forschung, Februar 2000, S. 74-52

Gardner, S. R. (1998): Building the Data Warehouse, in: Communications of the ACM, September 1998, S. 52-60

Gutzwiller, T. (1994): Das CC RIM-Referenzmodell für den Entwurf von betrieblichen, transaktionsorientierten Informationssystemen, Heidelberg

Golfarelli, M.; Rizzi, S. (1998): A Methodological Framework for Data Warehouse Design, in: k.A.: Proceedings ACM First International Workshop on Data Warehousing and OLAP (DOLAP 98), Washington D.C.

Hammergren, T. (1996): Data Warehousing - Building the Corporate Knowledge Base, London et al.

Holten, R. (1998): Entwicklung von Führungsinformationssytemen, Wiesbaden

Hornung, K.; Mayer, J. H. (1999): Erfolgsfaktoren-basierte Balanced Scorecards zur Unterstützung einer wertorientierten Unternehmensführung, in: Controlling, August-September 1999, S. 389-398

Horvárth, P. (1996): Controlling, München

Horvárth, P.; Kaufmann, L. (1999): Beschleunigung und Ausgewogenheit im strategischen Managementprozess - Strategieumsetzung mit Balanced Scorecard, in: Hahn, D., Taylor, B. (Hrsg.): Strategische Unternehmensplanung, Strategische Unternehmensführung - Stand und Entwicklungstendenzen, Heidelberg, S. 354-369

Kaplan, R. S.; Norton, D. P. (1992): The Balanced Scorecard - Measures that Drive Performance, in: Harvard Business Review, January 1992, S. 71-79

Kimball, R.; Reeves, L.; Ross, M.; Thornthwaite, W. (1998): The Data Warehouse Lifecycle Toolkit, New York et al.

Kraege, T. (1998): Informationssysteme für die Konzernführung - Funktion und Gestaltungsempfehlungen, Wiesbaden

Krahe, A. (1999): Balanced Scorecard - Baustein zu einem prozessorientierten Controlling, in: Controller Magazin, Februar 1999, S. 116-122

Koreimann, D. S. (1976): Methoden der Informationsbedarfsanalyse, Berlin-New York

Lehmann, P., Jaszewski, J. (1999): Metadaten und Unternehmensfachbegriffe - Aspekte einer Data Warehouse-Implementierung, in: Informatik, März 1999, S. 3-8

Merkle, M. (1999): Bewertung von Unternehmensnetzwerken - eine empirische Bestandesaufnahme mit der Balanced Scorecard, Dissertation der Universität St. Gallen, St. Gallen

Meyer, M., Strauch, B. (2000): Organisationskonzepte im Data Warehousing, in: Jung, R., Winter, R. (Hrsg.): Data Warehousing Strategie, Berlin et al., S. 79-100

Mountfield, A., Schalch, O. (1998): Konzeption von Balanced Scorecards und Umsetzung in ein Management-Informationssystem mit dem SAP Business Information Warehouse, in: Controlling, Mai 1998, S. 316-322

Oehler, K. (2000): OLAP - Grundlagen, Modellierung und betriebswirtschaftliche Lösungen, München-Wien

Reichmann, T.; Form, S. (2000): Balanced Chance- and Risk-Management, in: Controlling, April-Mai 2000, S. 189-198

Picot, A.; Reichwald, R.; Wigand, R.T. (1996): Die grenzenlose Unternehmung, Wiesbaden

Sapia, C.; Blaschka, M.; Höfling, G.; Dinter, B. (1998): Extending the E/R Model für the Multidimensional Paradigm, in: k.A.: Proceedings of the

International Workshop on Data Warehouse and Data Mining DWDM, Singapore

Schelp, J. (2000): Modellierung mehrdimensionaler Datenstrukturen analyseorientierter Informationssysteme, Wiesbaden

Schinzer, H.; Bang, C.; Mertens, H. (1999): Data Warehouse und Data Mining, München

Watson, H.; Haley, B. J. (1998): Data Warehousing: A Framework and Survey of Current Practices, in: Chamoni, P., Gluchowski, P. (Hrsg.): Analytische Informationssysteme, Berlin et al., S. 26-39

Watson, N. D. (1998): Kundenwertmanagement mit Hilfe der Balanced Scorecard Methode im Private Banking, Diplomarbeit Univerrsität St.Gallen, St.Gallen

Wurl, H.-J.; Mayer, J. H. (1999): Ansätze zur Gestaltung effizienter Führungsinformationssysteme für die internationale Management-Holding, in: Controlling, Januar 1999, S. 13-21

Wurl, H.-J.; Mayer, J. H. (2000): Gestaltungskonzept für Erfolgsfaktoren-basierte Balanced Scorecards, in: Zeitschrift für Planung, Januar 2000, S. 1-21

Qualifikation und Berufsfelder im Bereich Software-Qualitätsmanagement

Roland Petrasch
Fachhochschule NORDAKADEMIE - Hochschule der Wirtschaft

1　Einleitung

Software-Qualitätsmanagement[1] kann als eine wichtige Komponente des Informationsmanagements aufgefaßt werden, das durch die zunehmende Durchdringung von Anwendungssystemen auch eine höhere Bedeutung gerade in Hinblick auf die adäquate Aus- und Weiterbildung des Personals für das Qualitätsmanagement (QM) erlangt. Dieser Beitrag stellt einige QM-Berufsfelder dar, nennt Problembereiche bei der Ausbildung und bietet Lösungsansätze.

Allerdings kann an dieser Stelle keine abschließende Darstellung der Thematik **QM-Berufsbilder** geboten werden, da sich einerseits viele QM-bezogene Berufe noch nicht klar herausgebildet haben und anderseits die Arbeit zur Analyse und Beschreibung von QM-Qualifikationsprofilen gerade erst begonnen hat, z.B. in Form eines Arbeitskreises im Rahmen der Fachgruppe 2.1.7 (TAV - Test, Analyse und Verifikation von Software) der Gesellschaft für Informatik e.V.[2].

Die folgenden Betrachtungen der Aus- und Weiterbildung für das Software-Qualitätsmanagement beschränken sich daher auf die Qualifikation von Informatikern im Hochschulbereich (z.B. technische Informatik, Wirtschafts-informatik), um den Rahmen nicht zu sprengen.

Zunächst erfolgt im Kapitel 2 eine kurze Begriffsklärung. Anschließend beschreibt Kapitel 3 die QM-Ausbildungssituation an den (Fach-)Hochschulen und nennt einige Problembereiche. Private Bildungsträger sind nur an Rande erwähnt. Weiterhin stellt Kapitel 4 Anforderungen aus Sicht der Praxis und eine grobe Klassifikation des QM-Personals (Berufsfelder) vor. Auf Schwierigkeiten bei der Wissensvermittlung von QM-Inhalten geht Kapitel 5 ein, wobei auch

---

[1]　In Anlehnung an die DIN sei im folgenden der Begriff „Qualitätsmanagement" verwendet, der die QM-Darlegung (Qualitätssicherung) einschließt (Vgl. DIN EN ISO 8402:1995).

[2]　Die Arbeitsgruppe kam bereits beim 15. Treffen im Mai 2000 zusammen und setzt die Arbeit im Februar 2001 im Rahmen der 16. TAV-Fachtagung, die an der FH Nordakademie stattfindet, fort (Weitere Informationen finden sich im Web unter http://www.SoftwareQuality.de).

Ansätze zur Verbesserung der Qualifikation von QM-Personal, insbesondere durch Hochschulen, aufgezeigt werden. Kapitel 6 schließt mit einen Fazit ab.

2 Begriffsklärung

Im Zentrum der Begriffsklärung steht die Abgrenzung zwischen **Rolle** und **Stelle**. Die Organisationslehre trennt zwischen Ablauf- und Aufbauorganisation. Die Aufbauorganisation beschreibt die (statische) Struktur des Unternehmens. Zentrales Element hierbei ist die **Stelle**[3], die aus

- Aufgaben (Tätigkeiten/Ergebnisse),
- Kompetenzen (Befugnisse, Rechte) sowie
- Verantwortung (muß Rechenschaft ablegen)

besteht.

Ein Mitarbeiter ist demnach eine Person, die eine Stelle besetzt. Prägend sind die Dauerhaftigkeit einer Stelle und die Auswirkungen der Stellenbildung (Leitungs-, Stabs- und Ausführungsstellen) auf die Gesamtorganisationsstruktur (Leitungssystem) der Unternehmung (z.B. Stab-Linien- und Mehrlinien-Organisation). Eine Gruppe hingegen kann sich außerhalb dieser (statischen) Organisationsstruktur bzw. einer Organisationseinheit[4] bilden, z.B. für ein zeitlich begrenztes, einmaliges Vorhaben (Projektorganisation). Ein Leitungssystem kann es auch in der Gruppe geben (z.B. Gruppen- oder Projektleitung), obwohl die Gruppenorganisation häufig mit wenig Leitungsebenen auskommt und weniger von Stellen, sondern eher von Rollen gesprochen wird, z.B. Rolle des Software-Entwicklers in der Projektgruppe. Bild 1 zeigt die genannten Begriffe in Form eines Klassendiagrammes, wobei deutlich wird, daß ein Mitarbeiter eine Stelle besetzen, jedoch mehrere Rollen ausüben kann. Leider ist die Terminologie recht unterschiedlich, so findet sich der

---

[3] Eine Stelle ist eine nach Art und Menge abgegrenzter Aufgabenkomplex für einen Aufgabenträger, dem zur Aufgabenerfüllung Informationen und Sachmittel zur Verfügung gestellt werden. Sie kann als "kleinste handelnde organisatorische Einheit eines sozio-technischen Systems" (Frese, E. (Hrsg.) (1992), S. 2322) verstanden werden.

[4] Organisationseinheiten sind Zusammenfassungen von Stellen zu größeren Einheiten. Durch die Unterscheidung von Linieneinheiten und Projekten als unterschiedliche Ausprägungen von Organisationseinheiten wird die Modellierung verschiedener Aufbauorganisationsformen ermöglicht. QM-Berufe kommen sowohl in Projekten auf auch in Linieneinheiten vor.

o.g. Begriff **Kompetenz** im Diagramm als **Berechtigung**. In Unternehmen wird die Stelle in Form der Stellenbeschreibung dokumentiert[5].

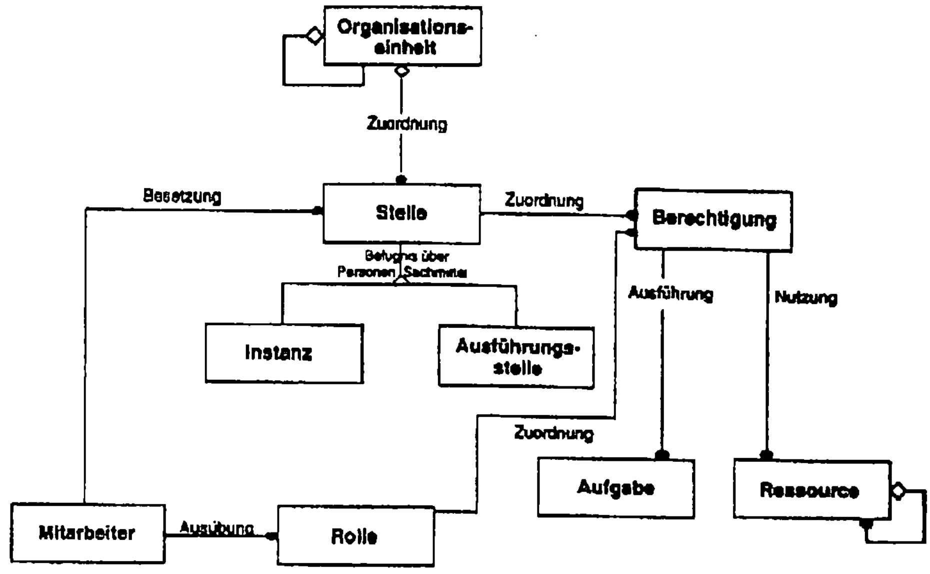

Bild 1: Klassendiagramm für Rollen / Stellen[6]

Ein weiterer zentraler Begriff ist die **Qualifikation**, die als Befähigung bzw. Befähigungsnachweis zu verstehen ist und vielfältige Aspekte einschließt, z.B. Ausbildung, akademischer Grad, Erfahrungen, Talent, Alter etc., wobei die verschiedenen Qualifikationsaspekte unterschiedlich priorisiert werden. So hat der akademische Grad beispielsweise in einigen Bereichen an Bedeutung verloren.

Bei der Stellenausschreibung und -besetzung dient das Qualifikationsprofil mit Qualitätskriterien und Anforderungsstufen (z.B. gering, mittel, hoch) dazu, eine möglichst objektive und nachvollziehbare Bewertung durchzuführen, wobei der Anspruch der Objektivität nur eingeschränkt gelten sollte. Für das Qualifikationsprofil sind Schemata üblich (s. Bild 2).

Für das Informationsmanagement gibt es mittlerweile eine Reihe etablierter Stellen, z.B. Projektleiter, DV-Organisator, Konfigurationsmanager[7]. Leider gilt dies für den Bereich Software-Qualitätsmanagement nicht gleichermaßen, so daß auch Stellenbeschreibungen und Qualifikationsmaßmahmen für das QM-Personal Defizite aufweisen.

---

[5] Vgl. Bühner, R. (1996), S. 45

[6] nach Rohloff, M. (1996)

[7] Vgl. Heinrich, L. (1992), S. 210

Qualitätskriterien	Anforderungsstufe			
	keine	gering	mittel	hoch
Fachlich				
• Programmierkenntnisse				
• Kenntnisse über Testverfahren				
Persönlich				
• Teamfähigkeit				
• Analytisches Denkvermögen				
...				

Bild 2: Schema für das Qualifikationsprofil

3 Situation der Aus- und Weiterbildung

Bezüglich der Ausbildung in Studiengängen an Hochschulen ist eine erstaunliche Übereinstimmung trotz unterschiedlicher Schwerpunkte auch bei sog. Bindestrichinformatikern (z.B. Wirtschafts-, Medien- und Umweltinformatiker) in Hinblick auf das Thema Software-Qualitätsmanagement festzustellen: Im Grundstudium gibt es keine Fächer, die schwerpunktmäßig Software-Qualität behandeln[8].

Inhaltlich nehmen sich Lehrveranstaltungen wie Programmierung, Software-Engineering oder Software-Entwicklung der QM-Thematik an, wobei die Erfahrung zeigt, daß häufig eine Reduktion auf das Prüfen stattfindet. Im Hauptstudium sind Fächer wie Software-Qualitätssicherung i.d.R. als Vertiefung optional, z.B. als Wahlpflichtveranstaltungen.

Es stellt sich die Frage, ob diese Situation als zufriedenstellend oder problematisch zu bewerten ist. Immerhin entspricht sie der Empfehlung der Gesellschaft für Informatik[9]: Im Grundstudium findet sich unter dem Lehrgebiet Informatik kein Themenbereich Software-Qualität oder Qualitätssicherung. Erst im Hauptstudium wird als Vertiefung Projektmanagement, Qualitätssicherung empfohlen.

Allerdings spricht sich die GI-Empfehlung auch klar für die Schaffung eines Qualitätsbewußtseins aus und erwähnt nicht nur die Wichtigkeit von

---

[8] Dies ist im Prinzip an Universitäten und Fachhochschulen gleichermaßen der Fall.

[9] Der Arbeitskreis „Informatik an Fachhochschulen" im Fachausschuß 7.1 der GI hat in Zusammenarbeit mit dem FBT-I und dem AK-WI eine Empfehlung veröffentlicht (Gesellschaft für Informatik(1995))

Qualitätsmerkmalen aus Anwender- und Entwicklersicht und die Bedeutung der Messung von Qualität durch die analytische Qualitätssicherung, sondern stellt auch fest, daß „Qualität aber letztlich nur durch solche konstruktiven Maßnahmen erzielt werden kann, die die Qualitätssicherung untrennbar mit den Konstruktionsschritten verbindet."[10]

Tatsächlich spricht einiges dafür, das Thema Software-Qualität zumindest im Grundstudium nicht isoliert, sondern in Verbindung mit der Software-Entwicklung zu vermitteln, da die Zusammenhänge zwischen Anforderungen und Merkmalen von Software, die für Qualitätsaussagen notwendig sind, deutlich gemacht werden können[11].

Folgende Faktoren tragen jedoch dazu bei, daß die Integration der QM-Thematik in die Grundausbildung erschwert bzw. verhindert wird: a) Die Quantität von vermeintlich wichtigeren „Kernthemen"[12] und b) die kurzen Innovationszyklen im Software-Bereich: Die Teildisziplin Software-Qualitätsmanagement „hinkt" dem Software-Engineering immer weiter hinterher[13]; es entsteht eine Lücke, die durch neu entwickelte QM-Normen, Richtlinien und Qualitätssicherungsmaßnahmen zur Zeit kaum verringert wird[14].

Auch bedarf das Lehrgebiet Informatik unabhängig von der QM-Thematik noch einiger Veränderungen - dies zeigen Untersuchungen[15]. So bleibt weitestgehend offen, ob Informatiker an Hochschulen für eine Fach- oder Führungslaufbahn ausgebildet werden[16]. Aber auch die grundlegende Diskussion über das Selbstverständnis der Informatik (Wissenschaft, Ingenieursdisziplin) ist noch

---

[10] Gesellschaft für Informatik(1995), S. 8

[11] Positive Beispiele stellen die Informatikgrundausbildung an der Uni Passau und an der WWU Münster dar: Qualitätskontrolle wird konsequent in das Programmierpraktikum integriert (vgl. Zeller, A. (1999), S. 29-34; Kuchen, H.; Nietsch, M. (1999), S. 9-11)

[12] Nach wie vor sehen viele Studiengänge die Vermittlung von zwei oder mehr Programmiersprachen im Grundstudium vor. Auch werden oft Bereiche wie Engineering-Methoden (z.B. SADT, OOA/OOD, ERM) oder Algorithmen (z.B. Suche, Sortieren, Zeichenverarbeitung) umfassend und ohne Bezug zum Qualitätsmanagement vermittelt.

[13] Vgl. Petrasch, R. (1998), S. 149-151

[14] Ein aktuelles Beispiel ist das Thema „Web-Usability" (vgl. Nielson, J. (1999)): Die neuen Möglichkeiten bei Internet-basierten Anwendungen erfordern auch neue Ansätze beim Software- Qualitätsmanagement, z.B. mit Hilfe eines Web Style Guides (vgl. Lynch, P.; Horton, S. (1999)).

[15] Z.B. Schinzel, B.; Kleinn, K.; Wegerle, A.; Zimmer, C. (1999), S. 13-23

[16] Vgl. Dostal, W. (1997), S. 73-78

nicht abgeschlossen, z.B. welchen Stellenwert humanwissenschaftliche Grundlagen haben[17].

Private Bildungsträger ermöglichen durch ihr Angebot eine gezielte Weiterbildung im QM-Bereich, z.B. Seminar „Testen objektorientierter Software". Das Aufgreifen aktueller Themen ist hierbei genauso möglich, wie der intensive und praxisnahe Erfahrungsaustausch, z.B. durch Workshops. Dennoch vermögen sie nicht alle bestehenden Probleme der Qualifikation für das Software-Qualitätsmanagement zu lösen. So ist beispielsweise bei einigen Zertifikatslehrgängen für Qualitätsmanager unklar, ob diese den spezifischen Anforderungen der Software-Entwicklung Rechnung tragen[18]. Dabei wird deutlich: Es fehlt an Qualifikationsprofilen für das QM-Personal in der IT-Branche.

4 Berufsfelder: Anforderungen aus der Praxis

Es lassen sich allgemeine Anforderungen, die nicht nur Software-Ingenieure erfüllen sollten, formulieren[19]. Demnach sollte ein Mitarbeiter

- über das notwendige Fachwissen verfügen,
- die (Entwicklungs-)Prozesse beherrschen und
- zur Kommunikation und zum Teamworking fähig sein sowie soziale Kompetenz besitzen.

Eine wichtige spezifische Anforderung an Informatiker aus Sicht der Praxis ist das Schätzen und Messen der Produktivität bei der Software-Entwicklung[20]. Ebenfalls erwartet wird, daß Informatiker Qualitätsaussagen auf der Basis gesicherter Erkenntnisse treffen können. Dies setzt die Kenntnis von konstruktiven und analytischen Qualitätssicherungsmaßnahmen voraus[21]. Nun wäre zu vermuten, daß entsprechende Anforderungen wie „Kenntnis von Qualitätssicherungsmaßnahmen" bei der Beschreibung von Berufsfeldern des

---

[17] Vgl. Valk, R. (1997), S. 95-100. Der Autor weist auf die Mahnung von Parnas (Parnas, D.L. (1990), S. 17-22) hin, Informatiksysteme unter dem Qualitätsanspruch von Ingenieurwissenschaften zu sehen.

[18] Z.B. sieht die Ausbildung zum DGQ-Qualitätsmanager u.a. den Kurs „Statistische Methoden" vor. Es ist fraglich, ob dies für den Bereich Software-Entwicklung in der vorgesehenen Form notwendig bzw. passend ist [DGQ00].

[19] Vgl. Krasemann, H. (1997), S. 328-334

[20] Vgl. Krasemann, H. (1997), S. 328-334

[21] Vgl. Gesellschaft für Informatik(1995)

Informationsmanagements genannt werden. Dies ist jedoch nicht in ausreichender Form der Fall[22]. Immerhin findet sich zunehmend der Bereich **Qualitätssicherung** im Rahmen von Qualifizierungskonzepten für das Informationsmanagement[23]. Auch in der Praxis zeigt sich zumindest die Bedeutung des Qualitätsmanagements: In einer empirischen Untersuchung über die Wichtigkeit der Aufgabenbereiche von DV-Leitern stand **Qualitätssicherung** an siebter Stelle[24].

In der Tat sind die Einsatzgebiete für Informatiker als QM-Personal vielfältig - und das bei durchaus langfristigen Perspektiven für die Berufslaufbahn, die allerdings recht unterschiedlich sein können, so daß die Berufsfelder und die Anforderungen zu beachten sind. Für die Betrachtung der Qualifikationsanforderungen erscheint eine Klassifikation sinnvoll (s. Bild 3).

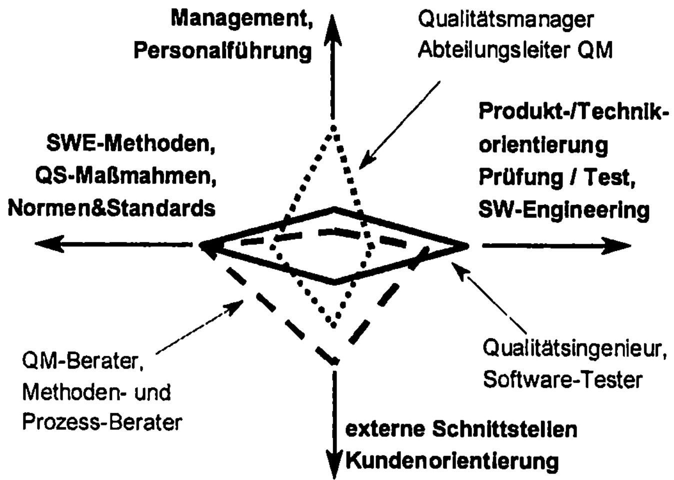

Bild 3: Keviat-Diagramm für das QM-Personal:
Grundlage für Berufsfelder

Bild 3 unterteilt das QM-Personal grob, indem es drei Schwerpunkte im Sinne von Berufsfeldern definiert:

---

[22] Vgl. Hildebrand, K. (1995), S. 133: Der Autor klammert Qualitätsmanagement weitestgehend aus. Bei den genannten Tätigkeitsfeldern finden sich qualitäts-bezogene Aufgaben praktisch nicht.

[23] Schwarze, J. (1993) S. 635 ff.

[24] Vgl. Krcmar, H.; Federmann, C. (1990), S. 13

- Qualitätsmanager: Er leitet eine QS-Abteilung bzw. eine entsprechende Gruppe und zeichnet sich durch Personalverantwortung aus. In größeren Unternehmen bzw. bei umfangreichen Projekten gibt es diese Stelle.
- Qualitätsingenieur: Es kann sich dabei um eine Stelle im Rahmen der QM-Aufbauorganisation oder um eine Projektrolle handeln. Der Qualitätsingenieur besitzt fundierte fachliche Kenntnisse, z.B. über den Software-Test, und wirkt zumeist projektintern.
- QM-Berater: Die Beherrschung der Methoden und Prozesse steht ebenso im Vordergrund wie die Kundenorientierung, wobei dies auch für einen Einsatz innerhalb der Organisation gilt.

Die o.g. Berufsfelder finden sich bei Stellenausschreibungen, allerdings mit stark unterschiedlichen Bezeichnungen, z.B. **QM Consultant, Berater Qualitätsmanagement, Entwicklungsingenieur Software und Systemprozesse.** Häufig nachgefragt sind neben guten bzw. verhandlungssicheren englischen Sprachkenntnissen, die Fähigkeit zur Kommunikation und zur Teamarbeit sowie eine entsprechende starke Persönlichkeit und sicheres Auftreten. Zunehmend finden sich Stellen in der Methodenberatung bzw. Prozeßverbesserung. Bei den Prozeßnormen und -standards werden häufig Kenntnisse über das CMM der SEI und der ISO 9000 ff. gewünscht.

Mittlerweile können viele Unternehmen ihren Mitarbeitern im QM-Bereich eine dauerhafte Karrierelaufbahn bieten. Betont wird dabei die Interdisziplinarität, in der sich das QM-Personal bewegt, z.B. durch die Kommunikation mit dem Kunden, die Führung von Mitarbeitern und die Verhandlung mit dem Management (s. Bild 4).

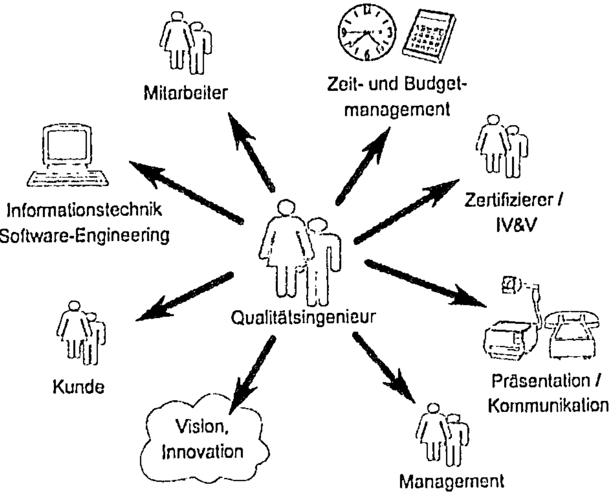

Bild 4: Qualitätsingenieur im Projektumfeld

Leider erwecken einige Stellenausschreibungen den Eindruck, daß eher Entwicklungs- oder Projektleiterpersonal gesucht wird und nur „nebenbei" die Rolle eines Qualitätsbeauftragten oder Testers eingenommen werden soll, d.h. ungeklärt ist die Unterscheidung zwischen Rolle und Stelle.

Auch ist bei einigen Ausschreibungen die Verwendung des Begriffes **Qualitätsmanager** zu beobachten, ohne daß der Stelle ein adäquater Aufgabenbereich gegenübersteht, d.h. es ist unklar, was der Qualitätsmanager überhaupt im Unternehmen leisten soll. Es liegt die Vermutung nahe, daß hier lediglich der „Manager"-Begriff werbewirksam eingesetzt wird.

5 Bewertung

5.1 Schwierigkeiten im Ausbildungsbereich

Im folgenden seien einige Problembereiche genannt, die bei der Vermittlung von QM-Kenntnissen auftreten und der Erfüllung der Qualifikationsanforderungen entgegen stehen.

Der nicht abgeschlossene Selbstfindungsprozeß der Informatik und die Vielfalt der Methoden, Techniken und Werkzeuge führen bereits bei der Planung der Lehrveranstaltungen zu ersten Problemen. Dies beginnt bei der Auswahl der „richtigen" Programmiersprache und endet mit der Aufstellung des Fächerkanons sowie der Prüfungsform.

Besonders bei Seminaren mit dem Schwerpunkt Software-Qualitätsmanagement wirken sich inhaltlich die Fluktuation und Defizite der Methoden, Normen und Standards für die Software-(Prozeß-)Qualität aus: So führt die Terminologie der DIN EN ISO 9001 (z.B. „oberste Leitung") zu verständlichen „Abstoßungs-reaktionen" bei den Studierenden. Gravierender jedoch sind die Mängel bei der Verbindung von Prozeß- und Produktqualität: Weder der DIN EN ISO 9001[25], noch dem V-Modell 97[26] gelingt es, Qualitätsforderungen, Produktmerkmale und Entwicklungsprozeß überzeugend und integrativ darzustellen[27]. Auch ist schwer vermittelbar, daß qualitätsbezogene Standards und Normen von zahlreichen Institutionen wie z.B. IEEE, ANSI, IEC, ISO, DIN, DoD und DGQ existieren,

---

[25] DIN EN ISO 9001:1994

[26] Bundesministerium des Innern (1997)

[27] Während sich über Anforderungen einige Hinweise finden, wird beispiels-weise der Begriff Produktmerkmal nicht einmal erwähnt. Weder beim Normpunkt „Prüfung" der DIN ISO 9001, noch im Submodell QS des V-Modells in dies der Fall [Petr99], so daß die Brauchbarkeit solcher Standards und Normen ernsthaft in Frage gestellt ist.

jedoch kaum aufeinander abgestimmt sind und nicht einmal für den Begriff **Qualität** eine einheitliche Definition anbieten.

Ein weiteres Problem ist die „starke Fixierung auf technologische Fragestellungen"[28] bei den Studenten, die zwar nachvollziehbar ist, jedoch nicht zur Vernachlässigung anderer wichtiger Aspekte, z.B. **Human Factor** bei Software-Projekten, führen darf. In diesem Zusammenhang sei auch auf die Schwierigkeit hingewiesen, die Verbindung zwischen QM-Stellen und anderen Organisationseinheiten zu vermitteln. Eine wichtige Schnittstelle ist das Projektmanagement bzw. allgemein das Informationsmanagement.

Weiterhin ist die Vermittlung einiger QM-Sachverhalte, z.B. die nachweisbare Entstehung von **Merkmalen** einer Software auf der Basis von **Anforderungen** oder die Formulierung von Qualitätsaussagen durch **quantifizierbare Qualitätskriterien**, problematisch. Ein Beispiel ist die Erzeugung des User Interface (UI), dessen Umsetzung mit Java Swing zwar auf Interesse bei den Studenten stößt, die ergonomische Gestaltung und Prüfung dagegen häufig erhebliche Überzeugungsarbeit seitens des Dozenten erfordert, da teilweise das UI-Design als „Geschmackssache" empfunden und die Prüfbarkeit einer Software-Benutzeroberfläche angezweifelt wird.

Der Werkzeugeinsatz ist nicht nur bei QM-Themen ein kontrovers diskutierter Punkt. Die Erfahrung zeigt: „der Einarbeitungsaufwand steht in keinem vernünftigen Verhältnis zum Erkenntnisgewinn. Anders ist die Situation bei kleinen, leichtgewichtigen Werkzeugen..."[29]. Solche Tools sind verfügbar und sinnvoll einsetzbar, z.B. Tools für die Coverage-Analyse, statische Analysatoren für die Ermittlung von Metriken, Capture/Replay-Werzeuge für Regressionstest oder Tools für den Lasttest bzw. die Performance-Analyse.

5.2 Lösungsansätze

Folgende Lösungsansätze sind für die o.g. Probleme der Ausbildung im Bereich Software-Qualitätsmanagement vorhanden, wobei die folgenden Punkte sich nicht nur auf die Hochschulausbildung beziehen, sondern auch im Rahmen der betrieblichen Weiterbildung relevant sein können:

Die grundlegende Ausbildung (z.B. im Grundstudium) darf nicht nur das **Programmieren-im-Kleinen** umfassen, welche das Thema Qualitätsmanagement ausklammert oder auf das Testen reduziert, sondern sollte den Qualitätsaspekt bei allen Transformationsphasen des Entwicklungsprozesses berücksichtigen.

Übungen und Projektseminare sind in diesem Zusammenhang wichtig, dürfen von der Aufgabenstellung her jedoch nicht trivial sein und zu „Spielzeuglösungen"

---

[28] Gruhn, V. (1999), S. 4-8
[29] Löhr, K.-P. (1999), S. 9-11

führen, bei denen ein Qualitätsmanagement kaum anwendbar ist. Ein zweisemestriges Praktikum oder ein über mehrere Monate verteilter Workshop ermöglicht den notwendigen zeitlichen Rahmen, um Entwicklungsprozesse tatsächlich mit allen Qualitätsaspekten „durchleben" zu können.

Die Teamarbeit sollte ein fester Bestandteil der Ausbildung sein, wobei eine Gruppengröße von 5-10 Teilnehmer ideal ist[30]. Dies erfordert jedoch auch eine entsprechende Betreuung (Verhältnis: ca. 5:1).

Der **rollenbasierten Software-Entwicklung**[31] kommt eine besondere Bedeutung zu, da die Teilnehmer lernen, ihre Interessen im Team zu vertreten und auch gruppenspezifische Probleme zu lösen. Insbesondere die Erkenntnis, daß Qualitätsmanagement als Teil des Informationsmanagement zahlreiche Schnittstellen, z.B. zum Kunden, aufweist sollte sich dadurch verfestigen. Es können Rollen des Qualitätsmanagements, wie z.B. der **Qualitätsmanager**, der **Software-Ergonom** und der **Tester** vergeben werden. Klar definierte Deadlines, Abnahmetests mit dem „Kunden" und die Abgabe der Software mit Testtreiber und -daten tragen ebenfalls zur Praxisnähe bei[32].

Statt einzelner Wahlfächer könnte im Hauptstudium ein Schwerpunkt **Projekt- und Qualitätsmanagement** die Lernenden auf eine Laufbahn als **Qualitätsmanager, Qualitätsingenieur** oder **QM-Berater** vorbereiten. Dies erfordert die Entwicklung von entsprechenden Seminarkombinationen, z.B. **SW-Ergonomie, CAST (Computer Aided Software Test)** und **Testmethoden**.

Weiterhin muß die Bedeutung und Einbettung des QM-Personals in das Unternehmen klar definiert und im Rahmen von Übungen vermittelt werden. So kann die Organisation des Qualitätsmanagements im Unternehmen in Abhängigkeit vom Projektumfang oder der Produktlebensdauer stark variieren (s. Bild 3).

Bild 3 zeigt die Eigenschaften des Qualitätsmanagements, z.B. ob Qualitätsmaßnahmen Pflicht sind und eine formale Abnahme existiert oder das QM-Personal als interner Dienstleister die Projekte nur bei Bedarf unterstützt. Besonders bei der Entwicklung sicherheitskritischer Systeme wird ein formales QM-System eher notwendig, als im Fall hochgradig innovativer Projekte, für die nur teilweise bewährte QS-Maßnahmen angeboten werden können.

---

[30] Vgl. Kuchen, H.; Nietsch, M. (1999), S. 9-11
[31] Vgl. Gruhn, V. (1999), S. 4-8
[32] Vgl. Kuchen, H.; Nietsch, M. (1999), S. 9-11

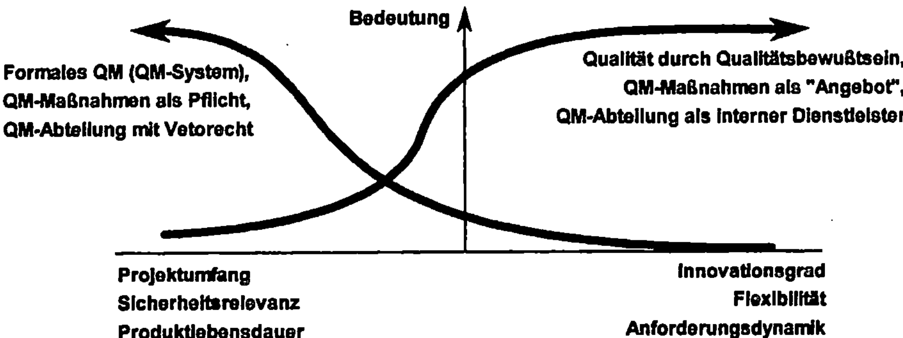

Bild 5: Bedeutung des QM in Hinblick auf den Projekt- bzw. Unternehmenstyp

6 Fazit

Die Ausbildung der Informatik muß als Voraussetzung einen „längerfristig gültigen Qualifikationskern"[33] haben, wobei zukünftig durchaus mehrere solcher Kernbereiche, z.B. **Softwaretechnik** und **Wirtschaftsinformatik**, denkbar sind. Einen Teil dieses Kernbereiches stellt das **Software-Qualitätsmanagement** dar, welches sich nicht nur als Wahlfach im Hauptstudium wiederfinden, sondern explizit auch im Grundstudium existieren sollte, z.B. in Form der Veranstaltung **Software-Engineering und Software-Qualität**, um der Gefahr der Marginalisierung der QM-Thematik vorzubeugen.

Software-Ingenieure sollten nicht nur die Syntax, Semantik und Pragmatik von Sprachen, z.B. für die Spezifikation oder die Programmierung, erlernen, sondern sind auch frühzeitig auf die Beherrschung der Komplexität von Projekten, d.h. von Prozessen, vorzubereiten, womit Projekt- und Qualitätsmanagement als Teil des Informationsmanagements in Verbindung mit Projekten und Teamarbeit entsprechend zu fokussieren sind[34].

Das Thema **Qualität** bietet zudem eine ausgezeichnete Möglichkeit, bereits im Grundstudium neben der Vermittlung von Engineering-Fähigkeiten, z.B. der Technik der Software-Entwicklung, auch die humanwissenschaftliche Seite der

---

[33] Dostal, W. (1997), S. 73-78

[34] Die Software-Engineering-Einführungsveranstaltung an der Humboldt-Universität zu Berlin sieht beispielsweise die „Qualität des Software-Entwicklungsprozesses und seine Standardisierung" als Teil der „Grundlagen des SE" vor (Bothe, K. (1999), S. 22-27).

Informatik anzusprechen, z.B. mit dem (gesellschaftlichen) Problem der Behandlung von Software als Konsumgut statt als Investitionsgut.

Eine zentrale Aufgabe ist die Beschreibung von Qualifikationsprofilen für das QM-Personal, um Aus- und Weiterbildungsinstitutionen die Möglichkeit von curricularen Anpassungen zu geben. Hier ist auch die Praxis aufgefordert, notwendige Anforderungen zu formulieren.

Statt technologischer Quantität, dürfte ein Qualitätsbewußtsein, welches bereits während des Studiums erworben wurde, dazu beitragen, daß IT-Projekte in Zukunft erfolgreicher als bisher verlaufen und die chronische Software-Krise überwunden werden kann[35].

Literatur

Bothe, K. (1999): Software-Engineering-Einführungsveranstaltung an der Humboldt-Universität zu Berlin. In: Softwaretechnik-Trends der Gesellschaft für Informatik, Band 19, Heft 3, Nov. 1999, S. 22-27

Bundesministerium des Innern (1997): Entwicklungsstandard für IT-Systeme des Bundes: Vorgehensmodell, Teil 1: Regelungsteil

Bühner, R. (1996): Betriebswirtschaftliche Organisationslehre. 8. Aufl. Oldenbourg München, Wien

Deutsche Gesellschaft für Qualität (2000): Das DGQ-Programm für Aus- und Weiterbildung, 2. Halbjahr 2000

DIN EN ISO 8402:1995: Qualitätsmanagement Begriffe. Beuth Verlag Berlin

DIN EN ISO 9001:1994: Qualitätsmanagementsysteme. Beuth Verlag Berlin

Dostal, W. (1997): Informatik-Qualifikation im Arbeitsmarkt. In: Informatik-Spektrum, Band 20, Heft 2, April 1997, S. 73-78

Frese, E. (Hrsg.) (1992): Handbuch der Organisation. 3. Aufl. C.E. Poeschl Stuttgart, S. 2322

Fuhr, L. (1999): Systemisch Projekte managen ... Choas ante portas ... ? In: Softwaretechnik-Trends der Gesellschaft für Informatik, Band 19, Heft 2, Mai. 1999, S. 26-35

Gibbs, W. (1994): Software's chronic crisis. In: Scientific American (Int. Ed.) 271, Sept. 1994

---

[35] Vgl. Fuhr, L. (1999), S. 26-35; Gibbs, W. (1994)

Gesellschaft für Informatik (in Zusammenarbeit mit Fachbereichstag Informatik und dem Arbeitskreis Wirtschaftsinformatik an Fachhochschulen (1995): Empfehlungen der Gesellschaft für Informatik für das Informatikstudium an Fachhochschulen. Verabschiedet vom Präsidium der GI am 20.09.1995 (Quelle: http://www.uni-koblenz.de/~gi/dokumente.html)

Gruhn, V. (1999): Softwaretechnologie in der Informatikausbildung an der Universität Dortmund. In: Softwaretechnik-Trends der Gesellschaft für Informatik, Band 19, Heft 2, Mai. 1999, S. 4-8

Heinrich, L. (1992): Informationsmanagement - Planung, Überwachung und Steuerung der Informaitonsinfrastruktur. Oldenbourg München Wien

Hildebrand, K. (1995): Informationsmanagement - Wettbewerbesorientierte Informationsverarbeitung. Oldenbourg München Wien

Kuchen, H.; Nietsch, M. (1999): Die Softwaretechnik-Ausbildung in der Wirtschaftsinformatik an der WWU Münster. In: Softwaretechnik-Trends der Gesellschaft für Informatik, Band 19, Heft 2, Mai. 1999, S. 9-11

Krasemann, H. (1997): Welche Ausbildung brauchen Informatiker? In: Informatik-Spektrum, Band 20, Heft 6, Dez. 1997, S. 328-334

Krcmar, H.; Federmann, C. (1990): Informationsmanagement in der Bundesrepublik Deutschland - Zum Problembewußtsein der DV-Leiter in Großunternehmen. In: Information Management. Heft 4, 1990, S. 6-17

Löhr, K.-P. (1999): Ausbildung in Softwaretechnik an der Freien Universität Berlin. In: Softwaretechnik-Trends der Gesellschaft für Informatik, Band 19, Heft 2, Mai. 1999, S. 9-11

Lynch, P.; Horton, S. (1999): Web Style Guide. Yale University Press, New Haven

Nielsen, J. (1999): Designing Web-Usability. New Riders Pubishing

Parnas, D.L. (1990): Education for Computing Professionals. In: IEEE Computer, Vol. 23, No. 1, 1990, S. 17-22

Petrasch, R. (1998): Einführung in das Software-Qualitätsmanagement. Logos Verlag Berlin

Petrasch, R. (1999): Über den Software-Qualitätsbegriff. In: Softwaretechnik-Trends der Gesellschaft für Informatik, Band 19, Heft 3, Nov. 1999, S. 36-39

Rohloff, M. (1996): Prozeßorientierte Entwicklung von Informationssystem-Architekturen. In: Informationssystem-Architekturen, Rundbrief der GI, FA 5.2, 1.Sept. 1996

Schinzel, B.; Kleinn, K.; Wegerle, A.; Zimmer, C. (1999): Das Studium der Informatik: Studiensituation von Studentinnen und Studenten. In: Informatik-Spektrum, Band 22, Heft 1, Feb. 1999, S. 13-23

Schwarze, J. (1993): Qualifizierungskonzepte für das Informationsmanagement. In: Schwer, A.-W. (Hrsg): Handbuch Informationsmanagement. Gabler Wiesbaden, 1993

Valk, R. (1997): Die Informatik zwischen Formal- und Humanwissenschaft. In: Informatik-Spektrum, Band 20, Heft 2, April 1997, S. 95-100

Zeller, A. (1999): Funktionell und verständlich programmieren - so lernen es die Passauer. In: Software-Technik-Trends, Band 19, Heft 3, Nov. 1999, S. 29-34

Eine kritische Hinterfragung des Software-Marktes oder Industrieprojekte durch Studenten?

Bernd Müller
Hochschule Harz

1 Zusammenfassung

Spätestens seit der Green-Card-Diskussion ist die Tatsache, dass IT-Fachleute fehlen, Allgemeinwissen geworden. Die Hochschulen sind aufgefordert den Arbeitsmarkt schnell und in hohem Umfang zu befriedigen. Dies darf jedoch nicht auf Kosten der Qualität gehen. Wir werden einige Thesen formulieren, die hoffentlich zu einer fruchtbaren Diskussion über die Ausbildung von IT-Fachleuten führen.

2 Einleitung

Die Industrie hat Ende der 80-er und Anfang der 90-er Jahre Personal im IT-Bereich abgebaut und damit ihren Beitrag zu schwindenden Studentenzahlen geleistet. Seit Ende der 90-Jahre wird wieder Personal benötigt, das allerdings mit den vorhandenen akademischen und betrieblichen Ausbildungsplätzen weder schnell genug noch in ausreichender Zahl ausgebildet werden kann. Spätestens seit der Green-Card-Diskussion ist die Tatsache, dass IT-Fachleute fehlen, Allgemeinwissen geworden. Die Zeitungen sind mit Stellenanzeigen übersät, Head-Hunter haben viel zu tun.

Software gehört zu den komplexesten und kompliziertesten technischen Produkten, die die Menschheit je hergestellt hat. Es ist allgemeiner gesellschaftlicher Konsens, dass zur Erstellung technischer Meisterleistungen gut ausgebildetes, kompetentes Personal benötigt wird.

Auf der einen Seite haben wir einen Arbeitsmark, der ein Nachfragemarkt ist. Auf der anderen Seite werden IT-Systeme gebaut, deren Komplexität extrem hoch ist und immer weiter zunimmt. Der Treffpunkt dieser beiden Entwicklungen ist durch ein Absenken des Ausbildungsniveaus aber auch durch Beschäftigung von nicht (fertig) ausgebildetem Personal gekennzeichnet.

Wir wollen und können an dieser Stelle kein Patentrezept vorstellen, wie dieses Problem zu bewältigen ist. Dieser Artikel soll auch keine Analyse des Software-

Marktes darstellen, noch soll er Lösungswege aus der Software-Krise weisen - eine Krise, die übrigens schon 33 Jahre andauert (Garmisch-Partenkirchen 1968). Wir wollen im Rahmen des Liechtensteinischen Wirtschaftsinformatik-Symposiums aber eine anregende Diskussion zwischen Lehrenden und Praktikern zu diesen Themen initiieren und werden dazu einige Thesen postulieren. Diese Thesen implizieren Fragen wie: **Soll die Ausbildungszeit verkürzt werden? oder Sollen moderne Software-Werkzeuge in der Ausbildung eingesetzt werden? - Wenn ja, wann und wie?**

3 These: Software-Entwicklung ist einfach

Software-Entwicklung ist einfach (zu lehren, zu lernen und zu tun) ist eine weit verbreitete Meinung. Wer schon einmal Mitglied einer Hochschul-Berufungskommission im IT-Bereich war, weiß, dass es keine Qualifikationsuntergrenze bei den Bewerbern gibt. Lehrer, die einen HTML-Kurs bei der Volkshochschule belegt haben, fühlen sich ebenso qualifiziert wie selbsternannte Freiberufler, und damit durchaus ehrenwerte Praktiker, aber leider völlig ohne einschlägige theoretische Ausbildung. Wenn sich bereits das Erscheiungsbild der Qualifikation der Lehrenden in der Öffentlichkeit auf diesem Niveau befindet, wie sieht es dann mit den Lernenden aus?
Ein weiterer Punkt zum Thema Lehren der Software-Entwicklung ist, dass im Hochschulumfeld praktisch keine realistischen, praxisnahen Projekte realisierbar sind, da im allgemeinen die zur Verfügung stehende Semesterwochenstundenzahl zu gering ist, um ein richtiges Entwicklungsprojekt durchzuführen.
Zum Thema **lernen und tun** scheint sich allgemein das Bild durchzusetzen, dass die Entwicklung von Software das Einfachste von der Welt ist, wie sich bereits oben andeutete. Es gibt Bücher mit den Titeln

- Teach Yourself C++ in 14 Easy Lessons
- CORBA for Dummies
- Windows 2000 Unleashed.

Es gibt aber keine Bücher mit den Titeln

- Teach Yourself Brain Surgery in 14 Easy Lessons
- Bridge Design for Dummies
- Ballistic Missiles Unleashed.

Warum? Ist Software-Technik leichter als Medizin oder Ingenieur-Wesen? Kann man wirklich C++ in 14 einfachen Lektionen a 3 Stunden lernen oder gar CORBA? Mit dem Ziel es danach anzuwenden?

4 These: Um gute Software zu bauen, genügen gute Werkzeuge

Um gute Software zu bauen, wird hervorragend ausgebildetes Personal benötigt, die Werkzeuge sind Nebensache. Werkzeuge können teilweise zu einer stark verbesserten Produktivität führen, jedoch nur, falls die Benutzer der Werkzeuge genau wissen, was sie tun. Die Benutzung von CASE-Tools und IDEs mit ihren vielen Wizards und Assistenten verleitet zu dem Glauben, dass man das Problem im Griff hat. Dabei hat man meist nicht einmal die IDE im Griff und das Erstellen von Software findet durch Rumklicken bis möglichst keine Fehlermeldungen mehr erscheinen statt. Spezifikationen, Code-Reviews oder gar Clean-Room-Development scheinen nicht mehr zu existieren. Der Leitsatz lautet: Code first, think later.

Meine Beobachtung ist, dass sich so etwas wie eine Werkzeuggläubigkeit breitmacht. Wenn das Werkzeug ein bestimmtes Vorgehen bei einer Problemlösung vorgibt, wird gar nicht erst versucht zu überlegen, ob Alternativen existieren, die evtl. wesentlich besser sind. Die Benutzung der Alternative wäre sowieso mit Mehrarbeit verbunden, da das Werkzeug sie ja nicht unterstützt. Das Ideal einer konzeptionellen Lösung eines Problems auf qualitativ hohem Niveau mit einer anschließenden Umsetzung **mit Hilfe** eines Werkzeugs scheint nicht erstrebenswert, die Benutzung des Werkzeugs an sich scheint das Ziel.

5 These: Graphisch ist einfacher und besser

In einer kürzlich erschienenen Studie der TÜV Informationstechnik GmbH TÜV IT (2000) wird Windows 2000 und Linux verglichen. Unter dem Punkt **Ergonomische Prüfung** wird unter dem Gesichtspunkt der Administrierbarkeit der Betriebssysteme in Netzwerken Windows 2000 der Vorzug vor Linux gegeben, da Windows 2000 mit graphischer Oberfläche administrierbar ist, Linux aber nur zum Teil, der Rest muss über Texteingaben auf der Konsole administriert werden.

Auch hier ist dieselbe Argumentation wie bei den IDEs angebracht. Nicht alle Funktionalitäten sind über GUI-Elemente zu steuern, so dass das Vertrauen auf das GUI und dessen ausschließliche Verwendung implizit immer einen

akzeptierten Verzicht auf Funktionalität bedeutet. Sollte es für den Administrator produktiver und damit dem Geschäftserfolg der Firma maßgeblich beeinflussender Systeme wirklich darauf ankommen, ob er in einem tief verschachtelten Menü einen Knopf drückt, anstatt ein Kommando einzugeben?
Ein ganz anderer Punkt, der aber auch unter diese Rubrik fällt, ist das Verhältnis zwischen Darstellung und Inhalt. Ist es wirklich nötig, dass bei einer Power-Point-Präsentation ein Stichpunkt mit quietschenden Reifen von rechts nach links in's Bild fährt? Wird der Informationsgehalt vergößert? Ändert sich der Informationsgehalt etwa, wenn der Stichpunkt von links nach rechts einfährt?

6 These: Neue Versionen bedeuten Innovation

Software-Produkte, etwa im Office-Bereich, sind derart ausgereift und mit Funktionen überfrachtet, dass der durchschnittliche Benutzer lediglich einen kleinen Prozentsatz der Funktionen benutzt. Im Sekretariatsbereich wird z. B. bei der Benutzung von Word wahrscheinlich weniger als 10 Prozent der Funktionalität tatsächlich genutzt. Die Integration neuer Funktionen ist daher nicht das Erfüllen von Kundenwünschen nach diesen Funktionen und damit so etwas wie Innovation, sondern lediglich aus Vertriebssicht ein Grund für den Verkauf neuer Lizenzen.
Der Verkauf der neuen Lizenzen kann dann auch nicht marketing-wirksam mit den neuen Funktionen hinterlegt werden, da diese Funktionen ja nicht nachgefragt werden. Man verwendet also nicht abwärtskompatible Datenformate und hofft auf den Virus-Effekt: Sobald man genügend Dokumente im neuen Format erhalten hat und die Anwort-Mail können Sie mir das bitte noch einmal in Format XY schicken langsam peinlich wird, kauft man auch die neue Version.
Welche Software aus dem Office-Bereich hat in den letzten 10 Jahren wirklich innovativ die Büroarbeitswelt verändert?

7 These: Studenten als Standbein der Software- Industrie

Es ist natürlich richtig, dass in neuesten Techniken ausgebildete, hoch motivierte Studenten in Projekten eingesetzt werden. Dies sollte jedoch in Projektteams geschehen, in denen die Absolventen durch erfahrene Projektmitglieder (Mentoren) geführt werden. Die Realität sieht jedoch - bedingt durch die Arbeitsmarktlage - anders aus. Als Professor für Wirtschaftsinformatik bekomme ich fast täglich Gesuche nach Studenten auf den Tisch. Kürzlich hat die Tochter einer großen deutschen Automobilfirma einen Diplomanden zur Entwicklung einer Datenbankstruktur zur Vermarktung von Teilen in Europa gesucht. Die Firma demontiert Alt-, Versuchs- und Unfallfahrzeuge und vertreibt die daraus entstehenden Fahrzeugteile. Das Software-System ist also durchaus als mission critical einzuschätzen.

In einer Lehrveranstaltung erstelle ich mit Studenten für einen deutschen Stahlerzeuger ein Motorenbestandssystem, das für den Betrieb der Fertigungseinrichtungen unentbehrlich ist. Ebenfalls mission critical. Sind wir so weit, dass Studenten den Geschäfts(miss)erfolg maßgeblich beeinflussen?

Ich hoffe für unsere Gesellschaft, dass dies in anderen technischen Gebieten nicht so ist und dass Kernkraftwerke, Flugzeuge und ähnliche High-Tech-Produkte **nicht** von Studenten gebaut werden.

8 Danksagung

Einige der Thesen wurden durch Michi Henning auf seinem Vortrag bei den NetObject Days 2000 motiviert.

Literatur

TÜV IT (2000): Vergleichende Prüfung von Microsoft Windows 2000 und Linux als Netzwerkbetriebssysteme,
http://www.tuvit.de/de/download/Windows2000-Linux/

Sauber gemacht: SOAP, die neue Lösung für Remote Procedure Calls

Marco Schmidt
plenum Systems

1 Einleitung

In den letzten fünf Jahren änderte sich die Ausrichtung vieler Unternehmen vom lokalen hin zum weltweiten, globalen Markt. Firmen, die bisher nur in Deutschland agierten, bieten ihre Waren und Dienstleistungen weltweit an. Diese Entwicklung wurde nicht zuletzt durch einen erheblichen Wandel in der IT-Landschaft möglich. Einzelplatzlösungen und kleine firmeninterne Netzwerke (Intranets) sind durch das weltumspannende Internet mittlerweile vernetzt.

Diese Entwicklung sorgt allerdings - neben wirtschaftlichen und gesellschaftlichen - auch für viele technische Probleme. Proprietäre Lösungen von verschiedenen Herstellern, die nie dafür konzipiert wurden mit anderen Herstellern zusammenzuspielen, finden sich plötzlich in einem riesigen Netzwerk wieder. Es liegt auf der Hand, dass hier ein Standard benötigt wird, der eine einheitliche Marschrichtung vorgibt. Solche Standards können sich natürlich nur dann durchsetzen, wenn sie die volle Unterstützung der Marktführer genießen, und genau das ist bei **SOAP (Simple Object Access Protocol)** der Fall.

SOAP wurde im Hause Microsoft entwickelt und genießt daher schon den Ruf eines De-facto-Standards. Microsoft hat die Technik dem W3 (World Wide Web) Konsortium offen gelegt und bietet so allen anderen Herstellern die Möglichkeit, diese Technik kostenlos zu übernehmen. Damit wird der Grundstein für eine schnelle und breite Akzeptanz von SOAP gelegt.

2 SOAP-Grundlagen

2.1 Allgemeines

SOAP dient zum Informationsaustausch in Client/Server-Architekturen. Eine Beispielanwendung wäre eine Clientapplikation, die sich von einem Server den aktuellen Preis für eine bestimmte Aktie anfordert. Hierbei werden die Funktionen/Methoden wie z.B. GetLastTradePrice und deren Parameter wie z.B. das Wertpapiersymbol DIS in XML (Extensible Markup Language) Strukturen gekapselt und anschließend in SOAP-Pakete verpackt. Sie können dann als HTTP (Hypertext Transfer Protokoll)-Pakete an den Server verschickt werden, der die Pakete parst und die entsprechenden Methoden aufruft. Anschließend werden die Antworten wie z.B. GetLastTradePriceResponse mit ihren Übergabewerten (Price=34.50) wieder in XML verpackt und als SOAP-Paket an den Client zurückgeschickt.

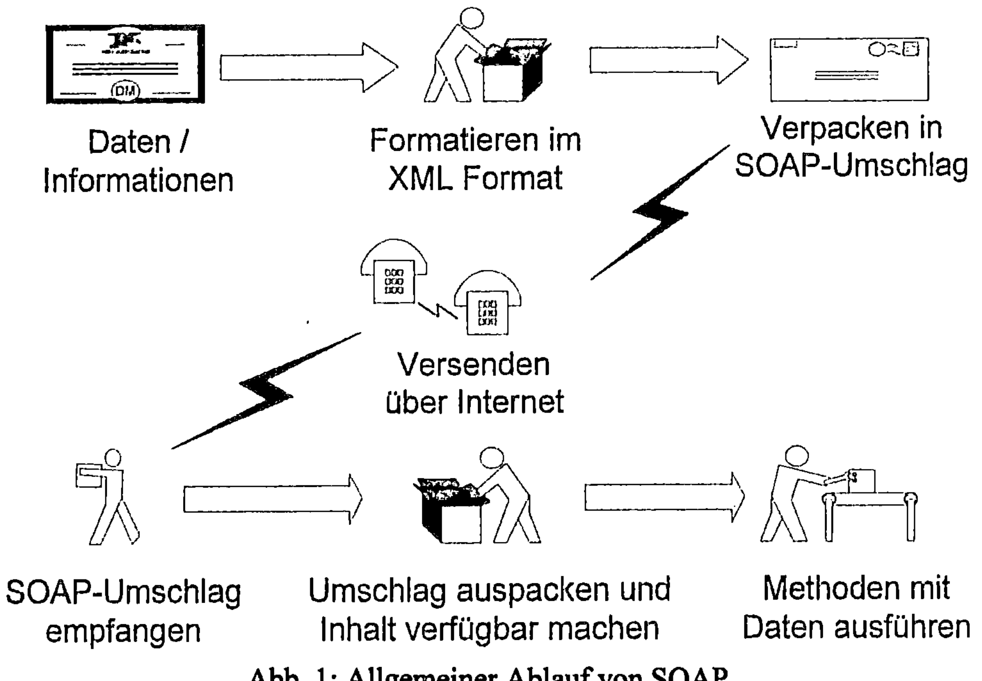

Abb. 1: Allgemeiner Ablauf von SOAP

2.2 HTTP: Die Grundlage für SOAP

HTTP bildet unangetastet die Basis im Internet, wird von jedem System unterstützt und wird vor allem für die Übertragung von Texten, Grafiken und anderen Informationsformen benutzt. Für die Interprozesskommunikation zwischen Anwendungen über das Web reichen die technischen Möglichkeiten aber nicht mehr aus. Die Kommunikation zwischen Anwendungen im Netzwerk basiert in der Regel auf RPC (Remote Procedure Calls) und ermöglicht einem Client die Übertragung einer Anfrage an den Server. Dieser Server benutzt das gleiche Schema und sendet dem anfragenden Client die passende Antwort zurück. Abgesehen davon, dass HTTP hierfür nicht gerüstet ist, gibt es bei RPCs auch häufig Probleme mit Firewalls, da die gewünschten Ports nicht selten aus Sicherheitsgründen gesperrt sind.

Hierauf setzt SOAP auf: SOAP stellt in erster Linie ein neuartiges Protokoll für den Datenaustausch zwischen Anwendungen dar. Die Protokollstruktur basiert auf XML und ermöglicht somit ein wesentlich flexibleres Nachrichtenhandling, als es mit HTTP und RPCs als eigenständige Lösung möglich wäre. SOAP definiert dabei nicht unbedingt ein neues Übertragungsprotokoll, sondern stellt vielmehr eine Möglichkeit zum Verpacken von technisch aufwändigen Kommunikationspaketen dar. Die Übertragung von strukturierten und typisierten Informationen zwischen Anwendungen in einem dezentralisierten und verteilten Informationssystem wird erst unter Anwendung der Auszeichnungssprache XML als Botschaftssystem und HTTP als Übertragungsprotokoll möglich. Ein großer Vorteil von SOAP ist die Plattformunabhängigkeit, da durch XML prinzipiell Server und Client in völlig verschiedenen Programmiersprachen und Plattformen realisiert werden können.

2.3 Vergleich mit anderen RPC-Lösungen

RPC-Lösungen wie Microsofts DCOM (Distributed Component Object Model), DCE RPC (Distributed Computing Enviroment Remote Procedure Call) sowie IIOP (Inter ORB Protocol) aus dem CORBA-Lager sind hoch proprietäre Protokolle einiger weniger Anbieter. Sie wurden für die Verwendung im LAN unter der Voraussetzung hoch verfügbarer Netzwerkinfrastrukturen entworfen. Für die Verwendung im Internet mit hohen Latenzzeiten und der häufig sehr unzuverlässigen Verfügbarkeit sind sie, wenn überhaupt, nur sehr eingeschränkt verwendbar. Seit Ende August beschäftigt sich die Object Management Group (OMG) mit der Integration von SOAP mit CORBA.
Die Implementierung all dieser Binärprotokolle ist extrem aufwändig und im zeitlichen und finanziellen Rahmen der meisten Softwareprojekte nicht zu leisten. Die Konsequenz ist meistens ein buyin in eine spezifische Plattform eines Anbieters. An dieser Stelle hört besonders auf der Serverseite, nicht nur bei Microsoft, sondern auch bei fast allen ORB-Anbietern, die Offenheit auf. Serverkomponenten sind zwischen Applikationsplattformen in aller Regel schlicht nicht portabel.
SOAP hingegen ist simple by design und erfordert einen minimalen Aufwand zur direkten Implementierung. Auf Basis der Programmiersprachen Perl, PHP oder ASP sind funktionierende SOAP-Server auch von SOAP-Anfängern innerhalb weniger Zeitstunden problemlos implementierbar. Das bedeutet, dass jeglicher Code, der sich zur Serververarbeitung eignet und der zustandslosen Natur von HTTP und SOAP entspricht, in kurzer Zeit und ohne teure Middleware ans Netz gebracht werden kann.

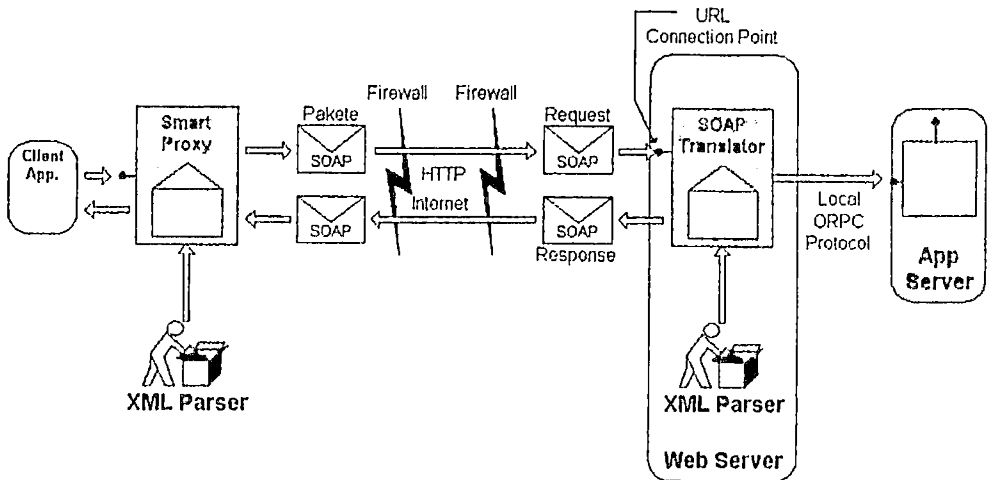

Abb. 2: SOAP Architektur für RPC

Das Beispiel zeigt den Ablauf in einer Client/Server-Anwendung. Der Client übergibt die Anfrage (Methodenaufruf mit Übergabeparameter) an den Smart Proxy. Dieser stellt die SOAP-Nachricht zusammen, adressiert sie an den SOAP-Web-Server und versendet sie über das Internet als HTTP-Pakete durch die Firewalls hindurch. Der SOAP-Server nimmt die Nachricht entgegen und liest den Inhalt mit einem XML-Parser aus. Anschließend übergibt er die Funktionsaufrufe samt Übergabeparametern an die entsprechende Applikation auf dem Server. Anschließend läuft die selbe Prozedur in die entgegengesetzte Richtung ab, um die Ergebnisse des Funktionsaufrufs an den Client zurück zu übermitteln.

2.4 Das Problem der Firewalls

Die Anwendung von verteilten Objektprotokollen hat sich im Intranet als besonders effektiv dargestellt und wird entsprechend häufig eingesetzt. Die Übertragung dieser Objektprotokolle auf das freie Internet stellt dagegen ein gewisses Problem dar. Ein Server, der einmal an das Internet angebunden ist, kann prinzipiell von jedem beliebigen Client aus aktiviert und geöffnet werden. Aus genau diesem Grund werden bei vielen Firmen und Organisationen die Firewalls zwischen dem Intranet und der Verbindung zum Internet geschaltet, um Sicherheitsrisiken zu eliminieren. Doch genau diese Firewalls erzeugen unter Verwendung der Interprozess-Kommunikation zwischen Anwendungen im und aus dem Internet massive Probleme. Ohne detailliert auf die Funktion einer Firewall einzugehen, sei hier kurz angesprochen, dass die verwendete Sicherheitstechnik einer Firewall die verteilten Objektprotokolle blockieren kann und so eine Kommunikation zwischen Anwendungen nicht mehr möglich ist. Durch das Packaging von HTTP-Protokollen in Verbindung mit der Integration eines SOAP-Envelopes kann man diese Blockade jedoch elegant umgehen. Unter Verwendung eines TCP/IP-Protokolls verwendet jedes eingesetzte Übertragungsprotokoll eine bestimmte Portnummer für den Zugriff auf die Informationen. HTTP benutzt hier z.B. die Port Nummer 80, FTP hingegen verlangt die Portzuweisung 21. Die Firewalls ermöglichen nun die Abweisung einer Anfrage an einen bestimmten Port unter vordefinierten Vorraussetzungen. Der Knackpunkt ist nun das Verhalten von verteilten Objektprotokollen. Diese benutzen in der Regel keine festen Portzuweisungen und können für eine Übertragung einer Anfrage sogar mehrere Ports virtuell belegen, um die gestellte Aufgabe zu lösen. Genau hier scheitert das Objektmodell an dem Einsatz einer Firewall.

Ein primäres Ziel bei der Implementierung von SOAP-Messages war die problemlose Integration in bestehende Strukturen wie HTTP-Protokolle, Proxies, Firewalls und alle weiteren relevanten Aspekte. Dabei kann SOAP das SSL-Protokoll (Secure Socket Layer) als Sicherheitsstruktur, HTTP als Transportprotokoll und SOAP-Envelopes als Botschaftsmedium kombiniert einsetzten. Das Ganze wird dann "einfach" nur mit dem normalen HTTP-Header ausgezeichnet und versendet. Trifft solch ein Nachrichtenpaket auf eine Firewall, so wird der normalerweise freigegebene Port 80 (für HTTP-Anfragen) genutzt und passiert somit ohne weitere Probleme die Firewall.

2.5 Sicherheitsmängel

Das Thema Sicherheit wird von der aktuellen SOAP-Spezifikation einfach mit dem Hinweis auf eine Folgeversion übergangen. Betrachtet man SOAP 1.1 isoliert, so ist das selbstverständlich das Todesurteil für dessen Einsatz in jedem sicherheitssensitiven Umfeld und somit im Internet als solchem. Doch wie so oft ist das nur die halbe Wahrheit. SOAP wurde im Hinblick auf Einfachheit und Wieder- bzw. Weiterverwendung entworfen und ist somit für die Implementierung der Sicherheitsaspekte nicht zuständig. Durch die Verwendung von HTTP existiert mit dem Digest-Verfahren nach dem Internetstandard eine portable Infrastruktur zur passwortgestützten Authentifizierung und mit HTTPs (SSL) können clientseitige Zertifikate zur sicheren Identifizierung der Gegenstelle verwendet werden. SSL ist hier natürlich gleichzeitig auch die Lösung für die Verschlüsselung von SOAP-Paketen. Mit S/MIME existiert eine ähnliche Infrastruktur für den SMTP-Transport.

2.6 Transaktionsmechanismen

Transaktionen sind unter SOAP noch eine hart zu knackende Nuss. Die Natur von HTTP und auch die mangelnde Zuverlässigkeit des Internet machen koordinierte, verteilte Transaktionen auf Basis von SOAP nach dem derzeitigen Stand der Erkenntnis nur schwer möglich.

Gängige Transaktionsmonitore benötigen Kommunikationskanäle, die dauerhaft und verlässlich sind. Sie kommunizieren untereinander und mit dem Ressourcenmanagern durch eigene Protokolle. Letztere bringen aber gerade diejenigen Installations- und Konfigurationsprobleme mit sich, die SOAP durch die Nutzung der HTTP-Infrastruktur zu lösen sucht.

Ansätze zur Lösung dieser Probleme sind zwar vorhanden und werden auch in der SOAP-Gemeinde diskutiert, werden aber noch nicht intensiv verfolgt. Viel versprechend scheint eine Integration von SOAP mit 3-Phasen Transaktionsprotokollen, wie z.B. E3PC oder X3PC, die für unzuverlässige Netzwerke ausgelegt sind. Auch die Ausnutzung von persistenten HTTP-Verbindungen und Pipelining zur Herstellung von Transaktionsketten, die alle Teilnehmer einer Transaktion in Serie schalten und somit auch bei HTTP-Kommunikationsabbrüche erkennen können, könnten zumindest für HTTP einen Teil zur Lösung der Transaktionsproblematik beitragen.

Nicht zu vernachlässigen ist hierbei die Frage, ob der Einsatz von SOAP überhaupt Sinn macht. Wenn ein transaktionsfähiges Protokoll für die gesamte Kommunikation und für verteilte, koordinierte Transaktionen über unzuverlässige Netzwerke (wie das Internet) benötigt wird, dann kann die Antwort heute nicht SOAP heißen. Angesichts der Tatsache, dass die Implementierung von 3-Phasen Transaktionsprotokollen eher eine Rarität darstellt, muss man sich allerdings auch die Frage nach der Alternative und deren Verlässlichkeit stellen lassen. Wenn SOAP zur Anbindung von externen Systemen (Datenzulieferer oder -abnehmer) verwendet werden soll und Transaktionskoordination tatsächlich nur lokal benötigt wird, dann steht einem hybriden Ansatz mit mehreren Protokollen oder der Kombination von SOAP und einem Transaktionsmonitor-Protokoll wie TIP oder XA nichts im Wege.

3 SOAP-Message

3.1 Aufbau des SOAP-Umschlags

SOAP-Messages bestehen generell aus drei Teilen:
- einem Umschlag (envelope) der den Rahmen darstellt, in dem genauere Informationen über das eigentliche Nachrichtenpaket und Bearbeitungsanweisungen hinterlegt sind,
- einer Menge von Decodierregeln zum Verpacken der unterschiedlichen Datentypen und Instanzen einer Nachricht,
- einer Konvention für die Beschreibung und Darstellung von Remote Procedure Calls und Responses.

Anhand der folgenden zwei Beispiele kann diese Aufteilung sehr leicht verdeutlicht werden.

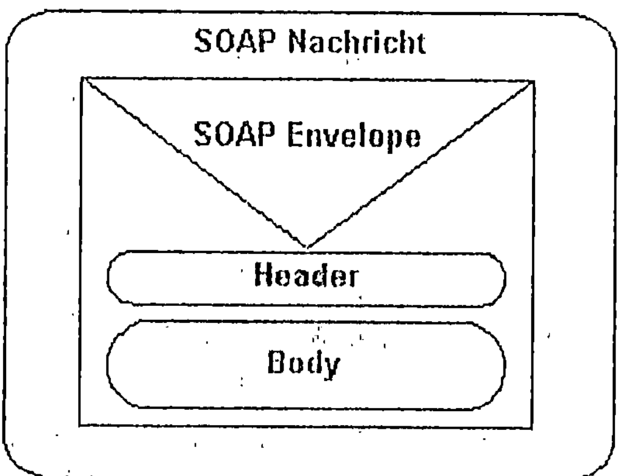

Abb. 3: Aufbau einer SOAP Nachricht

Das Beispiel zeigt das Aufbauschema einer SOAP-Nachricht. Die Nachricht besteht aus dem sog. SOAP-Envelope, dem Umschlag, der wiederum die Elemente "Header" und "Body" beinhaltet.

Beispiel 1:   SOAP-Message Anfrage (Request)

```
POST /StockQuote HTTP/1.1
Host: www.stockquoteserver.com
Content-Type: text/xml; charset="utf-8"
Content-Length: nnnn
SOAPAction: "Some-URI"
```

```
<SOAP-ENV:Envelope
   xmlns:SOAP-ENV="http://schemas.xmlsoap.org/soap/envelope/"
   SOAP-ENV:encodingStyle="http://schemas.xmlsoap.org/soap/encoding/">
    <SOAP-ENV:Body>
        <m:GetLastTradePrice xmlns:m="Some-URI">
            <symbol>DIS</symbol>
        </m:GetLastTradePrice>
    </SOAP-ENV:Body>
</SOAP-ENV:Envelope>
```

Quelle: http://msdn.microsoft.com/xml/general/soapspec.asp

Beispiel 2:   SOAP-Message Antwort (Reply)

```
HTTP/1.1 200 OK
Content-Type: text/xml; charset="utf-8"
Content-Length: nnnn

<SOAP-ENV:Envelope
   xmlns:SOAP-ENV="http://schemas.xmlsoap.org/soap/envelope/"
   SOAP-ENV:encodingStyle="http://schemas.xmlsoap.org/soap/encoding/"/>
    <SOAP-ENV:Body>
        <m:GetLastTradePriceResponse xmlns:m="Some-URI">
            <Price>34.5</Price>
        </m:GetLastTradePriceResponse>
    </SOAP-ENV:Body>
</SOAP-ENV:Envelope>
```

Quelle: http://msdn.microsoft.com/xml/general/soapspec.asp

Der grau hinterlegte Kasten repräsentiert den so genannten SOAP-Envelope. Die erste und die letzte Zeile klammern den Envelope in ein XML-Element.
Generell besteht eine SOAP-Message aus einem obligatorischen ENVELOPE, einem optionalen HEADER und einem obligatorischen BODY.

3.2 SOAP-Envelope

Der Envelope ist immer das erste Element des XML-Dokuments, welches die Nachricht darstellt. Die ersten beiden Zeilen des Envelopes sind Attribute mit folgender Bedeutung:

3.2.1 Envelope Versions Model

SOAP verfügt über kein traditionelles Versionsmodell basierend auf kleineren und größeren Versionsnummern. Jede SOAP-Message muss allerdings ein Envelope Element enthalten, das mit http://schemas.xmlsoap.org/soap/envelope verknüpft ist. Wenn eine SOAP-Message von einer Anwendung empfangen wird, bei der im Envelope eine andere URN (Uniform Resource Name) angegeben ist, dann muss diese Anwendung das Paket als Versionskonflikt behandeln und es verwerfen. Sollte die SOAP-Nachricht über HTTP eingegangen sein, so muss eine entsprechende Versionskonflikt-Fehlermeldung an den Sender gesendet werden.

3.2.2 SOAP encodingStyle Attribut

Das SOAP encodingStyle Attribut kann benutzt werden, um die Codier- und Decodierregeln, die von den SOAP-Messages verwendet werden, festzulegen. Dieses Attribut kann jedem Element zugefügt werden, und gilt automatisch für alle Kindelemente. Es wurden keine Standardregeln für SOAP-Messages definiert. Als Quasi Standard hat sich allerdings die URN http://schemas.xmlsoap.org/soap/encoding herauskristallisiert, da durch die Anwendung dieser URN automatisch gezeigt wird, dass die Message mit den SOAP-Regeln konform geht.

3.3 SOAP-Header

Der Header wird im Allgemeinen dazu benutzt, um SOAP-Nachrichten auf eine dezentrale und modulare Art und Weise zusätzliche Funktionalität hinzuzufügen, ohne dass diese mit den SOAP-Teilnehmern vorher abgestimmt wurde. Typische Beispiele für diese Erweiterungen sind Transaktionsmanagement, Authentifizierung, Zahlungssysteme etc. SOAP definiert Attribute, die sicherstellen, wer Features benutzten darf und ob sie obligatorisch oder optional sind.

Das Header-Element wird immer als erstes direktes Unterelement des SOAP-Envelopes codiert. Alle direkten Unterelemente des Header-Elements werden als "Header-Einträge" bezeichnet.

3.3.1 SOAP-Actor

Eine SOAP-Nachricht durchläuft auf Ihrer Reise von ihrem Ursprung zu ihrem Ziel möglicherweise verschiedene Zwischenstationen. Eine SOAP-Zwischenstation ist eine Anwendung, die SOAP-Nachrichten empfängt und weiterleitet. Dabei haben die Zwischenstationen genau wie die Zielstation eine eindeutige URI (Uniform Resource Identifier).

Nicht alle Teile einer SOAP-Nachricht müssen für die Zielanwendung bestimmt sein; sie können genauso gut für eine oder mehrere der Zwischenstationen gedacht sein. Sobald eine Anwendung diese Nachricht bearbeitet, darf sie diese nicht mehr unverändert weitersenden. Sie kann die gleichen Header-Einträge wieder einsetzten, allerdings nur noch mir ihrem Absender und nicht mit dem der Quelle. Vergleichbar ist dieses Vorgehen mit dem TCP/IP-Protokoll. Sobald ein Paket bei einem Router angekommen ist, schreibt er seine Adresse als zusätzlichen Absender und sendet das Paket an den nächsten Router.

Das SOAP-Actor-Global-Attribute wird verwendet, um den Adressaten eines Header-Elements anzugeben. Der Wert dieses Attributes ist immer eine URI. Die spezielle URI "http://schemas.xmlsoap.org/soap/actor/next" bedeutet, dass dieses Header-Element für die nächste SOAP-Anwendung auf dem Übertragungsweg gedacht ist. Das ist vergleichbar mit dem "hop-by-hop" Modell, wie es im Verbindungs-Header-Feld des HTTP-Protokolls verwendet wird.

3.3.2 MustUnderstand-Attribut

Durch das SOAP-MustUnderstand-Attribut wird erreicht, dass ein Header-Eintrag optional oder verpflichtend vom Empfänger bearbeitet werden muss. Der Empfänger des Header-Eintrags wird durch das Actor-Attribut festgelegt. Der Wert des MustUnderstand-Attributes kann "0" oder "1" betragen, der Standardwert ist "0".

Wenn ein Header-Eintrag mit dem Attribut MustUnderstand und dem Wert "1" gekennzeichnet ist, dann muss der Empfänger die Anweisungen abarbeiten, oder er muss die Bearbeitung abbrechen und eine entsprechende Fehlermeldung zurücksenden.

3.4 SOAP-Body

Das SOAP-Body-Element stellt einen einfachen Mechanismus für den Austausch von Informationen zwischen dem Sender und dem Empfänger dar. Typische Verwendungen des Body-Elements sind das Verpacken von Remote-Procedure-Calls und Fehlerberichten. SOAP definiert das SOAP-Fault-Element für den Body, in dem Fehlermeldungen protokolliert und übertragen werden.

Das Body-Element ist immer ein direktes Unterelement vom SOAP-Envelope. Wenn ein Header-Element existiert, dann muss das Body-Element direkt auf dieses folgen, ansonsten muss es das erste direkte Unterelement des SOAP-Envelopes sein. Im Beispiel wird die Methode GetLastPrice mit dem Parameter symbol=DIS codiert. Die Antwort folgt prompt: Der Server sendet ein Tag GetLastTradePriceResponse mit dem Parameter Price = 34.5 zurück.

4 Fazit

SOAP genießt bereits volle Unterstützung von Global Playern wie Microsoft, IBM, Sun, Apache und vielen anderen. Es ist fester Bestand von Microsofts .net-Strategie und bietet bereits in diesem frühen Stadium langersehnte Möglichkeiten, wie z.B. Plattformunabhängigkeit, Kompatibilität und ein einfaches Handling von RPC über Firewalls. Im Unterschied zu seinen Konkurrenten wurde SOAP speziell im Hinblick auf das Internet entwickelt. Außerdem setzt es auf Standards wie XML und HTTP, so dass eine Einbindung in bereits bestehende sowie in zukünftige Projekte durchaus gewährleistet ist. Das Fehlen von Sicherheits- und Transaktionsmechanismen ist darauf zurückzuführen, dass die Entwicklung noch in den Kinderschuhen steckt. Versionen, die diese **Fehler** beheben sollen, sind bereits angekündigt. Es ist davon auszugehen, dass sich SOAP, nicht zuletzt durch seine breite Unterstützung von allen namhaften Herstellern, schon bald als Standard etablieren wird.

Literatur

Microsoft SOAP: http://msdn.microsoft.com/xml/general/soapspec.asp

Userland: http://www.userland.com

Informationsverarbeitung mit XML und XSLT

Eckard Mühlich
plenum Systems

1 Einleitung

Informationen sind Daten und das Datenformat XML ist in aller Munde. Meist werden Daten jedoch nur in XML beschrieben, um sie auf unterschiedlichen Oberflächen darstellen zu können. XML ermöglicht aber die plattformunabhängige Beschreibung von Daten, und damit generell deren Speicherung und Austausch.

Die bisher standardisierte Möglichkeit, XML-beschriebene Datenstrukturen zu definieren ist dafür allerdings nur teilweise geeignet. Hier zeichnet sich mit "XML Schema" ein wesentlich flexiblerer und umfassenderer Mechanismus ab.

Auch XSL bzw. XSLT wird meist noch als Verfahren betrachtet, um XML-Daten in HTML oder sonstige Anzeigeformate zu überführen. Dabei ist das Potential dieser Standards wesentlich größer.

Dieser Beitrag stellt kurz die Möglichkeiten und Grenzen dar, mit XML und XSLT Datenstrukturen zu verarbeiten. Dabei wird besonders auf das vernachlässigte Potential von XSLT eingegangen. Außerdem wird die Bedeutung von "XML Schema" für die Definition von Datenstrukturen in XML beleuchtet.

Eine Anwendung der genannten Technologien in einem realen Projekt wird kurz angesprochen.

2 XML

2.1 Der Standard

XML steht für "Extensible Markup Language" und ist ein vom "World Wide Web Consortium" (W3C) spezifizierter Standard. Er liegt zur Zeit in der Version 1.0 (Second Edition) als Recommendation vor. XML hat sich aus dem ISO-Standard SGML entwickelt, von dem auch HTML abstammt, hat seinen Ursprung also im Dokumentenmanagement.

So erinnert das Erscheinungsbild einer XML-Datei an HTML. Auch auf diesen Umstand ist es vielleicht zurückzuführen, dass die Aussage des W3C, XML "is the universal format for structured documents and data on the Web", zu einer recht einseitigen Sicht auf XML geführt hat. Oft wird XML lediglich als "HTML

mit selbst definierbaren Tags" beschrieben. Von daher sieht man dessen Verwendung auch hauptsächlich im WWW als HTML-Ersatz. XML wird dabei entweder auf dem Server in das vom Client benötigte Format (zum Beispiel HTML oder WML) umgewandelt, oder der Client kann selbst mit XML umgehen. Dies ist aber bei weitem nicht die einzige Verwendungsmöglichkeit für XML.
Was landläufig unter "XML" verstanden wird, ist nicht in einer Spezifikation abgelegt, sondern bildet eine ganze Familie von Spezifikationen. Tabelle 1 zeigt den aktuellen Stand der XML Familie.

Spezifikation, URL, Status	Beschreibung
Extensible Markup Language (XML) 1.0 (Second Edition) http://www.w3.org/TR/REC-xml Recommendation	Die eigentliche Syntax von XML 1.0, ohne Namensräume
Namespaces in XML http://www.w3.org/TR/REC-xml-names Recommendation	Führt eindeutige Namensräume für Elemente und Attribute ein
XML Base (XBase) http://www.w3.org/TR/xmlbase Proposed Recommendation	Führt die Zuordnung von Basis-URIs zu Elementen und Attributen ein, relative URIs können aufgelöst werden
XML Inclusions (XInclude) http://www.w3.org/TR/xinclude Working Draft	Führt die Einbindung von anderen XML-Dokumenten ein
XML Information Set (Infoset) http://www.w3.org/TR/xml-infoset Working Draft	Die abstrakte Betrachtung des Inhalts eines XML-Dokuments
Document Object Model (DOM) Level 2 Core Specification Version 1.0 http://www.w3.org/TR/DOM-Level-2-Core Recommendation	Programmiersprachen unabhängige Interfaces zur Erstellung, Manipulation und Navigation von XML-Dokumenten
XML Schema Part 0: Primer http://www.w3.org/TR/xmlschema-0 Candidate Recommendation	Leicht lesbare, informelle Beschreibung von XML Schema mit Beispielen
XML Schema Part 1: Structures http://www.w3.org/TR/xmlschema-1 Candidate Recommendation	Eine XML-basierte Sprache zur Beschreibung und Beschränkung der Struktur eines XML-Dokuments, unterstützt Namensräume
XML Schema Part 2: Datatypes http://www.w3.org/TR/xmlschema-2 Candidate Recommendation	Definition von Datentypen in XML-Dokumenten
XML Path Language (XPath) Version 1.0	Eine Sprache zur Adressierung von Teilen

http://www.w3.org/TR/xpath Recommendation	eines XML-Dokuments
XML Pointer Language (XPointer) Version 1.0 http://www.w3.org/TR/xptr Working Draft	Eine Sprache zur Adressierung von Teilen eines XML-Dokuments innerhalb einer URI, basiert auf Xpath
XML Linking Language (XLink) Version 1.0 http://www.w3.org/TR/xlink Proposed Recommendation	Eine Sprache zur Beschreibung von Links zwischen XML-Dokumenten
XSL Transformations (XSLT) Version 1.0 http://www.w3.org/TR/xslt Recommendation	Eine XML-basierte Sprache zur Beschreibung von Transformationen eines XML-Dokuments

Tab. 1: W3C XML Spezifikationen

Auf die Rolle der wichtigsten dieser Spezifikationen wird in den folgenden Abschnitten eingegangen.

2.2 XML als Datenformat

Grundsätzlich gibt es zwei Arten, Daten zu speichern und zu übertragen, sprich zu serialisieren: in lesbarem Text oder binär. Letzteres kann eine Menge Platz sparen und eventuell schneller verarbeitet werden. Damit erschöpfen sich die Vorteile allerdings schon. Daten im Textformat haben den Vorteil, dass sie im Notfall auch ohne das zugehörige Programm interpretiert werden können. Der erhöhte Platzbedarf (Bandbreite oder Speicherplatz) kann durch Kompressionsverfahren leicht kompensiert werden.

XML definiert nun einen standardisierten Weg, strukturierte Daten in Textformat zu serialisieren. Dabei versucht XML die bekannten Fußangeln von Textformaten zu vermeiden. So soll zum Beispiel durch die Einbindung des Unicode-Standards die Internationalisierung unterstützt werden, gleichzeitig ist damit die Plattformunabhängigkeit gegeben.

Das "XML Information Set" (siehe Tabelle 1) definiert auf einer abstrakten Ebene, wie Daten strukturiert sein müssen, die in XML serialisiert werden sollen. Kurz gesagt wird eine Datenstruktur als Dokument betrachtet. Ein Dokument enthält benannte Elemente, die wiederum aus einer ungeordneten Menge eindeutig benannter Attribute und einer geordneten Reihe von Textdaten, Kindelementen und sogenannten "processing instructions" bestehen. Letztere werden allerdings als Sackgasse angesehen und nicht weiterentwickelt[1].

Die Daten in einem XML-Dokument sind also immer baumförmig strukturiert. In der Realität liegen Daten aber oft in netzförmigen Strukturen vor. Um sie in einem

---

[1] D. Box (2000), S. 15

XML-Dokument zu speichern, muss das Netz praktisch aufgebrochen werden. Das kann auf verschiedene Weisen geschehen. Will man zum Beispiel eine Tabelle abbilden, kann man dies zeilenweise, spaltenweise oder zellenweise tun. Außerdem können Daten als Attribute oder als Kindelemente abgelegt werden. Die Struktur muss also definiert werden. Die beiden existierenden Mechanismen dazu werden im nächsten Abschnitt (2.3) verglichen.

Hat man die Daten im Sinne des "XML Information Set" modelliert, definieren "Extensible Markup Language" und "XML Namespaces" (siehe Tabelle 1) die Serialisierungssyntax. Dabei werden die Elemente in Form von "tags" serialisiert. Wird das Dokument als Datei gespeichert, entstehen die in Abschnitt 2.1 erwähnten HTML-ähnlichen Dateien.

2.3 "Document Type Definition" und "XML Schema"

Es gibt zwei Arten, die Darstellung einer bestimmten Datenstruktur in XML zu beschreiben. Die eine ist die sogenannte "Document Type Definition" (DTD). Sie ist Teil der "XML 1.0"-Spezifikation (siehe Tabelle 1).

Die DTD erlaubt eine einfache Beschreibung der Struktur von XML-Dokumenten. Sie baut dabei auf den Namen der einzelnen Elemente auf. Jedem Element kann eine Liste der möglichen Attribute und Kindelemente zugeordnet werden. DTD ist ein Überbleibsel aus den Ursprüngen von XML im Dokumentenmanagement. Es kennt nur wenige Typen für Attribute, eingeschränkte Möglichkeiten zur Definition von Kardinalitäten der Kindelemente und keine Namensräume.

Die zweite, neuere Spezifikation ist "XML Schema" (siehe Tabelle 1). "XML Schema" ist im Gegensatz zu DTD selbst ein XML-Dialekt. Der Status dieser Spezifikation ist "Candidate Recommendation" und verspricht damit eine gewisse Stabilität, ist aber noch nicht endgültig verabschiedet.

"XML Schema" basiert auf Typen. Ein Schema kann Elementen mit unterschiedlichem Namen denselben, benannten Typ zuordnen; es kann aber auch zwei gleichnamigen Elementen in unterschiedlichem Geltungsbereich unterschiedliche Typen zuordnen. Der Schema-Standard kennt wesentlich mehr Typen, die sowohl für Elemente als auch für Attribute verwendbar sind. Diese und auch selbst definierte, komplexe Typen, die nur für Elemente verwendet werden können, sind durch Vererbung erweiterbar. Für die Kardinalitäten von Kindelementen erlaubt "XML Schema" die Definition von Unter- und Obergrenze. Alle Element- und Attributdefinitionen in einem Schema gehören einem bestimmten Namensraum an. "XML Schema" nähert sich stark den Konzepten von Objekten oder Datenbanken an.

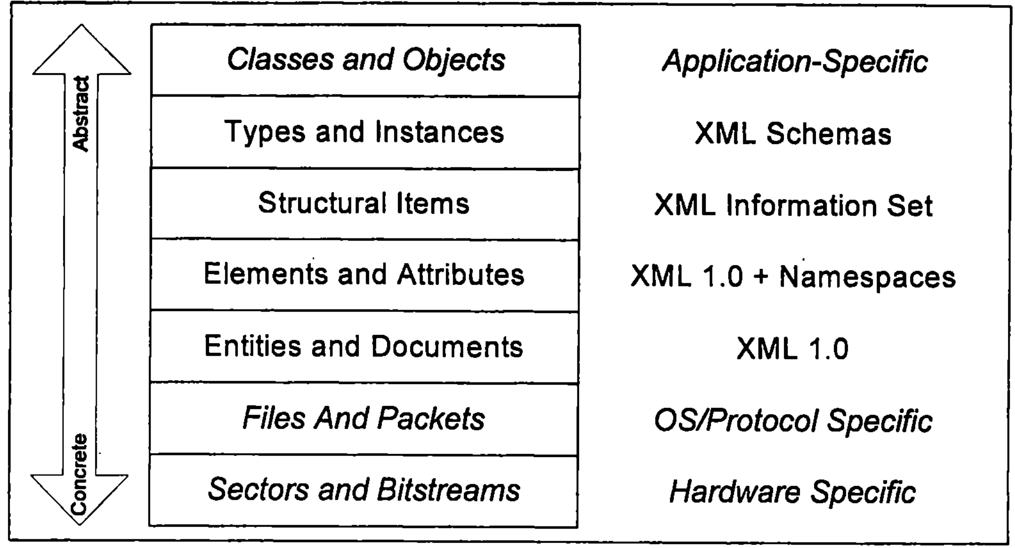

Abb. 1: Die XML-Familie als Brücke zwischen Applikationen und physikalischen Datenstrukturen[2]

Abbildung 1 zeigt "XML Schema" als letztes Bindeglied in der Kette zwischen objektorientiertem Programmierkonzept und physikalischen Datenstrukturen.

3 XML aus Entwicklersicht

3.1 Document Object Model

Das "Document Obect Model (DOM)" (siehe Tabelle 1) ist eine Sammlung von Schnittstellen, die in der IDL beschrieben sind. Die Schnittstellen stellen eine Abbildung des "XML Infoset" (siehe Tabelle 1) auf eine (beliebige) Programmiersprache dar.
Dabei wird das XML-Dokument auf einem Baum von Objekten im Speicher abgebildet. Die Schnittstellen dieser Objekte erlauben das Navigieren und Manipulieren dieses Baumes. Methoden zum (De-)serialisieren fehlen allerdings, aber die meisten Implementierungen stellen solche zur Verfügung.
Vorteile von DOM sind die Möglichkeit, zu jeder Zeit über den gesamten Baum traversieren zu können und natürlich der Status als "W3C Recommendation". Nachteil ist der hohe Speicherverbrauch, insbesondere bei großen XML-Dokumenten.

---

[2] Quelle: D. Box (2000): Essential XML, S. 3

3.2 Simple API for XML

Die "Simple API for XML", kurz SAX, taucht in Tabelle 1 nicht auf. Dies hat den einfachen Grund, dass sie kein Standard des W3C ist. Sie wurde vielmehr als Quasi-Standard von einer Gruppe Entwicklern unter der Leitung von David Megginson definiert (**http://www.megginson.com/SAX**).
SAX definiert eine Reihe von Schnittstellen, die ein XML-Dokument in eine Reihe von definierten Methodenaufrufen umsetzen. Es handelt sich also um eine ereignisgesteuerte Verarbeitung von XML-Dokumenten. Die Verwendung von SAX bietet sich dann an, wenn man nach einmaliger Verarbeitung der einzelnen Elemente in Folge nicht mehr auf sie zurückkommen muss.
SAX erlaubt eine ganz andere Verwendung von XML-Dokumenten. So können aus einem XML-Dokument eigene Datenstrukturen erzeugt werden: Objektnetze, Datenbanktabellen oder einfach Dateien.
Der Vorteil von SAX liegt im geringen Speicherverbrauch. Nachteile sind der Status als "inoffizieller Standard" (insbesondere ist SAX bisher nur für Java endgültig definiert) und dass konzeptbedingt nur eine einmalige, sequenzielle Traversierung möglich ist.

4 XSLT

4.1 Der Standard

XSLT steht für "XSL Transformations" (siehe Tabelle 1) und ist eine Sprache zur Definition von Transformationen von XML-Dokumenten. XSLT ist Teil der XSL-Spezifikation und aus dieser als eigenständiger Teil hervorgegangen.
Auch hier bestimmt der Ursprung leider den Blickwinkel auf die Anwendungsmöglichkeiten. XSLT wird hauptsächlich als Mechanismus zur Umsetzung von XML in HTML (respektive FO) gesehen. Dabei sind auch hier die möglichen Anwendungen viel weiter gestreut.

Mit XSLT können Daten von einer vorgegebenen XML-Struktur in eine andere gegebene XML-Struktur überführt werden. Dabei können Quell- und Zielstruktur sowohl im Vokabular (den Element- und Attributnamen) als auch im logischen Aufbau völlig unterschiedlich sein. Die Zielstruktur kann natürlich HTML sein, das in seiner Version 4.0 auch einer XML-Struktur entspricht, aber auch eine beliebige andere Struktur. Die Abbildung 2 stellt diesen Sachverhalt grafisch dar.

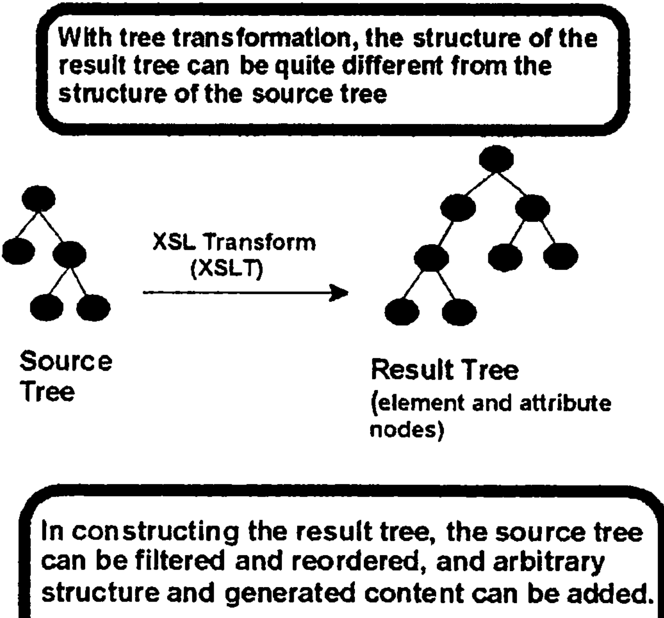

Abb. 2: Aufgabe von XSLT[3]

Eine Transformationsvorschrift in XSLT setzt sich im Normalfall aus einzelnen Templates zusammen. Zur Lokalisierung der Elemente im Quelldokument wird "XPath" (siehe Tabelle 1) verwendet. Das gesamte XSLT-Vokabular ist natürlich auch in XML definiert, eine Transformationsvorschrift kann also als XML-Dokument gesehen werden.

4.2 XSLT zur Datenverarbeitung

Wenn man die Aussage des vorherigen Abschnitts und den Blickwinkel auf XML aus Abschnitt 2 beibehält, wird klar, dass XSLT die Datenverarbeitung auf einer niedrigeren Abstraktionsebene darstellt. Wir befinden uns mit XSLT auf der Ebene von "XML Information Set".
XSLT ist dementsprechend sehr mächtig, es erlaubt Schleifen, Variablen, Parameter, Bedingungen und beinhaltet (eingeschränkte) Funktionen zur Stringverarbeitung und Sortierung. Auch das Erzeugen und Berechnen von neuem Inhalt ist möglich. Bei alledem sollte allerdings nicht aus den Augen verloren werden, dass die Implementierung bzw. Definition einer Funktionalität am besten

---

[3] Quelle: W3C, **http://www.w3c.org/XSL/**

auf der Abstraktionsebene angesiedelt wird, in der sie auch am sinnvollsten formuliert werden kann. Der Name Transformation weist schon darauf hin, dass hier der Übergang von einer Domäne in eine andere angesprochen wird. Für die Datenverarbeitung innerhalb einer Domäne sollte XSLT im Normalfall nicht verwendet werden.

Es existieren bereits verschiedene XSLT-Prozessoren, die den XSLT-Standard implementieren. Es lassen sich also Transformationen in XML-Dateien definieren und mittels eines XSLT-Prozessors auf XML-Strukturen anwenden.

5 Fazit

XML bietet sich immer dort an, wo eine Schnittstelle nach außen existiert. So können Konfigurationsdateien, Datenaustauschformate und sogar Methodenaufrufe (SOAP) mit XML abgebildet werden. Den Vorteil durch die Verwendung von XML vergleicht Bert Bos[4] mit der Verwendung von SQL: "there are many tools available and many people that can help you". Insbesondere Parser und Editoren für XML-Dokumente müssen nicht mehr selbst geschrieben werden.

XSLT kann überall dort verwendet werden, wo gleiche Sachverhalte in unterschiedliche XML-Strukturen abgebildet wurden oder verschiedene Sichten auf dieselben Daten benötigt werden. Es ermöglicht außerdem eine Veränderung der Umsetzungsvorschrift und ein Hinzufügen von neuen Daten, ohne ein neues Übersetzen des verarbeitenden Programms. Durch seine Mächtigkeit kann es auch als kompletter Ersatz für eine andere Programmiersprache dienen. Dabei sollte allerdings bedacht werden, dass es sich dabei um eine Skriptsprache handelt. Zudem ist eine Abbildung jeglicher Funktionalität in XSLT kaum besser lesbar und wartbar, als in anderen Sprachen. Die Verwendung von XSLT ist vor allem dann ratsam, wenn ein häufiges Anpassen der Umsetzung oder das Einfügen von statischen Informationen notwendig sind.

Der Autor arbeitet selbst seit einigen Monaten an einem Projekt, in dem XML an verschiedenen Stellen eingesetzt wird. Es handelt sich dabei um einen Code-Generator, der aus UML-Modellen Quellcode erzeugt. Dabei wurde der Weg gewählt, aus dem internen UML-Modell, das als Objektnetz vorliegt, zuerst verschiedene XML-Sichten zu erzeugen, und diese mittels XSLT in eine einfache XML-Struktur zu übertragen.

Die XML-Sichten werden als DOM-Baum im Speicher gehalten. Die einfache Ergebnis-Struktur kennt nur Kindelemente, die jeweils einer Datei entsprechen und den erzeugten Quellcode enthalten. Sie wird nur als Stream erzeugt, der mittels eines SAX-Interface auf das Dateisystem geschrieben wird. Über die XSL-

---

[4] B. Bos (1999), XML in 10 points

Templates kann der erzeugte Quellcode jederzeit geänderten Bedürfnissen angepasst werden. Die Konfigurationsdateien wurden ebenfalls in XML gehalten und beim Import der UML-Modelle aus XMI-Dateien kommt man wiederum mit XML in Berührung.
Lediglich für das interne UML-Modell wurde eine Java-Bibliothek verwendet, da ein Aufbrechen der Netzstruktur ein Navigieren über das interne Modell zu zeitintensiv und unhandlich machen würde. Zumal die Abbildung des UML-Modells nach dem XMI 1.0 Standard eine äußerst unschöne XML-Struktur ergibt (extrem lange Elementnamen).

Literatur

Box, Don, Aaron Skonnard, John Lam (2000): Essential XML, Beyond Markup, Boston

McLaughlin, Brett (2000): Java™ and XML, Sebastopol

Bos, Bert (2000): XML in 10 Points, (7 really), **http://www.w3.org/XML/1999/XML-in-10-points**

Autorenverzeichnis

Bellmann Peter

Kanzlei Dr. Schwarz & Partner
Kipsdorferstrasse 99
D-012277 Dresden

Britzelmaier Bernd
Prof. Dr.

Fachhochschule Liechtenstein
Marianumstrasse 45
FL-9490 Vaduz

Dietrich Angelika
Mag.

Fachhochschule Wiener Neustadt –
Wirtschaftsberatende Berufe
Johannes Gutenberg Strasse 3
A-2700 Wiener Neustadt

Disterer Georg
Prof. Dr.

Fachhochschule Hannover, Fachbereich Wirtschaft
Ricklinger Stadtweg 120
D-30459 Hannover

Ehrenberg Dieter
Prof. Dr.

Universität Leipzig,
Institut für Wirtschaftsinformatik
Marschnerstraße 31
D-04109 Leipzig

Frie Thorsten
Dipl.-Wirt.Inf.

University of St. Gallen,
Institute of Information Management
Mueller-Friedberg-Strasse 8
CH-9000 St. Gallen

Geberl Stephan
Mag.

Fachhochschule Liechtenstein
Marianumstrasse 45
FL-9490 Vaduz

Gottschall Sebastian

Kanzlei Dr. Schwarz & Partner
Kipsdorferstrasse 99
D-012277 Dresden

Graf Urs August
lic.oec. HSG, Exec. MBE

Verwaltungs- und Privat-Bank AG
Im Zentrum
FL-9490 Vaduz

Güttel Wolfgang H. MMag.	Fachhochschule Wiener Neustadt – Wirtschaftsberatende Berufe Johannes Gutenberg Strasse 3 A-2700 Wiener Neustadt
Haufe Sebastian	Kanzlei Dr. Schwarz & Partner Kipsdorferstrasse 99 D-012277 Dresden
Hofmann Georg Rainer Prof. Dr.	Fachhochschule Aschaffenburg Würzburger Strasse 45 D-63743 Aschaffenburg
Klotz Michael Prof. Dr.	Fachhochschule Stralsund Zur Schwedenschanze 15 D-18435 Stralsund
Koch Michael Dr.	Technische Universität München, Institut für Informatik Arcisstr. 21 D-80290 München
Krause Dirk Dipl.-Wirt.Inf.	Universität Leipzig, Institut für WirtschOaftsinformatik Marschnerstraße 31 D-04109 Leipzig
Kueng Peter PD Dr. rer.pol.	Universitaet Fribourg, Departement für Informatik Rue Faucigny 2 CH-1700 Fribourg
Lacher Martin Dipl.-Inf., M.Sc.	Technische Universität München, Institut für Informatik Arcisstr. 21 D-80290 München
Meyer Martin Dr.	igim ag Felsenstrasse 88 CH-9001 St. Gallen

Mühlich Eckard Dipl.-Inf.	plenum Systems Max-Lang-Strasse 24 D-70771 Leinfelden
Müller Bernd Prof. Dr.	Hochschule Harz Friedrichstrasse 57-59 D-38855 Wernigerode
Ortner Erich Prof. Dr.	Technische Hochschule Darmstadt Hochschulstrasse 1 D-64289 Darmstadt
Overhage Sven	Technische Hochschule Darmstadt Hochschulstrasse 1 D-64289 Darmstadt
Petrasch Roland Prof. Dr.	Private Fachhochschule NORDAKADEMIE Köllner Chaussee 11 D-25337 Elmshorn
Polster Regina Prof. Dr.	Fachhochschule Schmalkalden, Fachbereich Informatik Am Schwimmbad D-98574 Schmalkalden
Schienmann Bruno Dr.	Informatikzentrum der Sparkassenorganisation GmbH (SIZ) Königswinterer Str. 552 D-53227 Bonn
Schlapp Manfred Dr.	Liechtensteinisches Gymnasium Marianumstrasse 45 FL-9490 Vaduz
Schmidt Günter Prof. Dr.-Ing.	Universität des Saarlandes, Institut für Wirtschaftsinformatik Im Stadtwald, Geb. 43.8 D-66123 Saarbrücken

Schmidt Marco
Dipl.-Ing.

plenum Systems
Max-Lang-Strasse 24
D-70771 Leinfelden

Schmidt Yven
Dipl.-Kfm.

Universität des Saarlandes,
Institut für Wirtschaftsinformatik
Im Stadtwald, Geb. 43.8
D-66123 Saarbrücken

Schwarz Jürgen
Dr.

Kanzlei Dr. Schwarz & Partner
Kipsdorferstrasse 99
D-012277 Dresden

Strauch Bernhard
lic.oec.HSG

University of St. Gallen,
Institute of Information Management
Mueller-Friedberg-Strasse 8
CH-9000 St. Gallen

Strauch Petra
Prof. Dr.

Fachhochschule Stralsund
Zur Schwedenschanze 15
D-18435 Stralsund

Weinmann Siegfried
Prof. Dipl.-Inf., Dipl.-Math.

Fachhochschule Liechtenstein
Marianumstrasse 45
FL-9490 Vaduz

Wettstein Thomas
lic.rer.pol.

Universitaet Fribourg, Departement für Informatik
Rue Faucigny 2
CH-1700 Fribourg

Wirz Patrick
lic.rer.pol.

Universität Basel WWZ, Wirtschaftsinformatik
Petersgraben 51
CH-4003 Basel

Wörndl Wolfgang
Dipl.-Inf.

Technische Universität München,
Institut für Informatik
Arcisstr. 21
D-80290 München

Weitere Titel bei Teubner

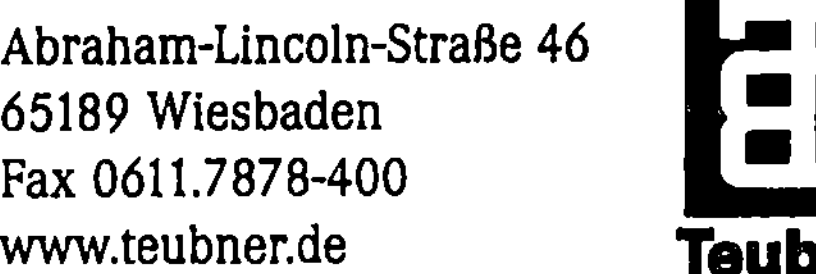

Formale Beschreibungsverfahren der Informatik

2000. 124 S. Br. DM 32,00
ISBN 3-519-02643-0

Inhalt: Mathematische Grundlagen: Aussagenlogik, Prädikatenlogik, Relationen - Automaten: Zustands-Automaten, Reguläre Sprachen - Algorithmen: Eigenschaften, Grafische Beschreibung, Berechenbarkeit von Problemen - Formale Sprachen: Syntax und Semantik, Grammatiken und ihre Darstellung - Nebenläufige Prozesse: Petri-Netze, Erweiterungen, Netzplantechnik

Informationstechnik in der Praxis

2001. 487 S. Br. DM 56,00
ISBN 3-519-02971-5

Inhalt: Die Architektur von Personalcomputern - Periphere Speicher - Eingabegeräte - Ausgabegeräte - Konfigurierung von Personalcomputern - Das Betriebssystem von Computern - Anwendungssoftware für Personalcomputer - Datenbanksysteme - Das Internet - Zugang zum Internet - Information und Kommunikation im Internet - Betrieblicher Umgang mit Standardsoftware - Individuelle Informationsverarbeitung - PCs über lokale Netze verbinden - Netzwerkbetriebssysteme - Strategischer Umgang mit Informationen und Informationstechnik in Unternehmen

B. G. Teubner
Abraham-Lincoln-Straße 46
65189 Wiesbaden
Fax 0611.7878-400
www.teubner.de

Teubner